2023

MBA MPA MPAcc MEM

管理类联考
数学高分指南

总第15版

主编　陈剑

参编　陈剑名师团成员：

　　　杨　晶　郑小松　韩　超　朱　曦

　　　左菲菲　熊学政　聂凤翔

北京理工大学出版社
BEIJING INSTITUTE OF TECHNOLOGY PRESS

图书在版编目（CIP）数据

陈剑数学高分指南：管理类联考/陈剑主编 . ——
北京：北京理工大学出版社，2021.12
ISBN 978 - 7 - 5682 - 7046 - 5

Ⅰ. ①陈… Ⅱ. ①陈… Ⅲ. ①高等数学 - 研究生 - 入
学考试 - 自学参考资料 Ⅳ. ①O13

中国版本图书馆 CIP 数据核字（2021）第 254157 号

出版发行 / 北京理工大学出版社有限责任公司
社　　址 / 北京市海淀区中关村南大街 5 号
邮　　编 / 100081
电　　话 / （010）68914775（总编室）
　　　　　（010）82562903（教材售后服务热线）
　　　　　（010）68944723（其他图书服务热线）
网　　址 / http：//www.bitpress.com.cn
经　　销 / 全国各地新华书店
印　　刷 / 三河市中晟雅豪印务有限公司
开　　本 / 787 毫米 × 1092 毫米　1/16
印　　张 / 28.5　　　　　　　　　　　　　　　责任编辑 / 张晓蕾
字　　数 / 711 千字　　　　　　　　　　　　　文案编辑 / 张晓蕾
版　　次 / 2021 年 12 月第 1 版　2021 年 12 月第 1 次印刷　责任校对 / 周瑞红
定　　价 / 99.00 元　　　　　　　　　　　　　责任印制 / 李志强

前　言

为了帮助报考管理类研究生入学考试的考生更好地复习、备考数学，结合众多考生的基础和碎片化学习时间，按照最新考试大纲的要求，全新变革编写本书．在保持优点、特色的前提下，继续定位精品辅导教材，努力体现创新教学理念，激发学生自主学习能力，打破常规应考模式，提高灵活应试能力．

本书的特色如下：

1　数字化图书，身份数字编码展现

全书按照考试大纲的要求分为算术、代数、几何、数据分析四大部分，共十一章．每章分五个小节，第一节考试解读，利用数字化导图及历年真题分布表引导读者洞察考向，一览考纲全貌；第二节重点考向和第三节难点考向，将模块、考点及考向进行数字化编码，将考点讲解与考向例题紧密结合，可以快速夯实基础，拾起多年遗忘的考点，让你居高临下，彻底解决考试难点；第四节基础自测题和第五节综合提高题，助你融会贯通，掌握知识脉络，让考试尽在掌握之中．

全书各章内容汇总如下．

章	模块	考点	考向	例题	基础题	提高题
一	6	16	39	69	37	49
二	13	22	66	113	33	46
三	6	8	28	64	27	31
四	7	7	25	47	26	46
五	6	6	21	60	51	51
六	6	9	28	75	29	27
七	5	11	33	61	22	35
八	4	4	11	27	27	32
九	3	16	31	64	22	34
十	4	6	17	28	36	25
十一	3	3	13	24	15	11
合计	63	108	312	632	325	387

2 **模块化讲解，碎片化学习**

对于快节奏的信息化时代，整块复习的时间很难保证，数学试题是无限的，而模块和考向是有限的，故结合数学每个模块进行碎片化学习很有必要. 全书将考点进行了数字化编码，每次学习一个小模块，滴水穿石，日积月累，就能形成条件反射，掌握快速简捷的解题套路，从容应考，轻取高分. 掌握好这些题型及其解题思路、方法、技巧，你就掌握了未来命题的题型及其解题思路、方法和技巧. 因而本书能起到指航引路、预测未来考向的作用.

3 **注重基础，讲、练、考有机结合，立体化学习**

管理类联考注重基本概念、基础知识和基本运算能力. 很多考生听课的时间过多，动手练习太少，导致做题慢，容易犯粗心的错误. 本书讲、练、考有机结合，每章前三节以讲为主，后两节进行习题练习，查漏补缺，附录的过关检测题和近三年真题供考生自测模考. 本书题目较多且讲述方式由浅入深，分析透彻，解答详尽，尽量做到题精而易懂. 因而本书是数学打牢基础、夯实概念的必备辅导书.

4 **精选习题，锻炼思维，秒杀制胜**

习题配置是衡量辅导书的核心标准，是将知识转化为考试能力的重要桥梁. 本书不提倡题海战术，做题的目的是为了提高成绩，而很多考生盲目做题，浪费时间和精力，成绩也没有提高. 所以本书的习题都是精心挑选的，并且特别强调习题解答和一题多解. 管理类联考数学试题中也有综合拔高题，求解这类题目常需同时运用多个知识点. 本书十分注意这类题的解题方法、技巧归纳，较好地体现了管理类数学考试选拔性的特点和要求.

在编写本书时，编者参阅了有关书籍，引用了一些例子，恕不一一指明出处，在此一并向有关作者致谢. 欢迎大家通过作者的博客（www. ichenjian. com）、微博（weibo. com/myofficer）、邮箱（myofficer@ qq. com）等网络平台获取本书最新信息、互动学习经验、答疑解惑，最大限度地利用好本书.

陈 剑

2021 年 12 月

数学备考指导

一 考试大纲及解读

大纲内容	权威解读
综合能力考试中的数学基础部分主要考查考生的运算能力、逻辑推理能力、空间想象能力和数据处理能力，通过问题求解和条件充分性判断两种形式来测试	考纲总体要求考生掌握四种能力．运算能力要求考生不能使用计算器，只能口算或手算，不能出现粗心错误；逻辑推理能力要求考生掌握数学的逆向分析推导，以条件充分性判断题来进行考查；空间想象能力主要体现在几何图形的想象分析能力，尤其对空间立体结构的判断更为重要；数据处理能力主要体现在排列组合和概率，尤其对图表的分析更为重要．因此，考生在复习时，要紧紧围绕这四种能力，并且时刻检验自己是否达到考试要求
（一）算术 　1．整数 　　（1）整数及其运算 　　（2）整除、公倍数、公约数 　　（3）奇数、偶数 　　（4）质数、合数 　2．分数、小数、百分数 　3．比与比例 　4．数轴与绝对值	本部分内容主要是小学和初中内容，概念较多，注意概念的区别和联系．核心考点为：公倍数、公约数，质数、合数，绝对值．尤其绝对值是必考点，每年出题很灵活 　此外，考纲上没有写的应用题内容是考试的重点，题量和分值很多
（二）代数 　1．整式 　　（1）整式及其运算 　　（2）整式的因式与因式分解 　2．分式及其运算 　3．函数 　　（1）集合 　　（2）一元二次函数及其图像 　　（3）指数函数、对数函数 　4．代数方程 　　（1）一元一次方程 　　（2）一元二次方程 　　（3）二元一次方程组 　5．不等式 　　（1）不等式的性质 　　（2）均值不等式 　　（3）不等式求解 　一元一次不等式（组），一元二次不等式，简单绝对值不等式，简单分式不等式 　6．数列、等差数列、等比数列	本部分内容主要是初中和高中的内容，代数的特点是：公式多、函数多、恒等变形多．特值法是本部分解题的捷径 　因式与因式分解是本部分的基础，方程和不等式都要用到因式分解．一元二次函数及其图像是本部分的核心，与方程和不等式联系密切 　一元二次方程的主要内容是根的情况与特征，不等式的难点是均值不等式，要会求解最值，易错点是绝对值方程和不等式的解法 　数列公式很多，需要在理解的基础上记忆公式，这样才能活学活用

大纲内容	权威解读
（三）几何 　1. 平面图形 　　（1）三角形 　　（2）四边形（矩形、平行四边形、梯形） 　　（3）圆与扇形 　2. 空间几何体 　　（1）长方体 　　（2）柱体 　　（3）球体 　3. 平面解析几何 　　（1）平面直角坐标系 　　（2）直线方程与圆的方程 　　（3）两点间距离公式与点到直线的距离公式	近年几何命题灵活，考生失分很多，三角形是平面几何的核心，内容较多，题型灵活 　空间几何要注意图形的想象，尤其内切球和外接球 　解析几何的核心是直线，距离公式是必考点，考纲上没有注明的内容，比如位置关系、对称、最值等是考试的重点
（四）数据分析 　1. 计数原理 　　（1）加法原理、乘法原理 　　（2）排列与排列数 　　（3）组合与组合数 　2. 数据描述 　　（1）平均值 　　（2）方差与标准差 　　（3）数据的图表表示 　　直方图，饼图，数表 　3. 概率 　　（1）事件及其简单运算 　　（2）加法公式 　　（3）乘法公式 　　（4）古典概型 　　（5）伯努利概型	本部分是考生的共同短板，失分很多. 排列组合要掌握考纲上没有写的各种题型和思路，数据描述要掌握平均值和方差的计算公式及技巧. 古典概型与排列组合密切相关，是概率的难点，所以排列组合是学好概率的基础. 独立事件是概率的核心，乘法公式和伯努利概型都与独立事件密切相关

二　试卷内容与题型结构

1　数学分值

数学共 25 道题目，每题 3 分，共 75 分，占综合能力总分 200 分的 37.5%.

2　数学题型

两种题型：问题求解 15 小题，为五选一常规单选题，每小题 3 分，共 45 分；条件充分性判断 10 小题，为五选一非常规单选题，每小题 3 分，共 30 分.

3　答题方式

答题方式为闭卷、笔试. 不允许使用计算器.

三　数学命题特点

管理类联考数学部分主要体现以下五大趋势：

1　注重基础

数学试题难易比例分布为容易:一般:难 = 1:7:2，即数学 25 个题目中，大概 80% 为基础题，有 20 个题目左右，难题只有 5 个左右. 所以考生在复习时，一定要把基本的概念、公式、定理弄清楚，并注重知识点的交叉和关联. 千万不要一味追求难题、偏题和怪题，一方面会浪费复习时间，另一方面不利于考场上发挥.

2　灵活性加大

从近年的考题来看，数学向着灵活和多样化方向发展，考点不固定，形式多样，面比较广，复习的难度加大，投机取巧靠运气很难成功. 尤其考试出题套路愈发灵活，这就要求考生有扎实的基本功，养成好的数学思维习惯. 数学要活学活用，不能靠死记硬背，一定要掌握以不变应万变的方法.

3　考点的网络化

由于要在一张卷子上分布更多的考点，所以往往会出现一个考题涉及多个知识点的情况，比如把数列、方程、绝对值可以放在一起考. 因此在复习的时候，不能将各个考点孤立起来，要加强综合题目的训练，使知识点形成网络化，以点带面，这样才能达到立竿见影的效果.

4　考试的模块化

新考纲将整个数学分为四部分，使得命题更加模块化. 比如，应用题有 6 个题目，计 18 分，约占总分的 1/4；几何有 6 ~ 7 个题目，计 18 ~ 21 分，约占总分的 1/4；数据分析有 5 ~ 6 个题目，计 15 ~ 18 分，约占总分的 1/4；其他考点有 6 ~ 7 个题目，计 18 ~ 21 分，约占总分的 1/4. 这种命题趋势有利于考生复习，尤其基础差的考生，一个模块一个模块突破，就会有很好的效果，最大程度提升考生成绩.

5　技巧性增强

要在 60 分钟左右做完 25 道题，这对考生的做题速度提出了很高的要求. 简言之，速度决定成败，因此技巧的重要性就不言而喻了. 技巧体现在两大方面：一方面，数学题目本身的技巧性，体现在方法上的优劣上；另一方面，体现在答题策略上，比如遇到难题如何处理，先做问题求解还是条件充分性判断，如何采用最少的信息观察答案等. 这些能力是需要通过一些专业的培训来达到的.

四　备考建议

1　明确试卷结构和形式

考生在复习时要明确试卷结构和命题形式，这样才能做到有的放矢，少走弯路. 数学总共 25 个选择题，均为五选一的单选题，分为问题求解题（常规选择题）和条件充分性判断题（特有题），其中问题求解题共 15 道，主要考查知识点的应用和公式的理解，以计算为主，难度不大. 条件充分性判断题共 10 道，是管理类联考中的特有题目，主要考查逆向分析推导能力，很容易设置命题陷阱，考生失分较多. 因此，考生在复习时，建议多逆向思考，重视条件充分性判断题.

2 梳理考点对应的知识体系

当开始复习时，要梳理好知识体系，建议把书读薄，重点明确．把复习时间多投入在分值较多的章节，比如考试三大板块是应用题、几何和概率，这些占据了80%的分值，建议重点复习．此外要加强难点和短板的学习，比如绝对值和数列是很多考生的弱项，要多归纳总结．

3 根据考点的特征制定复习规划

各个考点的特征有所不同，有的考点以概念为主（比如算术部分），有的考点以公式为主（比如代数部分），有的考点以图形为主（比如几何部分），有的考点以方法应用为主（比如排列组合和概率）．针对不同的考点特征要采取不同的复习策略，如果一视同仁，就会影响复习效果，具体可以参考各章中的备考建议．

4 根据考试的频率来区分考试地位

通过对历年考题的研究可以发现，有的考点每年都考，我们称之为必考点，也就是考试概率为100%，有的考点大约5年中有4年出现，我们称之为重点，也就是考试概率为80%，而有的考点5年中只有1年出现，我们称之为了解内容，也就是考试概率为20%．建议各位考生根据考试频率来分配复习时间，具体考试地位参见各章中的考试地位及预测．

5 根据考点的关联来形成知识网

当达到一定复习程度后，要学会将零散的知识点连接起来，形成知识网，这样不仅能发散思维，扩充解题方法，更能够应对考试中的综合题目．众所周知，考试的拔高题是由若干简单的考点构成的，要解这类题目，必须有强大的知识网才能应对．因此，对于想拿高分的考生，必须重视知识点之间的关联，认真研读各章中的数字化导图．

6 注意考纲背后的信息

有些知识点在考纲上并未体现，但在真题中仍要掌握，比如考纲上并未明确标注应用题，但考试占的比重却很大．又比如一些创新题，考查柯西不等式、max 函数、min 函数等，这些在真题中都有出现，所以大家要认真研读考纲背后的内容，这样才能应对一些创新题．

五　如何高效备考及规划

备考复习可以分为如下四个大阶段，即：基础预热阶段，主要学习数学分册和数学高分指南的基础内容，数学高分指南重点看每章第一、二、四节，可以按照每周一章的进度来学习；强化阶段，主要学习数学高分指南的强化内容和顿悟精练，数学高分指南重点看每章第三、五节，可以按照每周一章的进度来学习；然后进入真题阶段，主要学习陈剑讲真题，配合考纲解析来分析重点；最后是模拟阶段，主要通过做模拟卷来检测学习成果，查漏补缺，配合顿悟精练可以提升解题技巧和能力．

阶段	所需时间	图书资料	复习内容
基础	约 2 个月	数学分册和数学高分指南	按数字编号复习
强化	约 2 个月	数学高分指南和顿悟精练	多做题，练速度
真题	约 1 个月	陈剑讲真题	复习知识模块，做真题
模拟	约 1 个月	顿悟精练和预测五套卷	高质量模拟卷

六 备考存在的问题

1 没有错题本及总结

很多考生没有错题本，平时做错的题目没有总结，这样就导致下次遇到同样的题目还会出错，成绩很难提升. 尤其有的考点会形成连锁反应，影响后续的考点，所以建议考生准备一个错题本，把错题和不会的题目进行总结，分析原因，这样才能快速提升解题能力. 而且，很多考题就是来源于考生的错题，因为命题老师很有经验，对考生的错题了如指掌，会专门针对考生的薄弱点进行出题.

2 学习计划不明确

很多考生没有学习计划或者学习计划不明确，想到哪看到哪，复习很任性、很散漫，这样的复习是达不到效果的. 有部分考生列过复习计划，但是虎头蛇尾，很难坚持执行，最后干脆就懒得制订计划了. 一旦制订计划，必须严格执行，若发现自己很难完成，可以微调计划，但一定要坚持下来，否则三天打鱼两天晒网，总是原地踏步.

3 没有定期重复

很多考生不注重重复，尤其基础差的考生更应该重视重复. 根据记忆规律，在学习初期，必须要加大重复的频率，否则很快就会遗忘，又要从头学起. 对于数学，要不断重复才能加深理解，才能进步.

4 没有形成质变

很多考生出现的普遍现象是在某个时间段感觉复习在原地踏步，没有明显提高. 这说明只停留在量变阶段，此时必须要调整复习方法和思路，发散思维，打破思维禁锢的模式，把做过的同类题目进行规律性的总结，发现内部的解题奥秘，才能形成质变，达到提高的目的.

5 没有归纳总结

不少考生在复习的时候不重视归纳总结，这样导致知识点散乱，不能将考点、题目和方法有机地统一起来. 在考试的时候，就会出现张冠李戴、混淆方法的错误，所以建议在复习时，要把老师讲解的重点和自己复习的方法结合起来，形成万变不离其宗的思路，这样才能以不变应万变，达到灵活解题的目的.

条件充分性判断题型说明

条件充分性判断题是管理类联考的特有题目，来源于 GMAT 考试的命题思路，旨在考查考生的逆向推导和全面分析能力，往往结合数学和逻辑推理的知识来进行求解，对考生的要求较高，很多考生在考试中条件充分性判断题错误率极高. 下面详述一下这类题目的答题要点.

一、充分性与必要性命题定义

对两个命题 A 和 B 而言，若由命题 A 成立，肯定可以推出命题 B 也成立（即 $A \Rightarrow B$ 为真命题），则称命题 A 是命题 B 成立的充分条件，或称命题 B 是命题 A 成立的必要条件.

【注意】A 是 B 的充分条件可以巧妙地理解为：有 A 必有 B，无 A 时 B 不定.

〔例1〕$x > 3$ 是 $x \geq 3$ 的(　　)条件.

　　（A）必要但不充分　　　　　（B）充分但不必要　　　　　（C）充分必要
　　（D）不充分不必要　　　　　（E）无法确定

〔解析〕因为 $x > 3$ 能推出 $x \geq 3$，但 $x \geq 3$ 无法推出 $x > 3$，所以 $x > 3$ 是 $x \geq 3$ 的充分条件. 选 B.

二、题目设计与各选项含义

这类题目的特征是：题干给一个待定的命题，下面给出两个条件，要求判断所给出的条件能否充分支持题干中陈述的结论，即只要分析条件是否充分即可，而不必考虑条件是否必要. 阅读条件（1）和（2）后选择：

（A）条件（1）充分，但条件（2）不充分.

（B）条件（2）充分，但条件（1）不充分.

（C）条件（1）和（2）单独都不充分，但条件（1）和条件（2）联合起来充分.

（D）条件（1）充分，条件（2）也充分.

（E）条件（1）和（2）单独都不充分，条件（1）和条件（2）联合起来也不充分.

> 全书所有条件充分性判断题的选项都由以上（A）~（E）组成，以后不再重复说明.
> 为提高做题效率，考生须熟记这 5 个选项的内容.

三、选项的图示描述

（1） $\checkmark$	（2） $\times$		（A）
（1） $\times$	（2） $\checkmark$		（B）
（1） $\times$	（2） $\times$	（1）＋（2）联（合）立 $\checkmark$	（C）
（1） $\checkmark$	（2） $\checkmark$		（D）
（1） $\times$	（2） $\times$	（1）＋（2）联（合）立 $\times$	（E）

注："$\checkmark$"表示充分，"$\times$"表示不充分，"＋"表示两个条件需要联合

四、对考生的挑战

（1）运算方面，每个条件要推导判断，至少要运算两次.

（2）准确度上要求高，即使一个条件判断正确，另一个条件判断错误，就会选错. 只有当两个条件都判断正确，才能得分.

（3）无论怎么做都有备选答案，对考生而言，不易检查.

（4）容易设置陷阱题目，很容易出现"差之毫厘，谬以千里"的情况.

五、常用的求解方法

1. 自下而上，即由条件代入题干

若由条件可推导出题干，则条件是题干的充分条件，这是解"条件充分性判断题"最基本的解法，应熟练掌握. 其特征是至少运算两次.

2. 自上而下，先把题干成立的数值或范围算出，再比较条件（1）和（2）

这也叫题干等价推导法（寻找题干结论的充分必要条件），即要判断 A 是否是 B 的充分条件，可找出 B 的充要条件 C，再判断 A 是否是 C 的充分条件. 其特征是只需运算一次即可.

[例2] $(a+3)(b-5)=0$.

    （1）$a=-3$.   （2）$b=5$.

[解析] 由条件（1），可以得到 $(a+3)(b-5)=0 \cdot (b-5)=0$，充分.

      由条件（2），可以得到 $(a+3)(b-5)=(a+3) \cdot 0=0$，也充分.

      选 D.

[例3] $x^2<4$.

    （1）$x<2$.   （2）$x>-1$.

[解析] 条件（1），当 $x=-3$ 时不能推出题干，不充分.

      条件（2），当 $x=3$ 时不能推出题干，不充分.

      两个条件联合起来，得到 $-1<x<2$，能推出 $x^2<4$.

      选 C.

[例4] $a+b \neq 5$.

    （1）$a \neq 2$.   （2）$b \neq 3$.

[解析] 显然单独不充分，两个条件联合，当 $a=1$，$b=4$ 时，$a+b=5$，无法推出题干.

      选 E.

[例5] N 是一个偶数，则可确定 $3M+2N$ 是奇数.

    （1）M 是一个奇数.   （2）M 是一个偶数.

[解析] 由条件（1），若 M 为奇数，N 为偶数，则 $3M$ 为奇数，$2N$ 为偶数，$3M+2N$ 是奇数，充分.

      由条件（2），若 M 为偶数，N 为偶数，则 $3M$ 为偶数，$2N$ 为偶数，$3M+2N$ 是偶数，不充分. 选 A.

[例6] 已知 m，n 为整数，则 $\dfrac{n}{m}$ 能化成有限小数.

    （1）m，n 互质.   （2）m 中只含有质因数 5 或 2.

[解析] 显然条件（1）不成立，例如 $\dfrac{2}{3}$.

由条件(2)，对于一个分数，如果分母的质因数只有2或5，则该分数能化为有限小数，充分.

选B.

[例7] 分数的分母比分子大34.

(1) 分子与分母的和是76.

(2) 分子减去11，分母减去25，约分后分数等于 $\frac{1}{3}$.

[解析] 条件(1)、条件(2)显然单独不充分，因此考虑联合，设分数为 $\frac{a}{b}$，$\begin{cases} a+b=76 \\ \dfrac{a-11}{b-25}=\dfrac{1}{3} \end{cases}$，

解得 $\begin{cases} a=21 \\ b=55 \end{cases}$. 故 $b-a=34$.

选C.

六、解题相应的技巧

(1) 特殊值法. 可以对条件取特值，代入题干验证. 需要注意的是，如果在条件中取一个特值，满足题干成立，则不能说明这个条件一定充分，但如果在条件中取一个特值，不满足题干成立，则一定能说明这个条件不充分，也即是特殊值只能证伪，不能证真.

(2) 特殊反例法. 由条件中的特殊值或条件的特殊情况入手，推导出与题干矛盾的结论，从而得出条件不充分的选择.

【注意】此种方法绝对不能用在条件具有充分性的肯定性的判断上.

(3) 当条件给定的参数范围落入题干成立范围时，即判断该条件充分. 也即条件的范围是题干成立范围的子集时，才充分.

(4) 对条件做不同标记，这样方便答题.

(5) 当发现所给的两个条件是矛盾关系时，备选答案范围为A、B、D、E.

(6) 当发现所给的条件是包含关系时，比如条件（2）的范围包含条件（1）的范围，备选答案范围为A、D、E.

(7) 当确定条件（1）/（2）具备充分性，另一条件未定的情况时，备选答案范围为A(B)、D.

(8) 当确定条件（1）/（2）不具备充分性，另一条件未定的情况时，备选答案范围为B(A)、C、E.

【注意】考试中，很多考生不敢选E而导致丢掉应该得到的分数，所以在确定无误的情况下，要能够果敢地选E.

七、小测试

1. $x \geqslant 5$.

   (1) $x=5$.   (2) $x>5$.

2. $x>5$.

   (1) $x \geqslant 5$.   (2) $x \geqslant 6$.

3. $3<x \leqslant 5$.

   (1) $x \geqslant 4$.   (2) $x<5$.

4. $x = \pm 5$.

（1）$x = 5$.   （2）$x = -5$.

5. $(x+3)(x-5) = 0$.

（1）$x = \pm 5$.   （2）$x > 0$

6. $(x+3)(x-5) = 0$.

（1）$x = \pm 5$.   （2）$x = \pm 3$.

7. $(x+3)(x-5) = 0$.

（1）$x = -3$.   （2）$x = 5$.

8. $(a+3)(b-5) = 0$.

（1）$a = -3$.   （2）$|b| = 5$.

9. $x^2 = 9$.

（1）$x = 3$.   （2）$x = -3$.

10. $a + b \neq 5$.

（1）$a \neq 2$.   （2）$b \neq 3$.

11. $-2 < x < 5$.

（1）$|x| < 3$.   （2）$|x| < 1$.

12. $x > 2$.

（1）$x^2 > 4$.   （2）$\dfrac{1}{x} < \dfrac{1}{2}$.

13. $2 < |x| < 5$.

（1）$x^2 \leqslant 9$.   （2）$|x| \geqslant 3$

14. $|x| \geqslant x$

（1）$x^2 \leqslant 4$.   （2）$|x| > 1$.

15. $\dfrac{1}{x} > x$

（1）$x < -1$.   （2）$0 < x < 1$.

答案：1－5　DBCDC　　6－10　EDADE　　11－15　BECDD

目 录

附　录 **272**

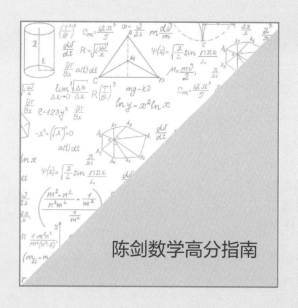

陈剑数学高分指南

第一部分　算　术

第一章　实数、比与比例、绝对值

第二章　应用题

首次　计划完成日期：＿＿＿＿年＿＿＿＿月＿＿＿＿日

　　　实际完成日期：＿＿＿＿年＿＿＿＿月＿＿＿＿日

再次　计划完成日期：＿＿＿＿年＿＿＿＿月＿＿＿＿日

　　　实际完成日期：＿＿＿＿年＿＿＿＿月＿＿＿＿日

第一章 实数、比与比例、绝对值

第一节 考试解读

一、大纲考点

1. 整数
   (1) 整数及其运算
   (2) 整除、公倍数、公约数
   (3) 奇数、偶数
   (4) 质数、合数
2. 分数、小数、百分数
3. 比与比例
4. 数轴与绝对值

二、大纲解读

本章主要涉及小学和初中内容相关考点：整数及其运算、整除、公倍数、公约数、奇数、偶数、质数、合数、分数、小数、百分数、比、比例、数轴、绝对值. 所含考点以概念为主，要注意概念之间的区别和联系，不要混淆概念. 此外考试频率较高的考点为：奇数、偶数、质数、合数、绝对值，所以在复习中应重点掌握上述考点. 本章难点为：公倍数、公约数、绝对值.

三、历年真题考试情况

考试年份	考题	分值	题型	考点分布
2013 年	2	6	条件充分性判断 2 个	质数性质，绝对值大小比较
2014 年	1	3	问题求解 1 个	合数分解为质数
2015 年	2	6	条件充分性判断 2 个	实数大小比较，绝对值大小比较
2016 年	1	3	条件充分性判断 1 个	实数大小比较
2017 年	1	3	条件充分性判断 1 个	绝对值大小比较
2018 年	2	6	条件充分性判断 2 个	绝对值大小比较，整数不定方程
2019 年	2	6	条件充分性判断 2 个	余数，整数不定方程
2020 年	1	3	问题求解 1 个	比例，百分比
2021 年	1	3	条件充分性判断 1 个	绝对值大小比较，三角不等式
2023 年预测	2	6	条件充分性判断 2 个	绝对值，整数不定方程

四、考试地位及预测

通过以上历年真题考试情况发现，本章一般在考试中有 2 个考题，占 6 分，以条件充分性判断考查居多.

五、数字化导图

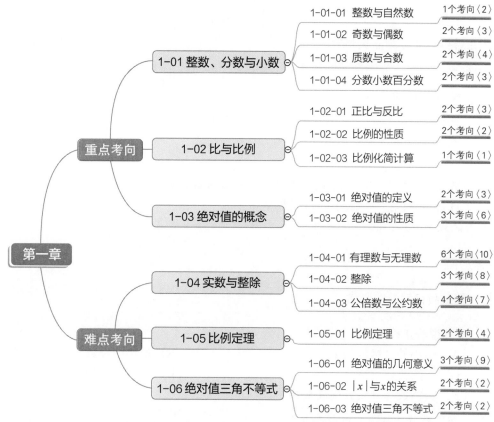

注：考向后面括号中的数字表示该考向中的例题数.（后同）

六、备考建议

本章是学习其他数学知识的基础，需要考生掌握基本的运算．本章概念和名称很多，所以在学习时不仅要弄清楚概念之间的联系，更要掌握概念之间的区别．本章的高频考点为实数的大小比较、绝对值性质和大小比较以及奇偶数和质合数的性质．

第二节　重点考向

模块 1-01 整数、分数与小数

考点 1-01-01 整数与自然数

一、考点讲解

1. 整数

整数包括正整数、负整数和零．如…，-2，-1，0，1，2，…

$$\text{整数 } \mathbf{Z}\begin{cases}\text{正整数 } \mathbf{Z}_+ \\ 0 \\ \text{负整数 } \mathbf{Z}_-\end{cases}$$

其中正整数和 0 称为非负整数.

2. 自然数

自然数 $\mathbf{N}$：0，1，2，…

注意 自然数包括正整数和 0，最小的自然数为 0.

二、考试解读

（1）整数和自然数是数学经常使用的数字，故要掌握概念.

（2）注意自然数包括 0，最小的自然数是 0.

（3）考试频率级别：低.

三、命题方向

考向 1 整数与自然数的概念

[例 1] 下列说法正确的是（　　）.

(A) 最小的自然数为 1　　　　　　　　(B) 最小的整数为 0

(C) 自然数是正整数　　　　　　　　(D) 有些正整数不是自然数

(E) 负整数与自然数构成整数

[例 2]（条件充分性判断）m 是一个整数.

(1) 若 $m = \dfrac{p}{q}$，其中 p 与 q 为非零整数，且 m^2 是一个整数.

(2) 若 $m = \dfrac{p}{q}$，其中 p 与 q 为非零整数，且 $\dfrac{2m+4}{3}$ 是一个整数.

（注：条件充分性判断题的选项及解读见本书目录前的"条件充分性判断题型说明"）

考点 1-01-02　奇数与偶数

一、考点讲解

1. 奇数

不能被 2 整除的数，可以表示为 $2k+1$，k 为整数.

2. 偶数

能被 2 整除的数，可以表示为 $2k$，k 为整数.

3. 组合性质

奇数 ± 奇数 = 偶数；奇数 ± 偶数 = 奇数；偶数 ± 偶数 = 偶数；

奇数 × 奇数 = 奇数；奇数 × 偶数 = 偶数；偶数 × 偶数 = 偶数.

注意 0 是偶数. 两个相邻整数必为一奇一偶.

二、考试解读

（1）奇数和偶数是在整数集合里定义的，0 是偶数．

（2）在整数集合中，是偶数就不是奇数，不是偶数就是奇数，如果既不是偶数又不是奇数，那么它就不是整数．

（3）考试常涉及组合性质，尤其条件充分性判断题．

（4）此处的奇数、偶数性质还与下文的不定方程密切相关．

（5）考试频率级别：高．

三、命题方向

考向 1 **奇数、偶数的概念**

● **思 路** 根据奇数、偶数的定义及性质进行分析判断．

[例3] 下列说法正确的是（   ）.

（A）三个相邻的整数之和必为偶数

（B）三个相邻的整数之积有可能为奇数

（C）若两个整数之和为偶数，则这两个整数之积必为偶数

（D）若两个整数之和为奇数，则这两个整数之积必为偶数

（E）质数必为奇数

考向 2 **奇数、偶数的组合**

● **思 路** 根据奇数、偶数的组合性质进行分析判断．尤其本考点结合文字题中的不定方程进行考查，在下文的不定方程还有说明．

[例4] 若 x，y，z 是三个连续的负整数，并且 $x > y > z$，则下列表达式中正奇数的是（   ）.

（A）$yz - x$ （B）$(x - y)(y - z)$ （C）$x - yz$

（D）$x(y + z)$ （E）$x + y + z$

[例5] 若 m，n 是整数，并且 $m + n$ 为奇数，则下列说法正确的有（   ）个.

（1）$m - n$ 为奇数；   （2）$m^2 + n^2$ 为奇数；

（3）$m^2 - n^2$ 为奇数；   （4）$m^2 \times n^2$ 为奇数.

（A）0   （B）1   （C）2   （D）3   （E）4

考点 1-01-03 / 质数与合数

一、考点讲解

1. 质数

如果一个大于 1 的正整数，只能被 1 和它本身整除，那么这个正整数叫作质数（质数也称素数）．如 2，3，5，7，…

2. 合数

一个正整数除了能被 1 和它本身整除外，还能被其他的正整数整除，这个正整数叫作合数．如 4，6，8，9，…

3. 重要性质

（1）质数和合数都在正整数范围，且有无数多个．1 既不是质数也不是合数．

（2）2 是唯一的既是质数又是偶数的整数，即是唯一的偶质数．大于 2 的质数必为奇数．质数中只有一个偶数 2，最小的质数为 2．

（3）最小的合数为 4；任何合数都可以分解为两个或两个以上质数的积．能写成两个或两个以上质数的积的正整数就是合数．

（4）如果两个质数的和或差是奇数，那么其中必有一个是 2；如果两个质数的积是偶数，那么其中也必有一个是 2．

4. 互质数

公约数只有 1 的两个数称为互质数，如 4 和 9．

注意 不一定是质数才互质．

二、考试解读

（1）质数和合数都在正整数范围，不考虑负整数，且有无数多个．

（2）要注意质数与奇数的关系，合数与偶数的关系．大于 2 的质数必为奇数．大于 2 的偶数必为合数．

（3）一个合数可以分解为若干个质数相乘．

（4）此处以概念考题为主，可与其他考点关联出题．

（5）考试频率级别：高．

三、命题方向

考向 1　质数和合数的判断

● 思　路　根据质数与合数的定义进行分析判断，掌握常见的 20 以内的质数：2，3，5，7，11，13，17，19．

[例 6] 将 210 分解为若干质数之积，则这些质数之和为(　　)．

　　(A) 17　　　　(B) 18　　　　(C) 19　　　　(D) 20　　　　(E) 21

[例 7] 用 10 以内的质数组成一个无重复数字的三位数，使它能同时被 3 和 5 整除，这个数最小是 m，最大是 n，则 $n-m$ 等于(　　)．

　　(A) 360　　　　(B) 345　　　　(C) 330　　　　(D) 375　　　　(E) 390

[例 8] A 是一个质数，而且 $A+6$，$A+8$，$A+12$，$A+14$ 都是质数，满足要求的最小质数 A 的值为 m，则 m^2+m+1 为(　　)．

　　(A) 55　　　　(B) 13　　　　(C) 21　　　　(D) 43　　　　(E) 31

考向 2　互质的概念

● 思　路　公约数只有 1 的两个数称为互质数，如 4 和 9．注意不一定是质数才互质．

[例 9] 下列说法正确的是(　　)．

　　(A) 只有两个质数才会是互质数　　　　　　　(B) 合数与质数必是互质数

　　(C) 两个偶数有可能是互质数　　　　　　　　(D) 两个合数有可能是互质数

　　(E) 两个奇数不可能是互质数

考点 1-01-04 分数小数百分数

一、考点讲解

1. 分数

将单位"1"平均分成若干份，表示这样的一份或几份的数叫作分数.

$$分数\begin{cases}真分数：分子<分母，如\dfrac{3}{7}\\[2mm]假分数：分子\geqslant分母，如\dfrac{7}{5}\end{cases}$$

2. 小数

$$小数\begin{cases}纯小数：整数部分为0的小数，比如0.21\\混小数：整数部分不为0的小数，比如3.21\end{cases}$$

$$小数\begin{cases}有限小数：比如0.21\\[2mm]无限小数\begin{cases}循环小数\begin{cases}纯循环小数：比如0.\dot{2}\dot{1}\\混循环小数：比如0.3\dot{1}\dot{2}\end{cases}\\不循环小数：比如\sqrt{2}\end{cases}\end{cases}$$

3. 小数与分数互化

（1）有限小数化为分数

用10，100，1000 等做分母，如 $0.21=\dfrac{21}{100}$.

（2）纯循环小数化为分数

要用9，99，999 等这样的数作为分母，其中"9"的个数等于一个循环节数字的个数；一个循环节的数字所组成的数，就是这个分数的分子.

公式可表示为：$0.\underbrace{\dot{a}b\cdots\dot{g}}_{循环节位数}=\dfrac{ab\cdots g}{\underbrace{99\cdots9}_{9的个数为循环节位数}}$，如 $0.\dot{2}\dot{1}=\dfrac{21}{99}=\dfrac{7}{33}$.

（3）混循环小数化为分数

分母要用9 与0，其中"9"的个数等于一个循环节数字的个数，"0"的个数等于不循环的数字个数；分子是不循环的数字与一个循环节的数字所组成的数，再减去不循环的数字.

公式可表示为：$0.\underbrace{ab\cdots c}_{m}\underbrace{\dot{d}\cdots\dot{g}}_{n}=\dfrac{ab\cdots g-ab\cdots c}{\underbrace{99\cdots9}_{n}\underbrace{00\cdots0}_{m}}$，其中 m 代表小数点后不循环的位数，n 代表循环节的位数. 比如 $0.3\dot{1}\dot{2}=\dfrac{312-3}{990}=\dfrac{309}{990}=\dfrac{103}{330}$.

4. 百分数

表示一个数是另一个数的百分之几的数叫作百分数，通常用"％"来表示.

二、考试解读

（1）考纲虽然没有标注循环小数，但在未来真题中有可能考查，故要掌握概念.

（2）要掌握纯循环小数和混循环小数的范畴及两者的本质区别.

（3）考试频率级别：低.

三、命题方向

考向 1　分数

• **思　路**　根据分子与分母的要求列等量关系求解.

[例10]一个分数，分子与分母之和是100. 如果分子加23，分母加32，新的分数约分后为 $\frac{2}{3}$，则原分数的分母与分子之差为(　　).

(A) 22　　　　(B) 23　　　　(C) 24　　　　(D) 25　　　　(E) 26

考向 2　循环小数

• **思　路**　要掌握纯循环小数和混循环小数化为分数的方法.

[例11]纯循环小数 $0.\dot{a}b\dot{c}$ 写成最简分数时，分子与分母之和是58，则 $a+b+c=$(　　).

(A) 18　　　　(B) 19　　　　(C) 20　　　　(D) 21　　　　(E) 22

[例12]混循环小数 $0.4\dot{2}\dot{7}$ 写成最简分数时，分母比分子大 (　　).

(A) 63　　　　(B) 62　　　　(C) 61　　　　(D) 53　　　　(E) 51

模块 1-02 比与比例

考点1-02-01　正比与反比

一、考点讲解

1. 正比

若 $y=kx$（k 不为零），则称 y 与 x 成正比，k 称为比例系数.

[本质] 如果两个变量相除等于非零常数，则两者成正比.

注意 并不是 x 和 y 同时增大或减小才称其成正比. 比如当 $k<0$ 时，x 增大时，y 反而减小.

2. 反比

若 $y=\dfrac{k}{x}$（k 不为零），则称 y 与 x 成反比，k 称为比例系数.

[本质] 如果两个变量相乘等于非零常数，则两者成反比.

二、考试解读

（1）考纲虽然没有标注正比和反比，但在真题中仍然出现相关考查，故要掌握概念.

（2）要注意正比与反比的转化及两者的本质区别.

（3）注意比例系数 k 不能为0.

（4）考试频率级别：低.

三、命题方向

考向1 正比与反比的概念

● **思 路** 若两个变量相除为定值，则两者成正比，若两个变量相乘为定值，则两者成反比.

此外，若 y 与 x 成正比，则 y 与 $\dfrac{1}{x}$ 成反比，这就是正比与反比的相互转化.

[例13] 下列叙述正确的有( )个.

(1) 工作总量一定，工作效率和工作时间成反比.

(2) 分数的大小一定，它的分子和分母成正比.

(3) 在一定的距离内，车轮周长和它转动的圈数成反比.

(4) 正方形的边长和周长成正比.

(5) 水池的容积一定，水管每小时注水量和所用时间成反比.

(A) 1   (B) 2   (C) 3   (D) 4   (E) 5

[例14] 运一批煤，18 次运了 90 吨，照这样计算，需( )次才能运完 140 吨煤.

(A) 30   (B) 28   (C) 26   (D) 24   (E) 14

考向2 正比与反比计算

● **思 路** 根据正比与反比的定义，设比例系数 k，列出方程，求解比例系数即可.

[例15] 已知 $y = y_1 - y_2$，且 y_1 与 $\dfrac{1}{2x^2}$ 成反比，y_2 与 $\dfrac{3}{x+2}$ 成正比. 当 $x = 0$ 时，$y = -3$，

又当 $x = 1$ 时，$y = 1$，那么 y 的表达式是( ).

(A) $y = \dfrac{3x^2}{2} - \dfrac{3}{x+2}$ (B) $y = 3x^2 - \dfrac{6}{x+2}$ (C) $y = 3x^2 + \dfrac{6}{x+2}$

(D) $y = -\dfrac{3x^2}{2} + \dfrac{3}{x+2}$ (E) $y = -3x^2 - \dfrac{3}{x+2}$

考点 1-02-02 比例的性质

一、考点讲解

1. 比例

相等的比称为比例，记作 $a:b = c:d$ 或 $\dfrac{a}{b} = \dfrac{c}{d}$. 其中 a 和 d 称为比例外项，b 和 c 称为比例内项.

2. 比例中项

当 $a:b = b:d$ 时，称 b 为 a 和 d 的比例中项，显然当 a，b，d 均为正数时，b 是 a 和 d 的几何平均值.

3. 比例的基本性质

(1) $a:b = c:d \Rightarrow ad = bc$.

(2) $a:b = b:d \Rightarrow b^2 = ad$.

二、考试解读

（1）比例计算一般比较简单.

（2）要注意比例的性质及定理，能够灵活应用.

（3）本处容易设计分母陷阱，要注意分母不能为 0.

（4）考试频率级别：低.

三、命题方向

考向 1　比例计算

- **思　路**　根据两个或多个比例关系列等式，进行求解分析.

[例 16] 甲数的 $\frac{4}{5}$ 等于乙数的 $\frac{6}{7}$（甲、乙两数都不为 0），甲、乙两数的比是（　　）.

　　（A）15:14　　（B）14:15　　（C）15:7　　（D）8:7　　（E）16:7

考向 2　比例性质

- **思　路**　比例的重要性质就是：比例外项之积 = 比例内项之积. 根据这个性质列等式，求解分析即可.

[例 17] 在一个比例中，两个外项互为倒数，如果一个内项是 2.5，则另一个内项是（　　）.

　　（A）0.2　　（B）0.25　　（C）0.4　　（D）0.45　　（E）2.5

考点 1-02-03　比例化简计算

一、考点讲解

1. 通法

可以设比例系数 k 进行求解.

2. 巧法

可以取特殊值进行求解.

二、考试解读

（1）比和比例化简难度不大，而且可以结合特殊值分析.

（2）要注意考试的陷阱，分母取值不能为零，不要忽略了这个要求.

（3）考试频率级别：低.

三、命题方向

考向 1　比例计算

- **思　路**　比例化简计算可以设比例系数 k 求解，也可以通过取特值分析. 此外，比例经常以文字应用题的形式考查，下文还会详述，所以此处不再赘述.

[例18] 若 $\dfrac{1}{a}:\dfrac{1}{b}:\dfrac{1}{c}=2:3:4$，则 $(a+b):(b+c):(c+a)=($).

(A) 10:9:7　　　　　(B) 9:7:10　　　　　(C) 10:7:6

(D) 10:7:9　　　　　(E) 7:10:9

模块 1-03 绝对值的概念

考点 1-03-01 绝对值的定义

一、考点讲解

1. 定义

正数的绝对值是它本身；负数的绝对值是它相反数；零的绝对值还是零.

2. 数学描述

实数 a 的绝对值定义为：$|a|=\begin{cases} a & a\geq 0 \\ -a & a<0 \end{cases}$.

二、考试解读

（1）绝对值是每年必考题，难度较大，出题较灵活，是考生失分重灾区.

（2）要理解绝对值的定义及功能.

（3）绝对值符号可以跟很多考点结合出题，比如下文的绝对值方程、绝对值不等式、绝对值数列、绝对值几何题等.

（4）考试频率级别：高.

三、命题方向

考向 1　绝对值的定义

● **思　路**　根据绝对值的定义来分析，其功能是：绝对值只对负数起变号作用，对正数及零无作用.

[例19] 下列说法正确的是( ).

　　(A) 有理数的绝对值必大于零　　　(B) 自然数的绝对值等于其相反数

　　(C) 质数的绝对值等于其相反数　　　(D) 奇数的绝对值等于其本身

　　(E) 无理数的绝对值必大于零

[例20] 下列说法正确的是( ).

　　(A) 一个实数的绝对值有两种情况　　　(B) 正数的绝对值必大于负数的绝对值

　　(C) 绝对值大的数，其本身也比较大　　　(D) 绝对值等于其本身的数只有 0

　　(E) 绝对值为 0 的数只有 0

考向 2　绝对值与数轴

● **思　路**　根据数轴上点的位置，可以得到每个数的大小和正负情况，从而去掉绝对值符号. 也可以借助绝对值的几何意义，即数轴上点的距离来分析.

[例21]（条件充分性判断）$|b-a|+|c-b|-|c|=a$.

（1）实数 a，b，c 在数轴上的位置为　（2）实数 a，b，c 在数轴上的位置为

考点 1-03-02　绝对值的性质

一、考点讲解

1. 对称性

$|-a|=|a|$，即互为相反数的两个数的绝对值相等.

2. 等价性

（1）根号与平方

$$\sqrt{a^2}=|a|=\begin{cases}a & a\geqslant 0\\ -a & a<0\end{cases}$$

（2）去绝对值的平方法

$$|a|^2=a^2$$

3. 非负性

$|a|\geqslant 0$，任何实数 a 的绝对值非负.

[知识扩展] 推而广之，具有非负性的数还有：偶数次方（根式），如 a^2，a^4，$\cdots$，$\sqrt{a}$，$\sqrt[4]{a}$，$\cdots$

[考点规则] 若干个具有非负性的数之和等于零时，则每个非负数应该为零；有限个非负数之和仍为非负数.

4. 自比性

$-|a|\leqslant a\leqslant |a|$，推而广之，$\dfrac{|x|}{x}=\dfrac{x}{|x|}=\begin{cases}1 & x>0\\ -1 & x<0\end{cases}$.

二、考试解读

（1）绝对值的性质是考试的重要内容，尤其非负性及应用.
（2）绝对值的等价性是恒等变形的重要公式.
（3）自比性注意推广公式.
（4）考试频率级别：中.

三、命题方向

考向 1　等价性

思　路　等价性有时结合配方公式，再根据 $\sqrt{a^2}=|a|=\begin{cases}a & a\geqslant 0\\ -a & a<0\end{cases}$ 来分析.

[例22]（条件充分性判断）$\sqrt{a^2 b}=-a\sqrt{b}$.

（1）$a>0$，$b<0$.　　　　　　（2）$a<0$，$b>0$.

[例23]（条件充分性判断）$|1-x| - \sqrt{x^2 - 8x + 16} = 2x - 5$.

(1) $x > 2$.　　　　　　　　　　　(2) $x < 3$.

考向2　非负性

思　路　非负性是绝对值的重要性质，若干个具有非负性的数之和等于零时，则每个非负数应该为零；有限个非负数之和仍为非负数.

[例24] 若 $(\sqrt{3} - a)^2$ 与 $|b - 1|$ 互为相反数，则 $\dfrac{2}{a-b}$ 的值为（　　）.

(A) $\sqrt{3} + 1$　　(B) $\sqrt{3}$　　　(C) $\sqrt{3} - 1$　　(D) 0　　　　(E) 1

[例25] 已知 a，b 均为实数，且 $b = \sqrt{\dfrac{2a+1}{4a-3}} + \sqrt{\dfrac{1+2a}{3-4a}} + 1$，则 $|a| + |b|$ 的值等于（　　）.

(A) 2　　　　(B) 1　　　　(C) $\dfrac{3}{2}$　　　(D) $\dfrac{5}{4}$　　　(E) $\dfrac{7}{6}$

考向3　自比性

思　路　结合公式 $\dfrac{|x|}{x} = \dfrac{x}{|x|} = \begin{cases} 1 & x > 0 \\ -1 & x < 0 \end{cases}$，分析分式的取值情况.

[例26] 若 $-2 < x < 3$，则 $\dfrac{x+2}{|x+2|} + \dfrac{x-3}{|x-3|}$ 的值为（　　）.

(A) 1　　　　(B) 2　　　　(C) -1　　　(D) 0　　　　(E) -2

[例27] 代数式 $\dfrac{|a|}{a} + \dfrac{|b|}{b} + \dfrac{|c|}{c} + \dfrac{|abc|}{abc}$ 可能的取值有（　　）个.

(A) 4　　　　(B) 3　　　　(C) 2　　　　(D) 1　　　　(E) 无法确定

第三节　难点考向

模块 1-04 实数与整除

考点 1-04-01　有理数与无理数

一、考点讲解

1. 实数分类

实数包括有理数和无理数.

$$\text{实数 } \mathbf{R} \begin{cases} \text{有理数 } \mathbf{Q} \begin{cases} \text{整数} \\ \text{分数} \end{cases} \text{有限小数或无限循环小数} \\ \text{无理数} \begin{cases} \text{正无理数} \\ \text{负无理数} \end{cases} \text{无限不循环小数} \end{cases}$$

2. 有理数与无理数的本质区别

任何有理数都可以写成 $\dfrac{n}{m}$（m，$n \in \mathbf{Z}$，且 $m \neq 0$），比如 $\dfrac{1}{2}$，$\dfrac{3}{7}$，$-3 = -\dfrac{3}{1}$，0. 无理数无法表示成分子和分母都是整数的分数.

3. 常见的三类无理数

$$\text{常见无理数} \begin{cases} \pi = 3.14\cdots, \ e = 2.7182\cdots \\ \text{开不尽的根号：如 } \sqrt{2} \\ \text{取不尽的对数：如 } \log_2 3 \end{cases}$$

4. 组合性质

有理数 $\pm$ 有理数 = 有理数；有理数 $\times$ 有理数 = 有理数；有理数 $\div$ 非零有理数 = 有理数.

有理数 $\pm$ 无理数 = 无理数；非零有理数 $\times$ 无理数 = 无理数；非零有理数 $\div$ 无理数 = 无理数.

无理数 $\pm$ 无理数 = 不确定；无理数 $\times$ 无理数 = 不确定；无理数 $\div$ 无理数 = 不确定.

二、考试解读

（1）考纲虽然没有标注有理数和无理数，但在真题中仍然出现相关考查，故要掌握概念.
（2）要注意有理数与无理数的范畴及两者的本质区别.
（3）有理数与无理数的组合特性要能灵活应用.
（4）考试频率级别：中.

三、命题方向

考向 1　有理数与无理数的辨别

• **思　路**　根据有理数与无理数的定义及特征进行判断.

[例 1] $\sqrt{2}$，$\sqrt{4}$，e^0，π^2，$\dfrac{2}{7}$，$\log_2 4$，其中有理数有（　　）个.

　　(A) 1　　　　(B) 2　　　　(C) 3　　　　(D) 4　　　　(E) 5

考向 2　无理数的组合特性

• **思　路**　根据有理数与无理数的组合性质进行判断.

[例 2] 下列说法正确的是（　　）.

　　(A) 已知 a 为有理数，b 为有理数，则 $a \pm b$ 有可能为无理数.
　　(B) 已知 a 为有理数，b 为无理数，则 $a \pm b$ 有可能为有理数.
　　(C) 已知 a 为无理数，b 为无理数，则 $a \pm b$ 必为无理数.
　　(D) 已知 a 为有理数，b 为无理数，则 ab 必为无理数.
　　(E) 已知 a 为无理数，b 为无理数，则 ab 有可能为有理数.

[例 3] 已知 x 是无理数，且 $(x+1)(x+3)$ 是有理数，则下列叙述正确的有（　　）个.

　　(1) x^2 是有理数；　　　　　　(2) $(x-1)(x-3)$ 是无理数；

(3) $(x+2)^2$ 是有理数；   (4) $(x-1)^2$ 是无理数.

(A) 2   (B) 3   (C) 4   (D) 1   (E) 0

考向 3   **有理数与无理数的"门当户对"**

思 路   等式两边的有理数与无理数要对应相等.

[例4] 若 x, y 是有理数，且满足 $(1+2\sqrt{3})x+(1-\sqrt{3})y-2+5\sqrt{3}=0$，则 xy 的值为(   ).

(A) 1   (B) -1 (C) -3 (D) 2   (E) -2

考向 4   **无理数的平方及配方**

思 路   配方变形公式：$m+n\pm2\sqrt{mn}=(\sqrt{m}\pm\sqrt{n})^2$，然后再根据"门当户对"原则列方程求解.

[例5] 设整数 a, m, n 满足 $\sqrt{a^2-4\sqrt{2}}=\sqrt{m}-\sqrt{n}$，则 $a+m+n$ 的取值有(   )种.

(A) 2   (B) 3   (C) 4   (D) 1   (E) 无穷多

[例6] 已知 a, b, c 为有理数，若 $\sqrt{5-2\sqrt{6}}=a\sqrt{2}+b\sqrt{3}+c$，则 $2019a+2020b+2021c=$ (   ).

(A) 2019   (B) -2019 (C) 2020   (D) -2020 (E) 1

考向 5   **无理数的整数部分及小数部分**

思 路   讨论 $\sqrt{m}$ 的整数部分及小数部分时，先找最接近且小于 m 的完全平方数，求出其整数部分，然后得到小数部分 = 无理数 − 整数部分. 比如 $\sqrt{19}$，最接近 19 的平方数是 16，所以 $\sqrt{19}$ 的整数部分为 $\sqrt{16}=4$，其小数部分为 $\sqrt{19}-4$.

[例7] 把无理数 $\sqrt{5}$ 记为 a，它的小数部分记作 b，则 $a-\dfrac{1}{b}=$ (   ).

(A) 1   (B) -1 (C) 2   (D) -2 (E) 3

考向 6   **根号的有理化变形**

思 路   利用平方差公式进行有理化，$(\sqrt{a}+\sqrt{b})(\sqrt{a}-\sqrt{b})=a-b$，尤其 $(\sqrt{n+1}+\sqrt{n})\cdot(\sqrt{n+1}-\sqrt{n})=1$.

[例8] 已知 $a=\dfrac{1}{\sqrt{5}-2}$，$b=\dfrac{1}{\sqrt{5}+2}$，则 $\sqrt{a^2+b^2+7}$ 的值为(   ).

(A) 3   (B) 4   (C) 5   (D) 6   (E) 7

[例9] 化简 $(\sqrt{3}+\sqrt{2})^{2020}(\sqrt{3}-\sqrt{2})^{2022}$ 的结果为(   ).

(A) $5-2\sqrt{3}$ (B) $5-\sqrt{6}$ (C) $6-2\sqrt{3}$

(D) $5+2\sqrt{6}$ (E) $5-2\sqrt{6}$

[例10] 已知 $x=\dfrac{\sqrt{3}-\sqrt{2}}{\sqrt{3}+\sqrt{2}}$，$y=\dfrac{\sqrt{3}+\sqrt{2}}{\sqrt{3}-\sqrt{2}}$，则 $3x^2-5xy+3y^2$ 的值为(   ).

(A) 289   (B) -289 (C) 169   (D) -169 (E) 1

考点 1-04-02　整除

一、考点讲解

1. 数的整除

当整数 a 除以非零整数 b，商正好是整数而无余数时，则称 a 能被 b 整除或 b 能整除 a.
如 $18 \div 6 = 3$，故 18 能被 6 整除.

2. 常见整除的特点

能被 2 整除的数：个位为 0，2，4，6，8.
能被 3 整除的数：各数位数字之和必能被 3 整除.
能被 4 整除的数：末两位（个位和十位）数字必能被 4 整除.
能被 5 整除的数：个位为 0 或 5.
能被 6 整除的数：同时满足能被 2 和 3 整除的条件.
能被 8 整除的数：末三位（个位、十位和百位）数字必能被 8 整除.
能被 9 整除的数：各数位数字之和必能被 9 整除.
能被 10 整除的数：个位必为 0.
能被 11 整除的数：从右向左，奇数位数字之和减去偶数位数字之和能被 11 整除（包括 0）.

3. 非整除

当整数 a 除以非零整数 b，商为整数，但余数 r 不为 0 时，称为非整除.
其形式为：$\underset{\text{被除数}}{a} \div \underset{\text{除数}}{b} = \underset{\text{商}}{c} \cdots \underset{\text{余数}}{r}$，如 $\underset{\text{被除数}}{20} \div \underset{\text{除数}}{3} = \underset{\text{商}}{6} \cdots \underset{\text{余数}}{2}$.
为便于做题，可以写成乘法 $\underset{\text{被除数}}{a} = \underset{\text{除数}}{b} \times \underset{\text{商}}{c} + \underset{\text{余数}}{r}$.

注意　要求余数小于除数. 当余数为 0 时，就变成整除了.

4. 重要性质

当整数 a 除以非零整数 b，余数为 r 时，则 $a - r$ 能被 b 整除.

二、考试解读

（1）整除与非整除是数字除法的两种情况，分别对应余数为 0 和非 0.
（2）考纲虽然没有标注非整除，但在 2019 年真题中仍然出现相关考查，故要掌握该内容.
（3）掌握常见整除数字的特征.
（4）考试频率级别：中.

三、命题方向

考向 1　整除的特征

● **思　路**　常用表达式：被除数 = 除数 × 商，此外，要记住常用整数的特征来分析题目.

[例 11] 三个数的和是 312，这三个数分别能被 7，8，9 整除，而且商相同. 则最大的数与最小的数相差(　　).
　　(A) 18　　　(B) 20　　　(C) 22　　　(D) 24　　　(E) 26

[例 12] 不超过 100 的正整数，能被 3 或 5 整除的有(　　)个.
　　(A) 45　　　(B) 46　　　(C) 47　　　(D) 48　　　(E) 49

[例13] 一个三位数能被 3 整除，去掉它的末位数后，所得的两位数是 17 的倍数，这样的三位数中，最大的三位数的各数位之和为( )．

(A) 21　　　(B) 22　　　(C) 23　　　(D) 24　　　(E) 25

考向 2　单个除数的非整除

● 思　路　若已知除数及余数，求被除数时，常用表达式：被除数 = 除数 × 商 + 余数（如例 14）；若已知被除数及余数，求除数或商时，常用表达式：被除数 - 余数 = 除数 × 商（如例 15）．此外，注意余数要小于除数．

[例14] 正整数 N 的 9 倍与 5 倍之和，除以 10 的余数为 6，则 N 的最末一位数字为( )．

(A) 4　　　(B) 6　　　(C) 9　　　(D) 6 或 9　　　(E) 4 或 9

[例15] 1531 除以某质数，余数得 13，这个质数与商的和为( )．

(A) 73　　　(B) 77　　　(C) 79　　　(D) 89　　　(E) 99

考向 3　多个除数的非整除

● 思　路　如果某个数除以多个除数，分为两类：一类是同余，即余数相同，分析方法是被除数 - 余数能被多个除数整除，再结合公倍数分析（如例 16）；另一类是不同余，要通过个位特征（如例 17）或者凑成整除分析（如例 18）．

[例16] 一个盒子装有不多于 200 颗糖，每次取 2 颗、3 颗、4 颗或 6 颗，最终盒内都只剩下一颗糖，如果每次取 11 颗，那么正好取完，则盒子里共有 m 颗糖，m 的各个数位之和为( )．

(A) 8　　　(B) 10　　　(C) 4　　　(D) 12　　　(E) 6

[例17] 一个自然数被 2 除余 1，被 3 除余 2，被 5 除余 4，满足此条件的介于 100 ~ 200 的自然数有( )个．

(A) 2　　　(B) 3　　　(C) 4　　　(D) 5　　　(E) 6

[例18] 一盒围棋子，每 6 只的数多 3 只，每 7 只的数多 2 只，每 8 只的数多 1 只，这盒围棋子的数量在 150 ~ 200 之间．则这盒围棋子每 11 只的数，最后余( )只．

(A) 2　　　(B) 1　　　(C) 4　　　(D) 5　　　(E) 6

考点 1- 04- 03　公倍数与公约数

一、考点讲解

1. 倍数、约数

当 a 能被 b 整除时，称 a 是 b 的倍数，b 是 a 的约数．

2. 公约数和最大公约数

几个数公有的约数，叫作这几个数的公约数；其中最大的一个，叫作这几个数的最大公约数．

3. 公倍数和最小公倍数

几个数公有的倍数，叫作这几个数的公倍数；其中最小的一个，叫作这几个数的最小公倍数．

4. 重要公式

如果用 a 和 b 表示两个自然数,那么这两个自然数的最大公约数与最小公倍数的关系是: $(a, b) \times [a, b] = a \times b$,其中 (a, b) 表示最大公约数,$[a, b]$ 表示最小公倍数.

注意 本公式只适用于两个整数,不能用于多个整数.

5. 最大公约数的求法

最大公约数求解比较简单,直接将各数分解,然后写出最大的共同约数.

6. 最小公倍数的求法

求几个自然数的最小公倍数,有两种方法:

(1) 分解质因数法

先把这几个数分解质因数,再把它们一切公有的质因数和其中几个数公有的质因数以及每个数独有的质因数全部连乘起来,所得的积就是它们的最小公倍数.

例如,求 $[12, 18, 20]$,因为 $12 = 2^2 \times 3$,$18 = 2 \times 3^2$,$20 = 2^2 \times 5$,其中三个数公有的质因数为 2,两个数公有的质因数为 2 与 3,每个数独有的质因数为 5 与 3,所以,$[12, 18, 20] = 2^2 \times 3^2 \times 5 = 180$.(可用短除法计算)

(2) 公式法

由于两个数的乘积等于这两个数的最大公约数与最小公倍数的积,即 $(a, b) \times [a, b] = a \times b$. 所以,求两个数的最小公倍数,就可以先求出它们的最大公约数,然后用上述公式求出它们的最小公倍数.

例如,求 $[18, 20]$,即得 $[18, 20] = 18 \times 20 \div (18, 20) = 18 \times 20 \div 2 = 180$.

求多个自然数的最小公倍数,可以先求出其中两个数的最小公倍数,再求这个最小公倍数与第三个数的最小公倍数,依次求下去,直到最后一个为止. 最后所得的那个最小公倍数,就是所求的几个数的最小公倍数.

二、考试解读

(1) 倍数与约数是整除的延伸,与整除联系密切.

(2) 公倍数与公约数是考试难点,要重点掌握计算方法,尤其文字题的应用.

(3) 公倍数和公约数要注意求解方法,可以用分解法和短除法求解.

(4) 注意公倍数和公约数的应用,因为考试时并不告诉是公倍数还是公约数,需要自行判断.

(5) 考试频率级别:中.

三、命题方向

考向 1 求约数的个数

● **思 路** 先将所给的数分解成质因数,$M = m_1^{k_1} m_2^{k_2} \cdots m_n^{k_n}(m_1, m_2, \cdots, m_n$ 均为质数),则 M 的正约数个数为 $(k_1 + 1)(k_2 + 1) \cdots (k_n + 1)$ 个.

[例 19] 630 的正约数个数为(　　).

　　(A) 24　　　　(B) 26　　　　(C) 28　　　　(D) 30　　　　(E) 32

考向 2 公倍数与公约数的计算

● **思 路** 求公倍数时,对于两个数,可以用公式法,对于多个数,可以用分解法. 求公约数,分解法求解即可.

[例20] 两个正整数甲和乙的最大公约数是 6，最小公倍数是 90. 如果甲是 18，那么乙是 m，则 m 的各个数位之和为(　　).

(A) 2　　　　(B) 3　　　　(C) 4　　　　(D) 5　　　　(E) 6

考向 3　公约数的应用

● **思　路**　公约数的应用场合：对于长度或数量不同的物品，进行等长度或等数量分段时，按照公约数分即可.

[例21] 有三根铁丝，长度分别是 120 厘米、180 厘米和 300 厘米. 现在要把它们截成相等的小段，每根都不能有剩余，每小段最长为 a 厘米，一共可以截成 b 段，则 $a + b = ($　　$)$.

(A) 55　　　　(B) 65　　　　(C) 60　　　　(D) 70　　　　(E) 75

考向 4　公倍数的应用

● **思　路**　公倍数的应用情况较多，比如植树问题、工序分配问题、物品分配问题、不同时间去同一地点问题等. 不管如何考查，核心点在于：公倍数的含义在于不同时间或空间的人或物在同一时间点或地点出现.

[例22] 在一条长为 3600 米的马路两侧，一侧每隔 60 米种一棵杨树，另一侧每隔 90 米种一棵柳树，则杨树和柳树相对的地点有(　　)处.

(A) 20　　　　(B) 21　　　　(C) 22　　　　(D) 23　　　　(E) 24

[例23] 加工某种机器零件，要经过三道工序. 第一道工序每个工人每小时可完成 3 个零件，第二道工序每个工人每小时可完成 10 个零件，第三道工序每个工人每小时可完成 5 个零件，要使加工生产均衡，三道工序总共至少分配(　　)个工人.

(A) 15　　　　(B) 16　　　　(C) 19　　　　(D) 20　　　　(E) 25

[例24] 一次会餐提供三种饮料. 餐后统计，三种饮料共用了 65 瓶；平均每 2 个人饮用一瓶 A 饮料，每 3 人饮用一瓶 B 饮料，每 4 人饮用一瓶 C 饮料. 则参加会餐的人数是(　　).

(A) 36　　　　(B) 40　　　　(C) 60　　　　(D) 72　　　　(E) 84

[例25] 甲每 5 天进城一次，乙每 9 天进城一次，丙每 12 天进城一次，某天三人在城里相遇，那么下次相遇至少要(　　)天.

(A) 60　　　　(B) 180　　　　(C) 270　　　　(D) 300　　　　(E) 360

模块 1-05 比例定理

考点 1-05-01　比例定理

一、考点讲解

1. 合比定理

$$\frac{a}{b} = \frac{c}{d} \Leftrightarrow \frac{a+b}{b} = \frac{c+d}{d}$$

2. 分比定理

$$\frac{a}{b} = \frac{c}{d} \Leftrightarrow \frac{a-b}{b} = \frac{c-d}{d}$$

3. 合分比定理

$$\frac{a}{b} = \frac{c}{d} \Leftrightarrow \frac{a+b}{a-b} = \frac{c+d}{c-d}$$

4. 等比定理

$$\frac{a}{b} = \frac{c}{d} = \frac{a+c}{b+d} = \frac{a-c}{b-d} \quad (b \pm d \neq 0)$$

$$\frac{a}{b} = \frac{c}{d} = \frac{e}{f} = \frac{a+c+e}{b+d+f} \quad (b+d+f \neq 0)$$

二、考试解读

（1）比例定理要会推导过程，这样才能理解比例定理的基本规律，达到活学活用.

（2）比例定理是化简比例题目的重要方法，要熟练掌握比例定理的适用场合.

（3）本处容易设计分母陷阱，要注意分母不能为0.

（4）考试频率级别：低.

三、命题方向

考向 1　合分比定理

● 思　路　合分比定理的特征就是出现分子与分母相加或相减的时候使用.

[例26] 家中父亲体重与儿子体重的比恰等于母亲体重与女儿体重的比. 已知父亲体重与儿子体重之和为125千克，母亲体重与女儿体重之和为100千克，儿子比女儿重10千克，那么儿子的体重是(　　　).

(A) 40千克　　　　　　(B) 50千克　　　　　　(C) 55千克

(D) 60千克　　　　　　(E) 65千克

考向 2　等比定理

● 思　路　若出现连等分式，可将分子与分子相加或相减，分母与分母相加或相减，得到的比值与原分式相等. 等比定理可以用于两个分式（如例27），也可以用于三个分式或多个分式（如例28），注意当分母之和为0时，不能用等比定理（如例29）.

[例27] 一个最简正分数，如果分子加36，分母加54，分数值不变，则原分数的分母与分子之积为(　　　).

(A) 2　　　　(B) 3　　　　(C) 4　　　　(D) 6　　　　(E) 12

[例28] 已知 a，b，c 为非零实数，且满足 $\frac{b+c}{a} = \frac{a+c}{b} = \frac{a+b}{c} = k$，则 k 的值为(　　　).

(A) 0　　　　(B) 2　　　　(C) -1　　　　(D) -1 或 2　　　　(E) 1 或 -2

[例29] 已知 $\frac{x+2}{a-b} = \frac{y+3}{b-c} = \frac{z+4}{c-a}$（$a$，$b$，$c$ 互不相等），则 $x+y+z$ 的值为(　　　).

(A) 0　　　　(B) 1　　　　(C) -1　　　　(D) 9　　　　(E) -9

模块 1-06 绝对值三角不等式

考点1-06-01 绝对值的几何意义

一、考点讲解

1. $|x|$ 的几何意义

表示在数轴上 x 点到原点的距离值.

2. $|x-a|$ 的几何意义

表示在数轴上 x 点到 a 点的距离值.

如 $|x+2|$ 表示 x 到 -2 的距离.

3. $|x-a|+|x-b|$ 的几何意义

表示在数轴上 x 点到 a 点与 b 点的距离之和.

如 $|x+2|+|x-4|$ 表示 x 到 -2 与 4 的距离之和.

4. $|x-a|+|x-b|+|x-c|$ 的几何意义

表示在数轴上 x 点到 a 点、b 点与 c 点的距离之和.

如 $|x+2|+|x-4|+|x-6|$ 表示 x 到 -2、4 与 6 的距离之和.

5. $|x-a|-|x-b|$ 的几何意义

表示在数轴上 x 点到 a 点与 b 点的距离之差.

如 $|x+2|-|x-4|$ 表示 x 到 -2 与 4 的距离之差.

二、考试解读

（1）绝对值的几何意义是分析绝对值的重要方法，考试要求绝对值加法掌握两个相加或多个相加，绝对值减法只需掌握两个相减.

（2）绝对值的几何意义要求 x 的系数必须相等.

（3）绝对值的几何意义在分析最值、解方程、解不等式中应用广泛，尤其出现多个绝对值时.

（4）考试频率级别：中.

三、命题方向

考向1 形如 $|x-a|+|x-b|$

● **思 路** 根据数轴距离分析可得重要结论：$|x-a|+|x-b|$ 的最小值为 $|a-b|$，无最大值，当 x 在 a 与 b 之间时，取最小值.

[例30] 设 x 为实数，关于 $y=|x-1|+|x-2|$，叙述正确的有（　　）个.

（1）y 没有最大值；　　　　　　　（2）只有一个 x 使 y 取到最小值；

（3）有无穷多个 x 使 y 取到最大值；　　（4）有无穷多个 x 使 y 取到最小值.

(A) 0   (B) 1   (C) 2   (D) 3   (E) 4

[例31] 已知 $|x-a|+|x+2|$ 的最小值是5，则 a 的值为(　　).

(A) 3   (B) -3 (C) 7   (D) -7 (E) 3 或 -7

[例32] 方程 $|x-1|+|x+2|=4$ 的解的个数为(　　).

(A) 0   (B) 1   (C) 2   (D) 3   (E) 无数个

[例33] 对于实数 x，若 $|x+2|+|x-4|>c$ 恒成立，则 c 的取值范围中包含(　　)个非负整数.

(A) 1   (B) 2   (C) 4   (D) 6   (E) 无穷多

考向2   形如 $|x-a|+|x-b|+|x-c|$

● **思 路**   根据数轴距离分析可得重要结论：设 $a<b<c$，$|x-a|+|x-b|+|x-c|$ 的最小值为 $|a-c|$，无最大值，当 x 在 a 与 c 之间，且 $x=b$ 时，取最小值.

[例34] $|x-1|+|x-2|+|x-3|$ 的最小值为(　　).

(A) 0   (B) 1   (C) 2   (D) 3   (E) 4

[例35] 方程 $|x+1|+|x+3|+|x-2|=12$ 共有(　　)个解.

(A) 0   (B) 1   (C) 2   (D) 3   (E) 4

[例36] $|x-1|+|x-2|+|x-3|+|x-4|$ 的最小值为(　　).

(A) 0   (B) 1   (C) 2   (D) 3   (E) 4

考向3   形如 $|x-a|-|x-b|$

● **思 路**   根据数轴距离分析可得重要结论：$|x-a|-|x-b|$ 的最小值为 $-|a-b|$，最大值为 $|a-b|$，当 x 在 a 与 b 之外时，分别取最小值和最大值. 注意，最大值与最小值互为相反数.

[例37] $|x-2|-|x-5|$ 的最大值和最小值分别为(　　).

(A) 3，4   (B) 3，-7 (C) 4，-3

(D) 4，-5 (E) 3，-3

[例38] 满足关系式 $|x-3|-|x+1|=4$ 的 x 的取值范围是(　　).

(A) $x\leqslant-2$ (B) $x\leqslant1$ (C) $x\geqslant-1$

(D) $x\geqslant1$ (E) $x\leqslant-1$

考点1-06-02 $|x|$ 与 x 的关系

一、考点讲解

若 $|x|=x$，则 $x\geqslant0$	若 $|x|=-x$，则 $x\leqslant0$
若 $|x|>x$，则 $x<0$	若 $|x|>-x$，则 $x>0$
若 $|x|<x$，则 $x\in\varnothing$	若 $|x|<-x$，则 $x\in\varnothing$

（续）

若 $|x| \geqslant x$，则 $x \in \mathbf{R}$	若 $|x| \geqslant -x$，则 $x \in \mathbf{R}$
若 $|x| \leqslant x$，则 $x \geqslant 0$	若 $|x| \leqslant -x$，则 $x \leqslant 0$

二、考试解读

（1）要掌握 $|x|$ 与 x 的大小关系以及成立条件，理解成立条件并会用特值法来分析.

（2）本知识点多数以条件充分性判断题的形式来考查.

（3）考试频率级别：中.

三、命题方向

考向 1　$|x|$ 与 x 的等式关系

● **思　路**　根据 $|x| = x$ 或 $|x| = -x$ 来分析 x 的取值范围.

［例 39］已知 $\left| \dfrac{5x-3}{2x+5} \right| = \dfrac{3-5x}{2x+5}$，则实数 x 的取值范围中包含（　　）个整数.

　　（A）1　　　　（B）2　　　　（C）3　　　　（D）4　　　　（E）无穷多

考向 2　$|x|$ 与 x 的不等式关系

● **思　路**　根据 $|x|$ 与 x 或 $-x$ 的大小关系来分析 x 的取值范围.

［例 40］（条件充分性判断）$x > -1$.

　　（1）$\left| \dfrac{3x-1}{x^2+1} \right| > \dfrac{1-3x}{1+x^2}$.　　　　（2）$\left| \dfrac{x+1}{3} \right| \leqslant \dfrac{x+1}{3}$.

考点 1-06-03　绝对值三角不等式

一、考点讲解

1. 基本形式

三角不等式：$\big| |a| - |b| \big| \leqslant |a \pm b| \leqslant |a| + |b|$

2. 等号成立条件

表达式	成立条件	示例
$|a| + |b| = |a+b|$	$ab \geqslant 0$	$|-3| + |-5| = |-3-5|$
$|a| + |b| = |a-b|$	$ab \leqslant 0$	$|3| + |-5| = |3+5|$
$\big| |a| - |b| \big| = |a+b|$	$ab \leqslant 0$	$\big| |-5| - |3| \big| = |-5+3|$
$\big| |a| - |b| \big| = |a-b|$	$ab \geqslant 0$	$\big| |-5| - |-3| \big| = |-5+3|$

3. 大小成立条件

表达式	成立条件	示例
$\lvert a\rvert+\lvert b\rvert>\lvert a+b\rvert$	$ab<0$	$\lvert-3\rvert+\lvert5\rvert>\lvert-3+5\rvert$
$\lvert a\rvert+\lvert b\rvert>\lvert a-b\rvert$	$ab>0$	$\lvert-3\rvert+\lvert-5\rvert>\lvert-3+5\rvert$
$\lvert\lvert a\rvert-\lvert b\rvert\rvert<\lvert a+b\rvert$	$ab>0$	$\lvert\lvert-5\rvert-\lvert-3\rvert\rvert<\lvert-5-3\rvert$
$\lvert\lvert a\rvert-\lvert b\rvert\rvert<\lvert a-b\rvert$	$ab<0$	$\lvert\lvert-5\rvert-\lvert3\rvert\rvert<\lvert-5-3\rvert$

二、考试解读

（1）三角不等式是绝对值的难点，要理解三角不等式的基本形式和成立条件.

（2）根据所给的题目形式要会套三角不等式，再结合成立条件求出答案.

（3）考试频率级别：中.

三、命题方向

考向 1　等式的考查

● **思 路**　先将题目变形成公式的形式，再根据$\lvert a\rvert\pm\lvert b\rvert$与$\lvert a\pm b\rvert$的相等关系套公式求解.

[例 41]（条件充分性判断）$\lvert2x-3\rvert-\lvert x+2\rvert=\lvert3x-1\rvert$.

　　(1) $-2\leqslant x\leqslant\dfrac{3}{2}$.　　　(2) $-3\leqslant x\leqslant\dfrac{1}{4}$.

考向 2　不等式的考查

● **思 路**　先将题目变形成公式的形式，再根据$\lvert a\rvert\pm\lvert b\rvert$与$\lvert a\pm b\rvert$的大小关系套公式求解.

[例 42]（条件充分性判断）$\lvert2x+\lg x\rvert<\lvert2x\rvert+\lvert\lg x\rvert$.

　　(1) $1\leqslant x\leqslant100$.　　　(2) $\dfrac{1}{2}\leqslant x\leqslant10$.

第四节　基础自测题

关注作者新浪微博
获取更多复习指导

一、问题求解题

1. 下列说法正确的是（　　）.

（A）有理数中，零的意义仅表示没有

（B）正有理数和负有理数组成了全体有理数

（C）0.9 既不是整数，也不是分数，因此它不是有理数

（D）只有 1 的倒数等于本身

（E）0 既不是正数，也不是负数

2. 下列叙述错误的有（　　）个.

（1）整数就是自然数和零　　　　　　（2）整数和分数统称为有理数

（3）正整数、零和负整数统称整数　　（4）整数不能只分成奇数和偶数两部分

（A）0　　　　（B）1　　　　（C）2　　　　（D）3　　　　（E）4

3. 下列说法正确的是（　　）.

（A）小数都是有理数　　　　　　　　（B）无限小数都是无理数

（C）无理数是开方开不尽的数　　　　（D）零的平方根和立方根都是零

（E）对数是无理数

4. 在（$\sqrt{110}$）^{0}、3.14、（$\sqrt{3}$）^{3}、（$\sqrt{3}$）$^{-2}$、$\log_2 4$、e、π 这 7 个数中，无理数的个数是（　　）.

（A）2　　　　（B）3　　　　（C）4　　　　（D）5　　　　（E）1

5. 计算 $(-1)^{2024} + (\sqrt{3}+2)^0 - \left(\frac{1}{2}\right)^{-2}$ 的结果为（　　）.

（A）$\frac{7}{4}$　　　　（B）-3　　　　（C）-2　　　　（D）$\frac{9}{4}$　　　　（E）2

6. 若 $(ab^3)^3 < 0$，则 a 与 b 的关系是（　　）.

（A）异号　　　（B）同号　　　（C）$a>0$，$b<0$　　　（D）$a<0$，$b>0$　　　（E）不能确定

7. 已知 $-1 < b < a < 0$，那么 $a+b$，$a-b$，$a+1$，$a-1$ 的大小关系是（　　）.

（A）$a+b < a-b < a-1 < a+1$　　　　　　（B）$a+1 > a+b > a-b > a-1$

（C）$a-1 < a+b < a-b < a+1$　　　　　　（D）$a+b > a-b > a+1 > a-1$

（E）以上结论均不正确

8. 已知实数 $a = 2019^2 - 2020 \times 2018$，则 $a^{2021} + \frac{1}{a^{2021}} = $（　　）.

（A）1　　　　（B）2　　　　（C）3　　　　（D）4　　　　（E）0

9. 计算 $\left(1-\frac{1}{2}\right)\left(1-\frac{1}{3}\right)\left(1-\frac{1}{4}\right)\left(1-\frac{1}{5}\right)\cdots\left(1-\frac{1}{2021}\right)\left(1-\frac{1}{2022}\right) = $（　　）.

（A）$\frac{1}{2020}$　　　（B）$\frac{1}{2021}$　　　（C）$\frac{1}{2022}$　　　（D）$\frac{2021}{2022}$　　　（E）$\frac{2}{2022}$

10. 若正数 a 的倒数等于其本身，负数 b 的绝对值等于 3，且 $c < a$，$c^2 = 36$，则代数式 $2(a-2b^2) - 5c$ 的值为（　　）.

（A）5　　　　（B）6　　　　（C）-6　　　　（D）4　　　　（E）-4

11. 若 y 与 $x-1$ 成正比，比例系数为 k_1；y 又与 $x+1$ 成反比，比例系数为 k_2，且 $k_1:k_2 = 2:3$，则 x 的值为（　　）.

（A）$\pm\frac{\sqrt{15}}{3}$　　（B）$\frac{\sqrt{15}}{3}$　　（C）$-\frac{\sqrt{15}}{3}$　　（D）$\pm\frac{\sqrt{10}}{2}$　　（E）$-\frac{\sqrt{10}}{2}$

12. 对任意实数 $x \in \left(\frac{1}{8}, \frac{1}{7}\right)$，代数式 $|1-2x| + |1-3x| + |1-4x| + \cdots + |1-10x|$ 的值为（　　）.

（A）10　　　　（B）1　　　　（C）3　　　　（D）4　　　　（E）5

13. 计算 $|1-\sqrt{2}| + |\sqrt{2}-\sqrt{3}| + |\sqrt{3}-2| + |2-\sqrt{5}| + \cdots + |\sqrt{99}-10|$ 结果为（　　）.

（A）$\sqrt{99} - \sqrt{2}$　　（B）9　　　（C）$\sqrt{99} - 1$　　（D）$10 - \sqrt{2}$　　（E）6

14. 若 $(x-y-2)^2 + |xy-3| = 0$，则 $\left(\frac{3x}{x-y} - \frac{2x}{x-y}\right) \div \frac{1}{y}$ 的值为（　　）.

（A）$\frac{3}{2}$　　　　（B）$-\frac{3}{2}$　　　　（C）$\frac{2}{3}$　　　　（D）$-\frac{2}{3}$　　　　（E）1

15. 已知 $x^2 - 6x + |y-3| = 2x - 16$，则 $\dfrac{x}{x^2 + xy + y^2} = ($　　$)$.

    (A) $\dfrac{4}{37}$　　 (B) $\dfrac{4}{27}$　　 (C) $\dfrac{8}{37}$　　 (D) $\dfrac{4}{47}$　　 (E) $\dfrac{8}{47}$

16. 两个正数 m 和 n 满足 $\dfrac{m}{n} = t$（$t > 1$），若 $m + n = s$，则 m，n 中较小的数可以表示为($　　$).

    (A) $\dfrac{s}{1+t}$　　 (B) $\dfrac{s}{1-t}$　　 (C) $\dfrac{t}{1+s}$　　 (D) $\dfrac{t}{1-s}$　　 (E) $\dfrac{-s}{1+t}$

17. 已知 $\dfrac{x}{2} = \dfrac{y}{3} = \dfrac{m}{4} \neq 0$，那么式子 $\dfrac{x^2 + y^2 + m^2}{xy + ym + mx}$ 的值是（　　）.

    (A) $\dfrac{27}{26}$　　 (B) $\dfrac{29}{26}$　　 (C) $\dfrac{26}{29}$　　 (D) 1　　 (E) 2

18. 一个正分数的分子减少 25%，而分母增加 25%，则新分数比原来分数减少（　　）.
    (A) 30%　(B) 35%　(C) 40%　(D) 50%　(E) 60%

19. 在一家三口人中，每两个人的平均年龄加上余下一人的年龄分别得到 47，61，60，那么这三个人中最大年龄与最小年龄的差是（　　）.
    (A) 28　(B) 27　(C) 26　(D) 25　(E) 24

20. 满足 $|a-b| + ab = 1$ 的非负整数对 (a, b) 的个数是(　　).
    (A) 1　(B) 2　(C) 3　(D) 4　(E) 5

21. 将纯循环小数 $0.1\dot{4}\dot{4}$ 化成最简分数，分母比分子大(　　).
    (A) 855　(B) 655　(C) 105　(D) 95　(E) 85

22. 化简 $0.10\dot{7} \times \dfrac{1}{0.0\dot{7} + \dfrac{1}{0.\dot{8} + \dfrac{1}{9}}}$ 的值为(　　).

    (A) 0.1　(B) 0.2　(C) 0.3　(D) 0.4　(E) 0.5

23. 将混循环小数 $0.4\dot{5}\dot{7}$ 化成最简分数，分母比分子大（　　）.
    (A) 537　(B) 427　(C) 229　(D) 189　(E) 179

二、条件充分性判断题【选项见本书目录前的"条件充分性判断题型说明"，下同】

1. 已知 n 与 m 均为整数，则能确定 n 与 m 都是奇数.
    (1) $2022 + m$ 是奇数.　　　　　　　　　(2) $11n + 28m$ 是偶数.

2. 如果 b，c 是 2 个连续的奇数，有 $a + b = 30$.
    (1) $10 < a < b < c < 20$.　　　　　　　　(2) a，b 和 c 为质数.

3. $x^{101} + y^{101}$ 可取两个不同的值.
    (1) 实数 x，y 满足条件 $(x+y)^{99} = -1$.　　(2) 实数 x，y 满足条件 $(x-y)^{100} = 1$.

4. $m = \sqrt{3} - 2$.
    (1) $m = \dfrac{\sqrt{3} - 3}{2 + \sqrt{3}}$.　　　　　　　　　(2) $m = \dfrac{1 - \sqrt{3}}{1 + \sqrt{3}}$.

5. $\sqrt{(5-x)(x-3)^2} = (x-3)\sqrt{5-x}$.
    (1) $x \geqslant 3$.　　　　　　　　　　　　　(2) $x \leqslant 6$.

6. $\dfrac{\sqrt{x+1}-\sqrt{x-1}}{\sqrt{x+1}+\sqrt{x-1}}+\dfrac{\sqrt{x+1}+\sqrt{x-1}}{\sqrt{x+1}-\sqrt{x-1}}=\sqrt{5}$.

 （1）$x=\sqrt{5}$.   （2）$x=\dfrac{\sqrt{5}}{2}$.

7. $\sqrt{\dfrac{x}{x-2}}=\dfrac{\sqrt{x}}{\sqrt{x-2}}$.

 （1）$x\leqslant 5$.   （2）$x>3$.

8. $a+b=1$.

 （1）$b=\dfrac{\sqrt{a^2-1}+\sqrt{1-a^2}}{a+1}$.   （2）$b=\dfrac{\sqrt{a^2-1}+\sqrt{1-a^2}}{a-1}$.

9. $m=1$.

 （1）$m=\dfrac{|x-2|}{x-2}+\dfrac{|2-x|}{2-x}+\dfrac{\sqrt{x-2}}{\sqrt{|x-2|}}$. （2）$m=\dfrac{|x-2|}{x-2}-\dfrac{|2-x|}{2-x}-\dfrac{\sqrt{x-2}}{\sqrt{|x-2|}}$.

10. $\dfrac{|x-1|}{1-x}+\dfrac{|x-2|}{x-2}$的值为$-2$.

 （1）$1<x<2$.   （2）$2<x<3$.

11. $\dfrac{|a|}{a+a^2}=-\dfrac{1}{a+1}$.

 （1）$a<0$.   （2）$a<-1$.

12. $2x+y=-4$.

 （1）$|x+3|+\sqrt{4-2y}=\sqrt{2y-4}$. （2）$|x+3|-\sqrt{4-2y}=-\sqrt{2y-4}$.

13. 已知$x<0<z$，$xy>0$，则$|x+z|+|y+z|-|x-y|$的值为0.

 （1）$|y|>|z|>|x|$.   （2）$|x|>|z|>|y|$.

14. $m=1.7\dot{2}$.

 （1）$m=0.\dot{3}+0.\dot{6}+0.\dot{3}\times0.\dot{6}+0.\dot{3}\div0.\dot{6}$.

 （2）$m=0.\dot{4}+0.\dot{5}+0.\dot{3}\times0.\dot{6}+0.\dot{4}\div0.\dot{8}$.

第五节 综合提高题

一、问题求解题

加入高分备考群
与名师零距离互动

1. a、b、x、y是10（包括10）以内的无重复的正整数，那么$\dfrac{a-b}{x+y}$的最大值是（ ）.

 （A）$1\dfrac{2}{5}$ （B）$1\dfrac{4}{5}$ （C）2 （D）$2\dfrac{1}{3}$ （E）3

2. 已知a，b，c，d均为正数，且$\dfrac{a}{b}=\dfrac{c}{d}$，则$\dfrac{\sqrt{a^2+b^2}}{\sqrt{c^2+d^2}}$的值为（ ）.

 （A）$\dfrac{a^2}{d^2}$ （B）$\dfrac{c^2}{d^2}$ （C）$\dfrac{a+b}{c+d}$ （D）$\dfrac{b^2}{d^2}$ （E）$\dfrac{c}{a}$

3. 一个两位质数，将它的十位数字与个位数字对调后仍是一个两位质数，我们称它为"无暇质数",则 50 以内的所有"无暇质数"之和等于 ( ).

(A) 87 　　(B) 89 　　(C) 99 　　(D) 109 　　(E) 119

4. 一个数 a 为质数,并且 $a+20$,$a+40$ 也都是质数,则以 a 为边长的等边三角形面积是( ).

(A) $\frac{19}{2}\sqrt{3}$ 　　(B) $\frac{13}{2}\sqrt{3}$ 　　(C) $\frac{49}{4}\sqrt{3}$ 　　(D) $\frac{25}{4}\sqrt{3}$ 　　(E) $\frac{9}{4}\sqrt{3}$

5. 设 $a=\frac{\sqrt{5}-1}{2}$,则 $\frac{a^5+a^4-2a^3-a^2-a+2}{a^3-a} = $ ( ).

(A) -2 　　(B) 2 　　(C) 1 　　(D) -1 　　(E) 0

6. a、b、c 都是质数,c 是一位数,且 $a\times b+c=53$,那么 $a+b+c$ 的和有 ( ) 种取值.

(A) 1 　　(B) 2 　　(C) 3 　　(D) 4 　　(E) 5

7. 有四个小朋友,四人年龄逐个相差一岁,四人年龄的乘积是 360. 则四人现在年龄之和为( ).

(A) 14 　　(B) 16 　　(C) 22 　　(D) 20 　　(E) 18

8. 用 210 个大小相同的正方形拼成一个长方形,有 ( ) 种不同的拼法.

(A) 2 　　(B) 4 　　(C) 6 　　(D) 8 　　(E) 10

9. 已知 $600\times a=b^4$,a、b 是正整数,a 的最小值为 ( ).

(A) 1350 　　(B) 1250 　　(C) 1150 　　(D) 1050 　　(E) 1450

10. 王老师领一班同学去种树,学生恰好平均分成三组,如果老师与学生每人种树一样多,则共种了 572 棵,且每人种树多于 2 棵而不超过 20 棵. 那么,这个班有学生( )人,每人种树( )棵.

(A) 51, 11 　(B) 46, 11 　(C) 46, 13 　　(D) 51, 13 　　(E) 52, 9

11. $1\times2\times3\times4\times5\times\cdots\times99\times100$ 的积,末尾有 ( ) 个连续的零.

(A) 22 　　(B) 24 　　(C) 26 　　(D) 28 　　(E) 19

12. 要使乘积 $195\times86\times72\times380\times\square$ 的末五位都是零,□ 中应填入的自然数最小值应是( ).

(A) 115 　　(B) 105 　　(C) 120 　　(D) 125 　　(E) 225

13. 把若干个自然数 1,2,3,…,乘到一起,如果已知这个乘积的最末十三位恰好都是零,那么最后出现的自然数最小应该是 ( ).

(A) 35 　　(B) 40 　　(C) 45 　　(D) 50 　　(E) 55

14. 如果两个大于 1 的整数之和是 31,两数的积可以整除 750,那么这两数之差是 ( ).

(A) 11 　　(B) 12 　　(C) 13 　　(D) 19 　　(E) 15

15. 适合关系式 $|3x-4|+|3x+2|=6$ 的整数 x 的个数是 ( ).

(A) 0 　　(B) 1 　　(C) 2 　　(D) 3 　　(E) 4

16. 已知 $|x+2|+|1-x|=9-|y-5|-|1+y|$,则 $x+y$ 最大值与最小值分别为 ( ).

(A) 5, -4 　(B) 5, -3 　(C) 6, -2 　　(D) 5, -2 　　(E) 6, -3

17. $|x-2|+|x-1|+|x-3|$ 的最小值是 ( ).

(A) 0 　　(B) 1 　　(C) 2 　　(D) 3 　　(E) 4

18. 一箱书,平均分给 6 个小朋友,多余 1 本;平均分给 8 个小朋友,也多余 1 本;平均分给 9 个小朋友,也多余 1 本. 这箱书最少有 m 本,则 m 的各个数位之和为 ( ).

(A) 10 　　(B) 3 　　(C) 4 　　(D) 5 　　(E) 9

19. 某校全体学生列队,不论他们人数相等地分成 2 队、3 队、4 队、5 队、6 队、7 队、8 队、9 队,都会多出 1 人. 那么该校至少有 m 名学生,则 m 的各个数位之和为 ( ).

(A) 4　　　　(B) 6　　　　(C) 8　　　　(D) 10　　　　(E) 9

20. 有四个自然数 A、B、C、D，它们的和不超过 400，并且 A 除以 B 商是 5 余 5，A 除以 C 商是 6 余 6，A 除以 D 商是 7 余 7，那么，这四个自然数的和是（　　　）.

(A) 216　　　(B) 108　　　(C) 314　　　(D) 348　　　(E) 368

21. 有两个两位数，这两个两位数的最大公约数与最小公倍数的和是 91，最小公倍数是最大公约数的 12 倍，则这两个数中较大的数是（　　　）.

(A) 42　　　(B) 38　　　(C) 36　　　(D) 28　　　(E) 21

22. 一个介于 $100 \sim 200$ 之间的整数，除以 24 或 36 都有余数 16，则这个数的十位是（　　　）.

(A) 4　　　　(B) 6　　　　(C) 8　　　　(D) 9　　　　(E) 0

23. 用一个数去除 30、60、75，都能整除，这个数最大是 m，另一个数用 3、4、5 除都能整除，这个数最小是 n，则 $m + n = ($　　　$)$.

(A) 55　　　(B) 75　　　(C) 80　　　(D) 85　　　(E) 95

24. 6 枚 1 分硬币叠在一起与 5 枚 2 分硬币一样高，6 枚 2 分硬币叠在一起与 5 枚 5 分硬币一样高，如果用 1 分、2 分、5 分硬币分别叠成的三个圆柱体一样高，这些硬币的币值为 4 元 4 角 2 分，则这三种硬币总共有（　　　）枚.

(A) 180　　　(B) 181　　　(C) 182　　　(D) 183　　　(E) 185

25. 有 12 分米长的铁丝 12 根，18 分米长的铁丝 9 根，24 分米长的铁丝 10 根，要把它们截成一样长的铁丝，且不浪费，则截下的铁丝最长为 m 分米，可截 n 根，则 $m + n$ 为（　　　）.

(A) 97　　　(B) 98　　　(C) 99　　　(D) 100　　　(E) 101

26. 动物园的饲养员给三群猴子分花生. 如果只分给第一群，则每只猴子可得 12 粒；如果只分给第二群，则每只猴子可得 15 粒；如果只分给第三群，则每只猴子可得 20 粒. 那么平均分给这三群猴子，每只猴子可得（　　　）粒.

(A) 5　　　　(B) 6　　　　(C) 7　　　　(D) 8　　　　(E) 10

二、条件充分性判断题

1. $m = -2\sqrt{6}$.

(1) $m = 4\sqrt{24} - 6\sqrt{54} + 3\sqrt{96} - 2\sqrt{150}$.　　　(2) $m = 4\sqrt{24} - 6\sqrt{54} + 2\sqrt{96}$.

2. 能确定 $\dfrac{2n}{5}$ 是整数.

(1) $m = \sqrt{5} + 2$，$m + \dfrac{1}{m}$ 的整数部分是 n.　　　(2) n 为整数，且 $\dfrac{13n}{10}$ 是整数.

3. $a = b = 0$.

(1) $|a| = a$，$|b| = b$，且 $\left(\dfrac{1}{2}\right)^{a+b} = 1$.

(2) 设 a，b 是有理数，m 是无理数，且 $a + bm = 0$.

4. 把 60 拆成 10 个质数之和，要求最大的质数尽可能小，那么最大的质数是 m.

(1) 大于 $-3\dfrac{1}{3}$ 的负整数有 m 个.　　　(2) $m = 7$.

5. 已知某数与 24 的最大公约数为 4，最小公倍数为 168，则此数为 k.

(1) k 为正数，且使 $x^2 - kx + \dfrac{169}{4}$ 为完全平方式.　　　(2) $k = 28$.

6. 已知两个自然数的最大公约数为 4，最小公倍数为 120，则这两个数之和为 m.

  （1）绝对值不大于 11.1 的整数有 m 个.

  （2）绝对值不大于 21.1 的整数有 m 个.

7. 已知 a，b，c 是非零实数，则能确定 k 的值.

  （1）$\dfrac{a+b+c}{a} = \dfrac{a+b+c}{b} = \dfrac{a+b+c}{c} = k$.

  （2）$\dfrac{a}{a+b+c} = \dfrac{b}{a+b+c} = \dfrac{c}{a+b+c} = \dfrac{1}{k}$.

8. 商店换季大甩卖，某种上衣价格下降 60%.

  （1）原来买 2 件的钱，现在可以买 5 件.

  （2）原来的价格是现在价格的 2.5 倍.

9. 设 6000 位数 $\underbrace{111\cdots11}_{2000位}\underbrace{222\cdots22}_{2000位}\underbrace{333\cdots33}_{2000位}$ 被多位数 $\underbrace{333\cdots33}_{2000位}$ 除所得商的各个数位上的数字和为 k.

  （1）$k = 6002$.   （2）$k = 6005$.

10. $\overline{x5} \cdot \overline{3yz} = 7850$，其中 $\overline{x5}$ 表示十位数是 x，个位数是 5 的两位数；$\overline{3yz}$ 表示百位数是 3，十位数是 y，个位数是 z 的三位数，那么 $xy = k$.

  （1）$k = 8$.   （2）$k = 10$.

11. 实数 x，y，z 中至少有一个大于 0.

  （1）a，b，c 是不全相等的任意实数，$x = a^2 - bc$，$y = b^2 - ac$，$z = c^2 - ab$.

  （2）$\dfrac{a-b}{x} = \dfrac{b-c}{y} = \dfrac{c-a}{z} = xyz < 0$.

12. $\dfrac{1}{a+b} + \dfrac{1}{a-b} = \dfrac{\sqrt{30}}{6}$.

  （1）$a = \sqrt{5}$.   （2）$b = \sqrt{3} - \sqrt{2}$.

13. $\dfrac{a+b}{2a+b} < \dfrac{a+c}{2a+c}$.

  （1）$a > 0$，$c > b > 0$.   （2）$a < 0$，$b > c > 0$.

14. 方程的整数解有 5 个.

  （1）方程为 $|x+1| + |x-3| = 4$.   （2）方程为 $|x+1| - |x-3| = 4$.

15. $|x-2| + |1+x| = 3$.

  （1）$x < \dfrac{\pi}{2}$.   （2）$x > 0$.

16. $\left|\dfrac{2x-1}{3}\right| \leqslant \dfrac{2-x}{3}$.

  （1）$-1 < x < \dfrac{1}{2}$.   （2）$\dfrac{1}{2} < x < 2$.

17. $\left|\dfrac{3}{2x-1}\right| = \dfrac{3}{1-2x}$.

  （1）$x \in \left(0, \dfrac{1}{2}\right)$.   （2）$x \in \left(-\infty, \dfrac{1}{2}\right]$.

18. 设两个正整数的最大公约数为 15，且一个数的 3 倍与另一个数的 2 倍之和为 225. 则这两个正整数之和为 k.

  （1）$k = 105$.   （2）$k = 115$.

19. 有若干苹果，两个一堆多一个，3 个一堆多一个，4 个一堆多一个，5 个一堆多一个，6 个一堆多一个，则这堆苹果最少有 m 个.

    （1）$m = 121$.   （2）$m = 61$.

20. 有三根木棒，分别长 8 厘米、12 厘米、20 厘米. 要把它们截成同样长的小棒，不许剩余，则每根小棒最长能有 k 厘米.

    （1）$k = 3$.   （2）$k = 4$.

21. $m + n = 70$.

    （1）8，12，18 的最大公约数为 m.   （2）8，12，18 的最小公倍数为 n.

22. 老师将 301 个笔记本、215 支铅笔和 86 块橡皮分给班里同学，每个同学得到的笔记本、铅笔和橡皮的数量相同. 则每个同学拿到的笔记本、铅笔和橡皮的数量之和为 k.

    （1）$k = 14$.   （2）$k = 16$.

23. 两个数的最大公约数是 k，最小公倍数是 504. 如果其中一个数是 42，那么另一个数各个数位之和为 9.

    （1）$k = 6$.   （2）$k = 7$.

答案速查

第二节	1～5　EADBD	6～10　AAEDA	11～15　AAEBB	16～20　ACDEE
	21～25　ABCAC	26～27　DB		
第三节	1～5　DEBCA	6～10　EDCEA	11～15　ECAED	16～20　CBBAB
	21～25　DBCCB	26～30　BDDEC	31～35　ECDCC	36～40　EEECA
	41～42　CE			
第四节	一、1～5　ECDBC	6～10　ACBCE	11～15　DCBAA	16～20　ABCAC
	21～23　DAE			
	二、1～5　EEEBE	6～10　BBADA	11～14　BDDD	
第五节	一、1～5　DCDEA	6～10　BEDAA	11～15　BDEDC	16～20　ECADC
	21～25　DBBCA	26　A		
	二、1～5　BBDBB	6～10　EBDAE	11～15　DCAAC	16～20　AAABB
	21～23　EAA			

（注：详细的题目解析见本书《解析分册》）

第二章 应用题

第一节 考试解读

一、大纲考点

1. 分数、小数、百分数
2. 比与比例

二、大纲解读

应用题虽未在考纲明确写出，但在考试中占比非常大，是每年考试的重点，占总题量的 1/4 左右．而且应用题灵活度较高，是产生分数差异的主要模块．分数、小数、百分数和比与比例主要在应用题中体现．本章历年主要考查三个难度层次：

（1）考查简单的计算型：比例问题、利润问题；

（2）考查复杂的等量关系：路程问题、工程问题、杠杆比例法、浓度问题、集合问题、分段计费；

（3）考查较难的动态最值问题：线性规划、至少至多、最值．

三、历年真题考试情况

考试年份	考题	分值	题型	考点分布
2013 年	7	21	问题求解 6 个 条件充分性判断 1 个	比例，百分比，路程，工程，至少至多，最值，优化
2014 年	5	15	问题求解 5 个	比例，路程，工程，杠杆交叉比例法，浓度
2015 年	6	18	问题求解 3 个 条件充分性判断 3 个	比例，路程，杠杆交叉比例法，浓度，不定方程，最值
2016 年	6	18	问题求解 4 个 条件充分性判断 2 个	比例，百分比，变化率，集合，最值，优化，利润
2017 年	8	24	问题求解 5 个 条件充分性判断 3 个	比例，数量关系，变化率，工程，路程，集合，不定方程
2018 年	5	15	问题求解 3 个 条件充分性判断 2 个	比例，数量关系，变化率，集合，分段计费
2019 年	6	18	问题求解 5 个 条件充分性判断 1 个	比例，工程，植树，路程，变化率，不定方程
2020 年	6	18	问题求解 3 个 条件充分性判断 3 个	加权平均，打折，路程，最值，不定方程
2021 年	7	21	问题求解 3 个 条件充分性判断 4 个	比例，路程，工程，集合，至少至多，不定方程

（续）

考试年份	考题	分值	题型	考点分布
2023 年预测	6	18	问题求解 4 个 条件充分性判断 2 个	比例，百分比，变化率，集合，最值，优化，利润

四、考试地位及预测

从历年考试情况来看，应用题一般设置 6 个题目左右，占 18 分，涉及相关考点的应用题比较灵活，技巧性比较强，所以要加大应用题的训练.

五、数字化导图

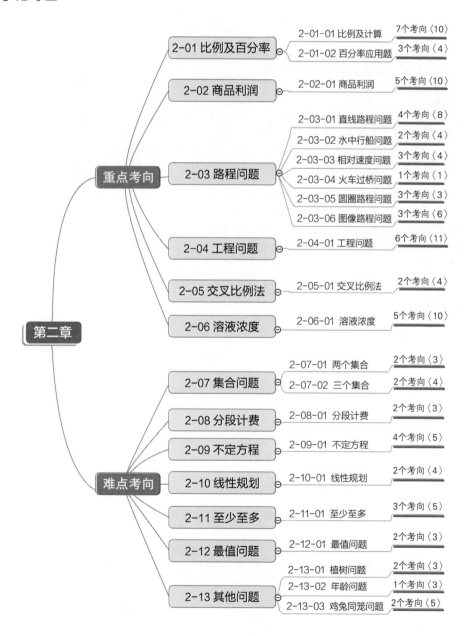

六、备考建议

着重注意以下三个方面：

（1）熟练掌握各类应用题等量关系的建立方法；

（2）设未知数是解应用题的通用方法，但不一定是最佳方法，要学会使用不用未知数的方法；

（3）尽量少用未知数解题，而且并非问什么就设什么.

第二节　重点考向

模块 2-01 比例及百分率

考点2-01-01 ／ 比例及计算

一、考点讲解

参照第一章比例（见模块1-02和1-05）.

二、考试解读

（1）建立所给对象的基本数量关系是解应用题的基础，也是要处理的核心问题，绝大多数应用题要通过等量关系来建立方程，求出未知量.

（2）常用的等量关系：和、差、积、倍、变化率、大、小、多、少等.

（3）解题关键：找对基准量，明确比例关系.

（4）考试频率级别：高.

三、命题方向

考向 1　定比例问题（知总求部）

● **思　路**　常规方法是设未知数求解，简便方法可以套公式：部分量 = 总量 × 对应的比例.

[例1] 一公司向银行借款34万元，欲按$\frac{1}{2}:\frac{1}{3}:\frac{1}{9}$的比例分配给下属甲、乙、丙三车间进行技术改造，则甲车间应得（　　）.

　　（A）17万元　　　　　　（B）8万元　　　　　　（C）12万元

　　（D）18万元　　　　　　（E）19万元

考向 2　定比例问题（知部求总）

● **思　路**　常规方法是设未知数求解，简便方法可以套公式：总量 = $\dfrac{部分量}{对应的比例}$.

[例2] 用一笔钱的$\frac{5}{8}$购买甲商品，再以所余金额的$\frac{2}{5}$购买乙商品，最后剩余900元，这笔钱的总额是（　　）.

　　（A）2400元　　　　　　（B）3600元　　　　　　（C）4000元

　　（D）4500元　　　　　　（E）5000元

[例3] 奖金发给甲、乙、丙、丁四人，其中 $\frac{1}{5}$ 发给甲，$\frac{1}{3}$ 发给乙，发给丙的奖金数正好是甲、乙奖金之差的 3 倍，已知发给丁的奖金为 200 元，则总奖金为(　　).

（A）1500 元　　　　　（B）2000 元　　　　　（C）2500 元

（D）3000 元　　　　　（E）5000 元

考向 3　定比例问题（知部求部）

● **思　路**　先要确定联系各部分量的中介量，然后可以设未知数求解或者列等式求解.

[例4] 某单位有男职工 420 人，男职工人数是女职工人数的 $1\frac{1}{3}$ 倍，工龄 20 年以上者占全体职工人数的 20%，工龄 10～20 年者是工龄 10 年以下者人数的一半，工龄在 10 年以下者的人数是(　　).

（A）250　　　（B）275　　　（C）392　　　（D）401　　　（E）500

考向 4　变比例问题（某量不变）

● **思　路**　常规方法是设未知数求解，简便方法可以统一不变量的份数，分析变化量的份数情况，然后求出每份的数值即可.

[例5] 甲、乙两仓库储存的粮食重量之比为 4:3，现从甲库中调出 10 万吨粮食，则甲、乙两仓库存粮吨数之比为 7:6. 甲仓库原有粮食(　　)万吨.

（A）70　　　（B）78　　　（C）80　　　（D）85　　　（E）88

[例6] 操场上有 108 名学生在锻炼身体，其中女生占 $\frac{2}{9}$，又来了若干名女生后，女生人数达到男生人数的 $\frac{3}{7}$. 那么后来了(　　)名女生.

（A）6　　　（B）8　　　（C）10　　　（D）12　　　（E）15

[例7] 某国参加北京奥运会的男女运动员比例原为 19:12，由于先增加了若干名女运动员，使男女运动员比例变为 20:13. 后又增加了若干名男运动员，于是男女运动员比例最终变为 30:19. 如果后增加的男运动员比先增加的女运动员多 3 人，则最后运动员的总人数为(　　).

（A）686　　　（B）637　　　（C）700　　　（D）661　　　（E）600

考向 5　变比例问题（总量不变）

● **思　路**　常规方法是设未知数求解，简便方法可以统一总量的份数，分析变化量的份数情况，然后求出每份的数值即可.

[例8] 甲读一本书，已读与未读的页数之比是 3:4，后来又读了 33 页，已读与未读的页数之比变为 5:3. 这本书共有(　　)页.

（A）152　　　（B）168　　　（C）224　　　（D）280　　　（E）300

考向 6　变比例问题（差量不变）

● **思　路**　对于增加或减少同样数值的比例，其差量是不变的. 常规方法是设未知数求解，简便方法可以统一差量的份数，分析变化量的份数情况，然后求出每份的数值即可.

[例9] 甲、乙两仓库储存的粮食重量之比为4:3，现从甲、乙各调出10万吨粮食，则甲、乙两仓库存粮吨数之比为11:8. 甲仓库原有粮食(　　)万吨.
(A) 90　　　(B) 100　　　(C) 110　　　(D) 120　　　(E) 130

考向7　变比例问题（各量都变）

● **思　路**　对于各量都变的比例问题，建议设未知数，根据题意列方程求解.

[例10] 小明和小强原有的图画纸数量之比是4:3，小明又买来15张. 小强用掉了8张，现有的图画纸数量之比是5:2. 原来小明比小强多(　　)张图画纸.
(A) 5　　　(B) 6　　　(C) 8　　　(D) 9　　　(E) 10

考点2-01-02　百分率应用题

一、考点讲解

(1) 原值 $a \xrightarrow{\text{增长}p\%}$ 现值 $a(1+p\%)$.

(2) 原值 $a \xrightarrow{\text{下降}p\%}$ 现值 $a(1-p\%)$.

(3) 甲比乙大 $p\% \Leftrightarrow \dfrac{\text{甲}-\text{乙}}{\text{乙}}=p\% \Leftrightarrow \text{甲}=\text{乙}\cdot(1+p\%)$.

(4) 甲比乙小 $p\% \Leftrightarrow \dfrac{\text{乙}-\text{甲}}{\text{乙}}=p\% \Leftrightarrow \text{甲}=\text{乙}\cdot(1-p\%)$.

(5) 甲是乙的 $p\% \Leftrightarrow \text{甲}=\text{乙}\cdot p\%$.

注意 甲比乙大 $p\% \neq$ 乙比甲小 $p\%$.

二、考试解读

(1) 变化率是考试常考知识点，往往命题灵活.

(2) 使用变化率时，要明确基准量，不要出错，尤其一个题目中出现多个百分比，每个基准量都有可能不一样.

(3) 围绕百分比的变化率是考试重点，尤其连续增长率或下降率.

(4) 考试频率级别：中.

三、命题方向

考向1　单一变化率

● **思　路**　根据现值 ＝ 原值×(1＋变化率).

[例11] 商店本月的计划销售额为20万元，由于开展了促销活动，上半月完成了计划的60%，若全月要超额完成计划的25%，则下半月应完成销售额(　　).
(A) 12万元　　(B) 13万元　　(C) 14万元　　(D) 15万元　　(E) 16万元

考向2　增降并存的变化率

● **思　路**　根据变化率公式进行分析.

[例12]（条件充分性判断）甲企业今年人均成本是去年的60%.

（1）甲企业今年总成本比去年减少25%，员工人数增加25%.

（2）甲企业今年总成本比去年减少28%，员工人数增加20%.

考向3　连续变化率

- **思　路**　连续变化率公式：原值为 a，变化率为 p，则连续变化 k 次后的值为 $a(1+p)^k$.

［例13］银行的一年定期存款利率为10%，某人于2016年1月1日存入10000元，2019年1月1日取出，若按复利计算，他取出时所得的本金和利息共计是（　　）.

　　（A）10300元　　　　　　（B）10303元　　　　　（C）13000元

　　（D）13310元　　　　　　（E）14641元

［例14］某新兴产业在2005年末至2009年末产值年增长率为 q，在2009年末至2013年末产值的平均增长率比前四年下降40%，2013年的产值约为2005年产值的14.46（$\approx 1.95^4$）倍，则 q 的值约为（　　）.

　　（A）30%　　　（B）35%　　　（C）40%　　　（D）45%　　　（E）50%

模块 2-02 商品利润

考点 2-02-01 ｜ 商品利润

一、考点讲解

（1）利润 = 售价 − 进价.

（2）利润率 = $\dfrac{利润}{进价} \times 100\%$.

（3）利润 = 利润率 × 进价.

（4）售价 = 进价 × （1 + 利润率）.

二、考试解读

（1）本考点涉及的概念较多：进价（成本），售价，定价，原价，打折，利润率，销量等，要明确它们之间的关联公式.

（2）本考点的难点在于打折对价格的影响，从而导致利润的变化，这类动态问题的分析是考试容易失分的内容，要引起注意.

（3）考试频率级别：中.

三、命题方向

考向1　求原价或标价

- **思　路**　根据售价 = 进价 × （1 + 利润率）进行判断. 注意数学中的利润率在默认情况下，是以进价（成本）为基准量进行计算的，而经济学中的利润率是以售价为基准进行计算的. 如果以售价为基准，就会得到错误答案.

［例15］某商品的成本为240元，若按该商品标价的8折出售，利润率是15%，则该商品的标价为（　　）.

(A) 276 元　　(B) 331 元　　(C) 345 元　　(D) 360 元　　(E) 400 元

[例16] 某种商品，甲店的进货价比乙店的进货价便宜10%，甲店按30%的利润定价，乙店按20%的利润定价，结果乙店的定价比甲店的定价贵6元，则乙店的定价为（　　）元.

(A) 200　　(B) 210　　(C) 220　　(D) 230　　(E) 240

考向2　求销量

• **思　路**　根据进价、售价、利润的关系，列方程求销量.

[例17] 甲、乙两商店某种商品的进货价格都是200元，甲店以高于进货价格20%的价格出售，乙店以高于进货价格15%的价格出售，结果乙店的售出件数是甲店的2倍. 扣除营业税后乙店的利润比甲店多5400元. 若设营业税是营业额的5%，那么甲、乙两店售出该商品各为（　　）件.

(A) 450，900　　　　　　(B) 500，1000　　　　　　(C) 550，1100

(D) 600，1200　　　　　　(E) 650，1300

考向3　价格变化（打折优惠）问题

• **思　路**　要掌握公式的灵活变形：

$$利润率 = \frac{利润}{进价} \times 100\% = \frac{售价 - 进价}{进价} \times 100\% = \left(\frac{售价}{进价} - 1\right) \times 100\% \Rightarrow \frac{售价}{进价} = 1 + 利润率;$$

$$售价 = 进价 \times (1 + 利润率) \Rightarrow 售价 - 进价 = 进价 \times 利润率.$$

[例18] 某商店将每套服装按原价提高50%后再做七折"优惠"的广告宣传，这样每售一套可获利625元. 已知每套服装的成本是2000元，该店按"优惠价"售出一套服装比按原价（　　）.

(A) 多赚100元　　　　　　(B) 少赚100元　　　　　　(C) 多赚125元

(D) 少赚125元　　　　　　(E) 多赚155元

[例19] 一商店把某商品按标价的九折出售，仍可获利20%，若该商品的进价为每件21元，则该商品每件的标价为（　　）.

(A) 26 元　　(B) 28 元　　(C) 30 元　　(D) 32 元　　(E) 34 元

[例20] 商店某种服装换季降价，原来可买8件的钱现在可以买10件，则这种服装价格下降的百分比为（　　）.

(A) 16%　　(B) 20%　　(C) 25%　　(D) 28%　　(E) 30%

[例21] 某商场按定价销售某种商品，每件可获利45元，按定价八五折销售商品8件与将定价降低35元销售该商品12件所获利润相等，则该商品进价为（　　）元.

(A) 155　　(B) 165　　(C) 175　　(D) 185　　(E) 195

[例22] 某商店花1万元进了一批商品，按期望获得相当于进价25%的利润来定价，结果只销售了商品总量的30%. 为尽快完成资金周转，商店决定打折销售，这样卖完全部商品后，亏本1千元，则商店是按定价打（　　）折销售.

(A) 9　　(B) 8　　(C) 7.5　　(D) 6.5　　(E) 6

考向4　盈亏并存问题

• **思　路**　对于盈亏并存，要会求解最后的净利润. 根据公式净利润=盈利-亏损来求解分析.

[例23] 商店出售两套礼盒，均以 210 元售出，按进价计算，其中一套盈利 25%，而另一套亏损 25%，结果商店(　　).

（A）不赔不赚　　　（B）赚了 24 元　　　（C）亏了 28 元

（D）亏了 24 元　　　（E）赚了 28 元

考向 5　恢复原价

思　路　可以记住两个规律：如果原价为 a，先降 $p\%$，再增 $\dfrac{p\%}{1-p\%}$，能够恢复原值. 如果原价为 a，先增 $p\%$，再降 $\dfrac{p\%}{1+p\%}$，能够恢复原值.

[例24] 某种商品降价 20% 后，若欲恢复原价，应提价(　　).

（A）20%　　（B）25%　　（C）22%　　（D）15%　　（E）24%

模块 2-03 路程问题

考点 2-03-01　直线路程问题

一、考点讲解

1. 基本公式

$$s = vt, \quad v = \frac{s}{t}, \quad t = \frac{s}{v}.$$

2. 直线相遇公式

$$s_{相遇} = s_1 + s_2 = v_1 t + v_2 t = (v_1 + v_2) t.$$

3. 直线追及公式

$$s_{追及} = s_1 - s_2 = v_1 t - v_2 t = (v_1 - v_2) t.$$

二、考试解读

（1）路程问题在考试中出现的频率较高，做路程问题，首先根据题意要画出示意图，标注已知对象的相关信息，其次建立等量关系，常用的是时间或路程为基本等式.

（2）路程问题的重点在于设未知数和找等量关系，尤其多对象运动问题，对考生要求较高.

（3）难点在于变速运动的路程问题及图像的路程问题.

（4）考试频率级别：高.

三、命题方向

考向 1　直线相遇

思　路　两车相向而行，相遇时间＝路程和÷速度和或相遇时间＝路程差÷速度差.

[例 25] 甲、乙两辆汽车同时从东、西两地相向开出,甲车每小时行 56 千米,乙车每小时行 48 千米,两车在离中点 32 千米处相遇,则东西两地的距离是( )千米.

(A) 799　　(B) 810　　(C) 832　　(D) 850　　(E) 883

[例 26] 甲、乙两车分别从 A,B 两地同时出发,相向而行.甲每小时行 80 千米,乙每小时行全程的 10%.当乙行到全程的 $\frac{5}{8}$ 时,甲车再行全程的 $\frac{1}{6}$ 可到达 B 地,则 AB 两地相距( )千米.

(A) 400　　(B) 450　　(C) 500　　(D) 550　　(E) 600

考向 2　直线往返相遇

● **思　路**　对于多次往返相遇的题目,要根据两人的路程关系列方程求解.

[例 27] 甲、乙两辆汽车同时从东站开往西站.甲车每小时比乙车多行驶 12 千米,甲车行驶四个半小时到达西站后,没有停留,立即从原路返回,在距离西站 31.5 千米的地方和乙车相遇,甲车每小时行驶( )千米.

(A) 42　　(B) 50　　(C) 55　　(D) 56　　(E) 60

[例 28] 小张、小明两人同时从甲、乙两地出发相向而行,两人在离甲地 40 米处第一次相遇,相遇后两人仍以原速继续行驶,并且在各自到达对方出发点后立即沿原路返回,途中两人在距乙地 15 米处第二次相遇.甲、乙两地相距( )米.

(A) 80　　(B) 90　　(C) 100　　(D) 105　　(E) 120

考向 3　直线追及

● **思　路**　两个运动物体在不同地点同时出发(或者在同一地点而不是同时出发,或者在不同地点又不是同时出发)做同向运动,在后面的行进速度要快些,在前面的行进速度较慢些,在一定时间之内,后面的追上前面的物体.这类应用题就叫作追及问题.根据追及时间与路程的关系列方程,所用公式为:路程差=速度差×追及时间.

[例 29] 好马每天走 120 千米,劣马每天走 75 千米,劣马先走 12 天,好马( )天能追上劣马.

(A) 12　　(B) 16　　(C) 20　　(D) 22　　(E) 24

[例 30] 士兵追击一股逃窜的敌人,敌人在早上 6 点开始从甲地以每小时 10 千米的速度向东逃跑,士兵在晚上 22 点接到命令,以每小时 30 千米的速度开始从乙地向东追击.已知乙地在甲地的西面,且甲乙两地相距 60 千米,则士兵( )个小时可以追上敌人.

(A) 10　　(B) 11　　(C) 12　　(D) 14　　(E) 16

考向 4　直线变速

● **思　路**　变速运动难度较大,主要根据速度变化前后的时间关系列方程.

[例 31] 长途汽车从 A 站出发,匀速行驶,1 小时后突然发生故障,车速降低了 40%,到 B 站终点延误达 3 小时,若汽车能多跑 50 千米后,才发生故障,坚持行驶到 B 站能少延误 1 小时 20 分钟,那么 A,B 两地相距( )千米.

(A) 412.5　　(B) 125.5　　(C) 146.5　　(D) 152.5　　(E) 137.5

[例 32] 某人驾车从 A 地赶往 B 地,前一半路程比计划多用时 45 分钟,平均速度只有计划

的 80%，若后一半路程的平均速度为 120 千米/小时，此人还能按原定时间到达 B 地，A，B 两地的距离为(　　).
(A) 450 千米　　　(B) 480 千米　　　(C) 520 千米
(D) 540 千米　　　(E) 600 千米

考点 2-03-02　水中行船问题

一、考点讲解

1. 船顺流时速度

$v_顺 = v_船 + v_水.$

2. 船逆流时速度

$v_逆 = v_船 - v_水.$

二、考试解读

(1) 水中行船问题要看清楚水流方向，分清是顺水还是逆水.
(2) 难点在于水流何时对船有影响.
(3) 考试频率级别：中.

三、命题方向

考向 1　与水速有关
- **思　路**　单一物体在水上运动时，时间与水速有关.

[例 33] 已知船在静水中的速度为 28 千米/小时，水流的速度为 2 千米/小时. 则此船在相距 78 千米的两地间往返一次所需时间是(　　)小时.
(A) 5.9　　(B) 5.6　　(C) 5.4　　(D) 4.4　　(E) 4

[例 34] 两艘游艇，静水中甲艇每小时行 3.3 千米，乙艇每小时行 2.1 千米. 现在两游艇于同一时刻相向出发，甲艇从下游上行，乙艇从相距 27 千米的上游下行，两艇于途中相遇后，又经过 4 小时，甲艇到达乙艇的出发地. 则水流速度是每小时(　　)千米.
(A) 0.1　　(B) 0.2　　(C) 0.3　　(D) 0.4　　(E) 0.5

考向 2　与水速无关
- **思　路**　多个物体在水中运动，无论是相遇还是追及，都与水速无关. 因为水速抵消了.

[例 35] 甲、乙两船在相距 90 千米的河上航行，如果相向而行，3 小时相遇；如果同向而行，则需 15 小时甲船追上乙船. 因此在静水中甲船的速度为(　　)千米/小时.
(A) 18　　(B) 20　　(C) 22　　(D) 24　　(E) 26

[例 36] 一艘小轮船上午 8:00 起航逆流而上（设船速和水流速度一定），中途船上一块木板落入水中，直到 8:50 船员才发现这块重要的木板丢失，立即调转船头去追，最终于 9:20 追上木板. 由上述数据可以算出木板落水的时间是(　　).
(A) 8:35　　(B) 8:30　　(C) 8:25　　(D) 8:20　　(E) 8:15

考点 2-03-03 　相对速度问题

一、考点讲解

1. 相向运动

相对速度：$v = v_1 + v_2$.

2. 同向运动

相对速度：$v = v_1 - v_2$.

二、考试解读

（1）当出现多个物体同时运动时，将某个物体看成"静止"的，当作参照物，利用相对速度分析会比较简便.

（2）路程问题的难点在于运动的方向，对考生要求较高.

（3）考试频率级别：低.

三、命题方向

考向 1　队伍行军

● **思　路**　可以将队伍看成静止的，通讯员转化为相对运动分析即可.

[例 37] 一支队伍排成长度为 800 米的队列行军，速度为 80 米/分，在队首的通讯员以 3 倍于行军的速度跑步到队尾，花 1 分钟传达首长命令后，立即以同样的速度跑回到队首，在往返全过程中通讯员所花费的时间为(　　).

(A) 6.5 分　　(B) 7.5 分　　(C) 8 分　　(D) 8.5 分　　(E) 10 分

考向 2　火车与行人

● **思　路**　将行人看成静止的，然后火车转化为相对运动分析即可.

[例 38] 在一条与铁路平行的公路上有一行人与一骑车人同向行进，行人速度为 3.6 千米/小时，骑车人速度为 10.8 千米/小时. 如果一列火车从他们的后面同向匀速驶来，它通过行人的时间是 22 秒，通过骑车人的时间是 26 秒，则这列火车的车身长为(　　)米.

(A) 186　　(B) 268　　(C) 168　　(D) 286　　(E) 188

[例 39] 快慢两列火车长度分别为 160 米和 120 米，它们相向驶在平行轨道上，若坐在慢车上的人看见整列快车驶过的时间是 4 秒，那么坐在快车上的人看见整列慢车驶过的时间是(　　).

(A) 3 秒　　(B) 4 秒　　(C) 5 秒　　(D) 6 秒　　(E) 7 秒

考向 3　发车间隔

● **思　路**　将行人看成静止的，然后公交车转化为相对运动分析即可.

[例 40] 小明放学后沿某路公共汽车路线，匀速步行回家，沿途该路公共汽车每 12 分钟就有一辆从后面超过他，每 8 分钟就又遇到迎面开来的一辆车，如果这路公共汽车按相同的时间间隔以同一速度不停地运行，那么公共汽车每(　　)分钟发一辆车.

(A) 7　　(B) 8　　(C) 8.4　　(D) 9　　(E) 9.6

考点 2-03-04　　火车过桥问题

一、考点讲解

火车过桥时间

$$t = \frac{l_{车} + l_{桥}}{v}.$$

二、考试解读

（1）火车过桥比较简单，按公式计算即可.

（2）由于火车速度不变，时间与长度成比例，采用比例法分析比较简单.

（3）考试频率级别：低.

三、命题方向

> **考向 1　　火车过桥**
>
> **思　路**　根据公式 $t = \dfrac{l_{车} + l_{桥}}{v}$，列方程求解分析.

[例41] 一列火车匀速行驶时，通过一座长为 250 米的桥梁需要 10 秒钟，通过一座长为 450 米的桥梁需要 15 秒钟，该火车通过长为 1050 米的桥梁需要（　　）秒.

（A）22　　　　（B）25　　　　（C）28　　　　（D）30　　　　（E）35

考点 2-03-05　　圆圈路程问题

一、考点讲解

1. 同向同起点

设周长为 s. 如图 2-1.

相遇时的等量关系：$s_{甲} - s_{乙} = s$（经历时间相同）.

甲、乙每相遇一次，甲比乙多跑一圈，若相遇 n 次，则有 $s_{甲} - s_{乙} = n \cdot s$.

$$\frac{v_{甲}}{v_{乙}} = \frac{s_{甲}}{s_{乙}} = \frac{s_{乙} + n \cdot s}{s_{乙}} = 1 + \frac{n \cdot s}{s_{乙}}$$

2. 反向同起点

设周长为 s. 如图 2-2.

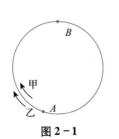

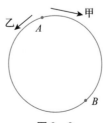

图 2-1　　　　　　　　　　图 2-2

相遇时的等量关系：$s_甲 + s_乙 = s$.

每相遇一次，甲与乙路程之和为一圈，若相遇 n 次有 $s_甲 + s_乙 = n \cdot s$.

$$\frac{v_甲}{v_乙} = \frac{s_甲}{s_乙} = \frac{n \cdot s - s_乙}{s_乙} = \frac{n \cdot s}{s_乙} - 1.$$

[解题技巧] 在做圆圈型追及相遇题时，求第 k 次相遇情况，可以将第 $k-1$ 次相遇看成起点进行分析考虑.

二、考试解读

(1) 圆圈型路程问题比较难，容易出错，但考试只要求掌握定速的圆圈型问题.

(2) 难点在于运动方向以及是否同起点运动，对考生要求较高.

(3) 考试频率级别：低.

三、命题方向

考向 1　同起点

● **思　路**　如果起点相同，当同向运动时，每相遇一次，路程差为一圈；当反向运动时，每相遇一次，路程和为一圈.

[例 42] 甲、乙两人从同一起跑线上绕 400 米跑道同时同向跑步，甲每秒跑 6 米，乙每秒跑 4 米. 则第二次追上乙时，甲跑了(　　)米.

(A) 2400　　(B) 2600　　(C) 2800　　(D) 3000　　(E) 3200

考向 2　不同起点

● **思　路**　如果两人不同起点，则第一次相遇后，就变成同起点的运动了.

[例 43] 在周长为 400 米的圆形跑道的一条直径的两端，甲、乙两人分别以 6 米/秒和 4 米/秒的速度骑自行车同时同向出发（顺时针）沿圆周行驶，经过(　　)秒甲第二次追上乙.

(A) 300　　(B) 320　　(C) 280　　(D) 270　　(E) 240

考向 3　回到起点相遇

● **思　路**　若两人回到起点相遇，两人无论同向还是反向跑，两人都是跑整数圈，故两人的速度比 = 两人的路程比 = 两人的圈数比.

[例 44] 甲、乙两人从同一起跑线上绕周长为 300 米的跑道跑步，甲每秒跑 6 米，乙每秒跑 4 米. 则第二次在起跑线追上乙时，甲跑了(　　)米.

(A) 1400　　(B) 1800　　(C) 2000　　(D) 2100　　(E) 2400

考点 2-03-06　图像路程问题

一、考点讲解

$$s = vt,\quad v = \frac{s}{t},\quad t = \frac{s}{v}.$$

1. $v - s$ 图

（1）匀速运动（见图 2-3）

（2）变速运动（见图 2-4，图 2-5）

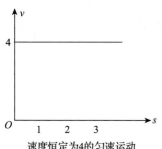

速度恒定为4的匀速运动

图 2-3

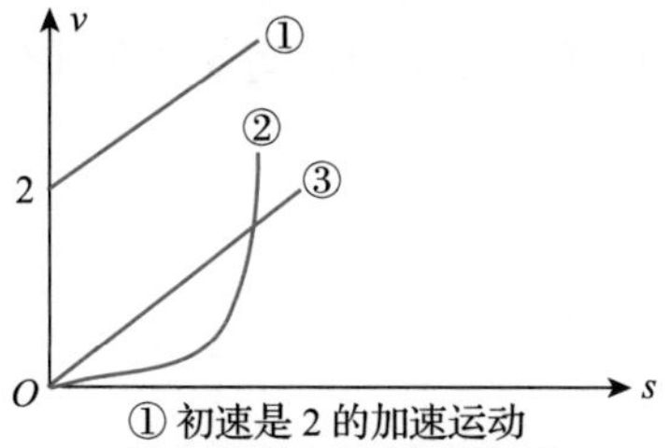

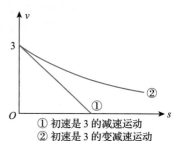

①初速是 2 的加速运动
②初速是 0 的变加速运动
③初速是 0 的加速运动

图 2-4

①初速是 3 的减速运动
②初速是 3 的变减速运动

图 2-5

2. $s - t$ 图

（1）匀速运动（见图 2-6，图 2-7）

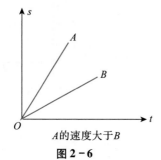

A的速度大于B

图 2-6

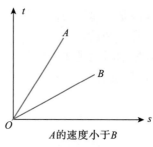

A的速度小于B

图 2-7

（2）变速运动（见图 2-8，图 2-9）

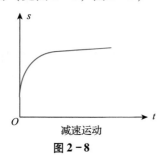

减速运动

图 2-8

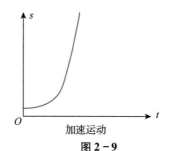

加速运动

图 2-9

3. $v - t$ 图

（1）匀速运动（见图 2-10）

（2）加速运动（见图 2-11，图 2-12）

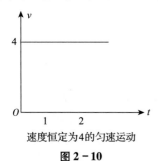

速度恒定为4的匀速运动

图 2-10

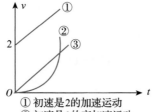

①初速是2的加速运动
②初速是0的变加速运动
③初速是0的加速运动

图 2-11

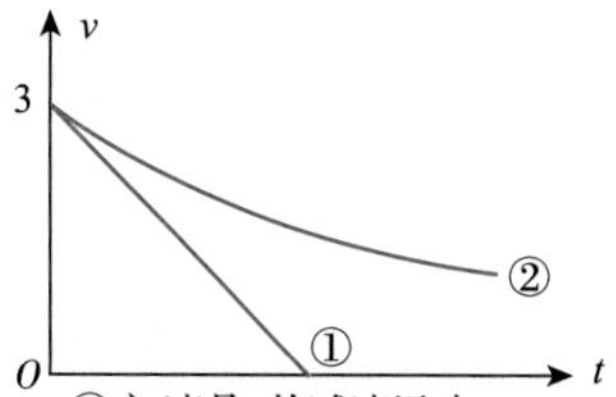

①初速是3的减速运动
②初速是3的变减速运动

图 2-12

二、考试解读

（1）利用图像描述物体的速度、路程、时间关系．首先要看清横坐标、纵坐标分别表示什么物理量，再从图像中读出速度、路程或时间的大小．

（2）路程问题的难点在于根据图像区分是匀速运动还是非匀速运动．

（3）考试频率级别：低．

三、命题方向

考向 1 $v-s$ 图

● **思 路**   对于 $v-s$ 图，如果图像是水平的直线，则表示匀速运动，其他直线或曲线表示变速运动．

[例45] 甲物体从起点 A 运动，$v-s$ 图如图 $2-13$，则下列说法正确的有（   ）．

    （1）AB 段是匀速运动；

    （2）BC 段是加速运动；

    （3）AB 段的时间是 2 秒；

    （4）CD 段的时间是 3 秒．

    （A）0 个   （B）1 个   （C）2 个

    （D）3 个   （E）4 个

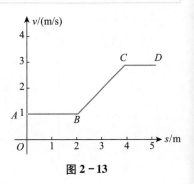

图 $2-13$

考向 2 $s-t$ 图

● **思 路**   对于 $s-t$ 图，如果图像为直线时，表示匀速运动，直线的斜率表示速度，当斜率为 0 时，物体静止；如果图像为曲线，表示变速运动．

[例46] 甲、乙两车分别从 A，B 两点同时相向运动，它们的 $s-t$ 图分别如图 $2-14$a、b 所示，经过 6 秒甲乙相遇．甲、乙的速度分别为 $v_甲$，$v_乙$，AB 之间的距离为 s，则有（   ）．

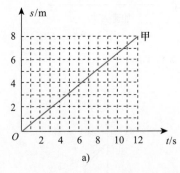 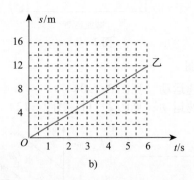

a)   b)

图 $2-14$

    （A）$v_甲 > v_乙$，$s = 16$ 米   （B）$v_甲 > v_乙$，$s = 8$ 米

    （C）$v_甲 > v_乙$，$s = 12$ 米   （D）$v_甲 < v_乙$，$s = 16$ 米

    （E）$v_甲 < v_乙$，$s = 8$ 米

[例 47] 图 2-15 中所给 A、B 两物体的 $s-t$ 图,判断对应的 $v-t$ 图最有可能是(　　).

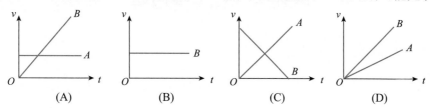

(E) 以上均不正确

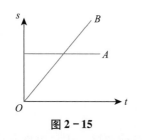

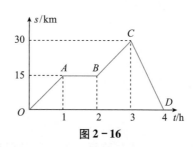

图 2-15　　　　　　图 2-16

[例 48] 如图 2-16 是一辆汽车做直线运动的 $s-t$ 图,对线段 OA、AB、BC、CD 所表示的运动,下列说法正确的是(　　).
(A) OA 段运动速度最大
(B) AB 段物体做匀速运动
(C) CD 段的运动方向与初始运动方向相反
(D) OA 段汽车的行驶路程为 30 千米
(E) OA 段汽车的行驶路程小于 OB 段行驶路程

考向 3　$v-t$ 图

● **思路**　对于 $v-t$ 图,当图像为直线时,直线的斜率表示加速度,当斜率为零时,表示匀速运动,斜率不为零时,表示匀变速运动;当图像为曲线时,表示非匀变速运动.

[例 49] 如图 2-17 表示甲、乙两物体的 $v-t$ 图,则下列正确的有(　　).
(1) 甲、乙两物体都做匀变速运动;
(2) 交点 P 表示 $t=2$ 秒时,两物体相遇;
(3) 在 $t=2$ 秒之前,甲的速度大于乙,且甲在前,乙在后;
(4) 甲的初速度为 3 米/秒,当 $t=3$ 秒时,甲的速度为零.
(A) 0 个　　(B) 1 个　　(C) 2 个　　(D) 3 个　　(E) 4 个

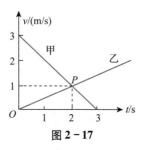

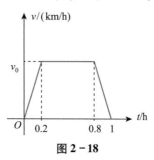

图 2-17　　　　　　图 2-18

[例 50] 火车行驶 72 千米用时 1 小时,速度 v 与行驶时间 t 的关系如图 2-18,则 $v_0=$
(　　)千米/小时.
(A) 72　　(B) 80　　(C) 90　　(D) 95　　(E) 100

模块 2-04 工程问题

考点2-04-01 工程问题

一、考点讲解

(1) 工作效率 $=\dfrac{\text{工作量}}{\text{工作时间}}$.

(2) 工作量 = 工作效率 × 工作时间.

(3) 工作时间 $=\dfrac{\text{工作量}}{\text{工作效率}}$.

(4) 总效率 = 各效率的代数和.

二、考试解读

(1) 工程相关的计算公式与路程相似,工效可以看成速度,工量可以看成路程,工时可以看成时间,所以两者可以结合起来记忆.

(2) 工作量一般分为具体量和抽象量,对于抽象的工作量,可以将总工作量看成 1. 对于工作效率,可以看成单独完成时间的倒数.

(3) 此类题的核心参数是工作效率,工作效率是做题关键,一般而言,效率已知的题目比效率未知的题目要简单. 当效率未知时,要优先设效率,然后找工作量或工作时间的等量建立方程. 工程问题的难点是变效率的工程问题.

(4) 考试频率级别:高.

三、命题方向

考向 1 求工作时间

● **思 路** 根据工作时间 = 工作量/工作效率分析.

[例51] 一件工作,甲、乙两人合做30天可以完成,两人共同做了6天后,甲离开了,由乙继续做了40天才完成. 那么这件工作由甲单独做需要(　　)天.

(A) 60　　　(B) 65　　　(C) 70　　　(D) 75　　　(E) 80

[例52] 一件工作,甲单独做12小时完成,乙单独做10小时完成,丙单独做15小时完成. 现在甲先做2小时,余下的由乙、丙两人合做,还需(　　)小时才能完成.

(A) 1　　　(B) 2　　　(C) 3　　　(D) 4　　　(E) 5

[例53] 一项工程,甲队单独做要10个月完成,乙队单独做要15个月完成. 两队合做3个月后,乙队调走,甲队单独做2个月后,乙队又调回与甲队一起做,前后共用(　　)个月完成此工程.

(A) $6\dfrac{4}{5}$　　　(B) $7\dfrac{4}{5}$　　　(C) $8\dfrac{4}{5}$　　　(D) $9\dfrac{4}{5}$　　　(E) $10\dfrac{4}{5}$

考向 2 求工作量

● **思 路** 根据工作量 = 工作时间 × 工作效率来分析.

[例 54] 师徒两人加工零件 168 个，师傅加工一个零件用 5 分钟，徒弟加工一个零件用 9 分钟，完成任务时，师傅、徒弟各完成(　　)个. （注：师傅与徒弟的工作时间相同）

(A) 108；60 　　　(B) 100；68 　　　(C) 106；62

(D) 104；64 　　　(E) 102；66

[例 55] 一批零件，甲单独做 6 小时完成，乙单独做 8 小时完成. 现在两人合做，完成任务时甲比乙多做 24 个，则这批零件共有(　　)个.

(A) 138 　　(B) 148 　　(C) 158 　　(D) 168 　　(E) 178

考向 3　轮流工作

● **思　路**　轮流工作主要先求出一个周期的工作量，然后预估周期数，最后分析收尾的对象及需要的时间.

[例 56] 某项工程，甲单独做需要 4 天完成，乙单独做需要 5 天完成，而丙单独做需要 6 天完成，现甲、乙、丙三人依次一日一轮换工作，则完成此任务需(　　)天.

(A) 5 　　(B) $4\frac{3}{4}$ 　　(C) $4\frac{2}{3}$ 　　(D) $4\frac{1}{2}$ 　　(E) 6

考向 4　变效率工程

● **思　路**　根据效率变化前后的时间关系列方程求解. 此外，对于效率未知的工程问题，优先设效率求解.

[例 57] 某石化工程公司第一工程队承包了铺设一段输油管道的工程，原计划用 9 天时间完成；实际施工时，每天比原计划平均多铺设 50 米，结果只用了 7 天就完成了全部任务. 则这段输油管道的长度为(　　)米.

(A) 1565 　　(B) 1570 　　(C) 1575 　　(D) 1580 　　(E) 1585

[例 58] 某施工队承担了开凿一条长为 2400 米隧道的工程，在掘进了 400 米后，由于改进了施工工艺，每天比原计划多掘进 2 米，最后提前 50 天完成了施工任务，原计划施工工期是(　　).

(A) 200 天 　　(B) 240 天 　　(C) 250 天 　　(D) 300 天 　　(E) 350 天

考向 5　效率正负

● **思　路**　遇到进水排水的工程问题时，可以将进水管的效率看成正的，排水管的效率看成负的.

[例 59] 空水槽设有甲、乙、丙三个水管，甲管 5 分钟可注满水槽，乙管 30 分钟可注满水槽，丙管 15 分钟可把满槽水放完. 若三管齐开，2 分钟后关上乙管，问水槽放满时，甲管共开放了(　　).

(A) 4 分钟 　　(B) 5 分钟 　　(C) 6 分钟 　　(D) 7 分钟 　　(E) 8 分钟

[例 60] 一个水池，上部装有若干同样粗细的进水管，底部装有一个常开的排水管，当打开 4 个进水管时，需要 4 小时才能注满水池；当打开 3 个进水管时，需要 8 小时才能注满水池，现需要 2 小时内将水池注满，至少要打开(　　)个进水管.

(A) 8 　　(B) 7 　　(C) 6 　　(D) 5 　　(E) 4

考向6　求工钱或费用

- **思　路**　此题要找两个量：①各自的工作效率；②各自每天所得到的费用. 此外，此类题的运算量较大，也可以采用估算的方式定性判断.

[例61]　公司的一项工程由甲、乙两队合做6天完成，公司需付8700元，由乙、丙两队合做10天完成，公司需付9500元，由甲、丙两队合做7.5天完成，公司需付8250元. 若单独承包给一个工程队并且要求不超过15天完成全部工作，则公司付钱最少的队是（　　）.
- （A）甲队　　　　　（B）丙队　　　　　（C）乙队
- （D）甲或乙队　　　（E）乙或丙队

模块 2-05　交叉比例法

考点2-05-01　／　交叉比例法

一、考点讲解

1. 适用情况

当出现一个整体分为两部分时，可以采用交叉比例法. 交叉法是应用题中一类技巧方法，运用技巧的关键在于应用时机的把握以及最后的比值确定. 当一个整体按照某个标准分为两部分时，可以根据杠杆原理得到交叉法，快速求出两部分的数量比. 另外，交叉法的应用不局限于平均值问题，只要涉及一个大量、一个小量以及它们混合后的中间量，一般都可以利用交叉法算出大量与小量的比例，例如溶液配比问题.

2. 使用方法

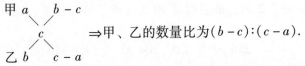

$$甲 \quad a \quad b-c$$
$$c$$
$$乙 \quad b \quad c-a$$

$\Rightarrow$ 甲、乙的数量比为$(b-c):(c-a)$.

先上下列出甲、乙的数值，分别与整体的值进行相减，这样就可以得出甲、乙的数量比.

二、考试解读

（1）杠杆交叉比例法的应用原理要灵活掌握，否则遇到题目很难想到此方法.
（2）此方法的关键是根据题目来画图，标注出各部分数值，然后交叉相减得到比例.
（3）此方法注意不要把对象比例写反了.
（4）考试频率级别：中.

三、命题方向

考向1　适合交叉比例法的情形

- **思　路**　当已知每一部分的数值及整体的数值时，可以采用交叉比例法求出两部分的数量比.

[例 62] 公司有职工 50 人，理论知识考核平均成绩为 81 分，按成绩将公司职工分为优秀与非优秀两类，优秀职工的平均成绩为 90 分，非优秀职工的平均成绩是 75 分，则非优秀职工的人数为( ).

(A) 30 人 (B) 25 人 (C) 20 人 (D) 18 人 (E) 16 人

[例 63] 王女士以一笔资金分别投入股市和基金，但因故需抽回一部分资金. 若从股市中抽回 10%，从基金中抽回 5%，则其总投资额减少 8%，若从股市和基金的投资额中各抽回 15% 和 10%，则其总投资额减少 130 万元，其总投资额为( ).

(A) 1000 万元 (B) 1500 万元 (C) 2000 万元
(D) 2500 万元 (E) 3000 万元

考向 2　不适合交叉比例法的情形

• **思　路**　当甲、乙或整体中出现未知量时，使用交叉法需要涉及很复杂的方程，运算量比较大，所以以下例题建议采用解析中的方法二.

[例 64] 某班同学在一次测验中，平均成绩为 75 分，其中男同学人数比女同学多 80%，而女同学平均成绩比男同学高 20%，则女同学的平均成绩为( ).

(A) 83 分 (B) 84 分 (C) 85 分 (D) 86 分 (E) 88 分

[例 65] 甲、乙两组射手打靶，乙组平均成绩为 171.6 环，比甲组平均成绩高出 30%，而甲组人数比乙组人数多 20%，则甲、乙两组射手的总平均成绩是( )环.

(A) 140 (B) 145.5 (C) 150 (D) 158.5 (E) 160

模块 2-06 溶液浓度

考点 2-06-01 溶液浓度

一、考点讲解

(1) 溶液 = 溶质 + 溶剂.

(2) 浓度 $=\dfrac{溶质}{溶液}\times100\% = \dfrac{溶质}{溶质+溶剂}\times100\%$.

(3) 溶质 = 溶液 × 浓度.

(4) 溶剂 = 溶液 × (1 − 浓度).

二、考试解读

(1) 溶液的浓度问题是考生的薄弱点，因为考题比较抽象.

(2) 此类问题的关键点是找到溶质、溶剂、溶液、浓度的关联式，根据题目的已知信息来列方程求解.

(3) 此类题目又可分为：蒸发、稀释、等量置换、溶液混合等类型，要掌握每类题目的解题套路. 浓度的本质是溶质占总体的百分比. 根据溶质守恒，来分析浓度的变化.

(4) 配制问题是指两种或两种以上的不同浓度的溶液混合配制新溶液（成品），解题关键是分析所取原溶液溶质的量等于成品溶质的量及溶液前后质量不变，找到两个等量关系．

三、命题方向

考向 1　溶质、溶剂单一变化

● **思　路**　根据不变量列方程求解．具体分为：（1）"稀释"问题：特点是加"溶剂"，解题关键是找到始终不变的量（溶质）．（2）"浓缩"问题：特点是减少溶剂，解题关键是找到始终不变的量（溶质）．（3）"加浓"问题：特点是增加溶质，解题关键是找到始终不变的量（溶剂）．

[例66] 含盐12.5%的盐水40千克蒸发掉部分水分后变成了含盐20%的盐水，蒸发掉的水分重量为（　）千克．
(A) 19　　　(B) 18　　　(C) 17　　　(D) 16　　　(E) 15

考向 2　溶液混合

● **思　路**　如果已知每部分的浓度和混合后的浓度，采用交叉比例法求解．如果已知每部分的浓度及溶液的量，求混合后的浓度，采用权重法求解．

[例67] 若用浓度为30%和20%的甲、乙两种食盐溶液配成浓度为24%的食盐溶液500克，则甲、乙两种溶液各取（　　）．
(A) 180克，320克　　　(B) 185克，315克　　　(C) 190克，310克
(D) 195克，305克　　　(E) 200克，300克

考向 3　等量置换

● **思　路**　对于用溶剂等量置换溶液问题，可以记住结论：设体积为 v 升溶液，倒出 m 升，补等量的水，则浓度为原来的 $\dfrac{v-m}{v}$．

[例68] 某容器中装满了浓度为90%的酒精，倒出 1 升后用水将容器注满，搅拌均匀后又倒出 1 升，再用水将容器注满，已知此时的酒精浓度为 40%，该容器的体积是（　　）．
(A) 2.5升　　(B) 3升　　　(C) 3.5升　　　(D) 4升　　　(E) 4.5升

[例69] 一瓶浓度为20%的消毒液倒出 $\dfrac{2}{5}$ 后，加满清水，再倒出 $\dfrac{2}{5}$ 后，又加满清水，此时消毒液的浓度为（　　）．
(A) 7.2%　　(B) 3.2%　　(C) 5.0%　　　(D) 4.8%　　　(E) 3.6%

考向 4　互相倒溶液

● **思　路**　对于多容器互相倒溶液，每倒一次，相当于混合一次，多次用交叉比例求解即可．

[例70] 在某实验中，三个试管各盛水若干克．现将浓度为 12% 的盐水 10 克倒入 A 管中，混合后，取 10 克倒入 B 管中，混合后再取 10 克倒入 C 管中，结果 A，B，C 三个试管中盐水的浓度分别为 6%、2%、0.5%，那么三个试管中原来盛水最多的试管及其盛水量是（　　）．

(A) A 试管, 10 克   (B) B 试管, 20 克   (C) C 试管, 30 克

(D) B 试管, 40 克   (E) C 试管, 50 克

[例71] 甲杯中有纯酒精 12 克, 乙杯中有水 15 克, 第一次将甲杯中的部分纯酒精倒入乙杯, 使酒精与水混合. 第二次将乙杯中的部分混合溶液倒入甲杯, 这样甲杯中纯酒精含量为 50%, 乙杯中纯酒精含量为 25%. 则第二次从乙杯倒入甲杯的混合溶液是(   )克.

(A) 13   (B) 14   (C) 15   (D) 16   (E) 17

考向 5   其他等量关系

● **思 路** 可以根据溶质或溶剂来列方程, 或者根据浓度的定义来分析.

[例72] 两个相同的瓶子里装满酒精溶液, 一个瓶中酒精与水的质量比是 3:1, 而另一个瓶中酒精与水的质量比是 4:1. 若把两个瓶中的酒精溶液混合, 混合液中酒精和水的质量之比是(   ).

(A) 7:2   (B) 3:1   (C) 19:7   (D) 31:9   (E) 29:9

[例73] 甲容器中有 5% 的盐水 120 克, 乙容器中有某种浓度的盐水若干. 从乙中取出 480 克盐水, 放入甲容器混合成浓度为 13% 的盐水, 则乙容器中的盐水浓度是(   ).

(A) 8%   (B) 10%   (C) 12%   (D) 15%   (E) 17%

[例74] 在浓度为 40% 的酒精中加入 4 千克水, 浓度变为 30%, 再加入 M 千克纯酒精, 浓度变为 50%, 则 M 为(   ).

(A) 4.8   (B) 5.6   (C) 6   (D) 6.4   (E) 7.2

[例75] 已知某浓度为 5% 的盐水 60 克和浓度为 20% 的盐水 40 克混合在一起, 倒掉 10 克, 再加入 10 克的水, 现在盐水浓度是(   ).

(A) 7.9%   (B) 8.9%   (C) 9.9%   (D) 10.9%   (E) 11.9%

第三节　难点考向

模块 2-07 集合问题

考点 2-07-01　两个集合

一、考点讲解

1. 按属性分

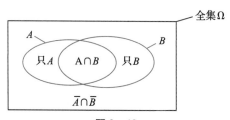

图 2-19

公式: $A \cup B = A + B - A \cap B = \Omega - \bar{A} \cap \bar{B}$.

2. 按区域分

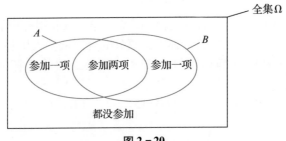

图 2 - 20

公式：全集 = 参加一项 + 参加两项 + 都没参加.

二、考试解读

（1）集合问题属于联考常规题目，对于两个集合，难度系数不大，关键需要知道两种模型与文氏图的联系.

（2）遇到集合问题，先画出图形，标注每部分的数值，然后求解相应数值. 利用公式法解决问题时要注意公式中每个字母所代表的含义，这是经常容易出错的地方.

（3）考试频率级别：中.

三、命题方向

考向 1　按照属性划分

● **思　路**　先画图，再结合公式 $A \cup B = A + B - A \cap B = \Omega - \overline{A} \cap \overline{B}$ 分析.

［例1］ 某单位有 90 人，其中 72 人参加计算机培训，65 人参加外语培训，已知参加外语培训而未参加计算机培训的有 8 人，则参加计算机培训而未参加英语培训的人数是（　　）.

(A) 5　　　　(B) 8　　　　(C) 10　　　　(D) 12　　　　(E) 15

考向 2　按区域划分

● **思　路**　先画图，注意每块区域的含义及数量关系. 比如只参加一项的、参加两项的.

［例2］ 某单位有 90 人，其中 72 人参加计算机培训，65 人参加外语培训，有 5 人未参加任何培训，则恰参加一项培训的人数为（　　）.

(A) 22　　　　(B) 28　　　　(C) 30　　　　(D) 33　　　　(E) 35

［例3］ 某单位有职工 40 人，其中参加计算机考核的有 31 人，参加外语考核的有 20 人，有 8 人没有参加任何一项考核，则同时参加两项考核的职工有（　　）.

(A) 10 人　　(B) 13 人　　(C) 15 人　　(D) 19 人　　(E) 16 人

考点 2-07-02　三个集合

一、考点讲解

1. 按属性分

公式：$A \cup B \cup C = A + B + C - (A \cap B + B \cap C + A \cap C) + A \cap B \cap C.$

$A \cup B \cup C = \Omega - \overline{A} \cap \overline{B} \cap \overline{C}.$

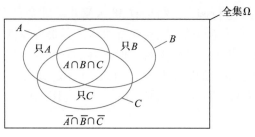

图 2 - 21

2. 按区域分

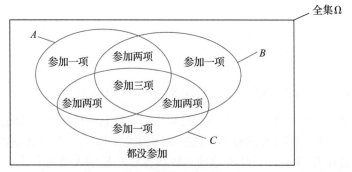

图 2 - 22

公式：全集 = 参加一项 + 参加两项 + 参加三项 + 都没参加.

$A \cup B \cup C$ = 参加一项 + 参加两项 + 参加三项.

$A + B + C$ = 参加一项 + 参加两项 × 2 + 参加三项 × 3.

评注　区分 $A \cup B \cup C$ 及 $A + B + C$，其中 $A \cup B \cup C$ 不能出现重复的人，$A + B + C$ 会出现重复的人. 此外注意，$A \cap B$ 表示两块区域，即只参加 AB 和三个都参加的区域.

二、考试解读

（1）集合问题属于联考常规题目，对于三个集合，难度较大，关键需要知道两种模型与文氏图的联系.

（2）难点在于区分 $A \cup B \cup C$ 及 $A + B + C$，易错点在于 $A \cap B$ 不要理解为只参加 AB 的人.

（3）考试频率级别：中.

三、命题方向

考向 1　**按属性划分**

● **思　路**　先画图，再根据公式 $A \cup B \cup C = A + B + C - (A \cap B + B \cap C + A \cap C) + A \cap B \cap C$ 和 $\overline{A \cup B \cup C} = \Omega - \overline{A} \cap \overline{B} \cap \overline{C}$ 分析求解.

[例 4] 课外学科小组分为数学、语文、外语三个小组，参加数学的有 23 人，参加语文的有 27 人，参加外语的有 18 人；同时参加数学、语文两个小组的有 4 人，同时参加数学、外语小组的有 7 人，同时参加语文、外语小组的有 5 人；三个小组都参加的有 2 人. 这个年级参加课外学科小组的学生共有（　　）人.

(A) 56　　　(B) 54　　　(C) 55　　　(D) 57　　　(E) 58

[例5] 学校对100名同学进行调查，结果有58人喜欢看球赛，有38人喜欢看戏剧，有52人喜欢看电影. 另外还知道，既喜欢看球赛又喜欢看戏剧（但不喜欢看电影）的有6人，既喜欢看电影又喜欢看戏剧（但不喜欢看球赛）的有4人，三种都喜欢的有12人. 则只喜欢看电影的同学有( )人.（假定每人至少喜欢一项）

(A) 16　　(B) 17　　(C) 18　　(D) 19　　(E) 22

考向2　按区域划分

思 路　要明确每个区域的含义（尤其按照复杂区域划分的题目），再结合各区域之间的公式进行计算.

[例6] 某公司的员工中，拥有本科毕业证、计算机等级证、汽车驾驶证的人数分别为130，110，90. 又知只有一种证的人数为140，三证齐全的人数为30，则恰有双证的人数为( ).

(A) 45　　(B) 50　　(C) 52　　(D) 65　　(E) 100

[例7] 某班同学参加智力竞赛，共有A，B，C三题，每题或得0分或得满分. 竞赛结果无人得0分，三题全部答对的有1人，答对两题的有15人. 答对A题的人数和答对B题的人数之和为29人，答对A题的人数和答对C题的人数之和为25人，答对B题的人数和答对C题的人数之和为20人，那么该班的人数为( ).

(A) 20　　(B) 25　　(C) 30　　(D) 35　　(E) 40

模块 2-08 分段计费

考点2-08-01　分段计费

一、考点讲解

1. 适用情况

分段计费是指不同范围对应不同计费方式，这类问题属于联考常规题目，难度系数不大，但耗时较长，关键点在于找到题目计费标准以及计费部分.

2. 求解过程

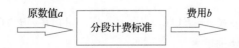

二、考试解读

（1）分段计费问题在实际生活中应用很广泛，比如水费、出租车费、电话费、邮费、个税、销售提成等.

（2）这类问题的关键点在于根据分段点的数值，锁定题干给的值落入哪个取值范围，因为不同的取值范围，对应的计算费用的公式不同. 根据不同范围，选取不同的计算费用公式即可.

（3）要学会双向计算，也就是给原值会算费用，给费用也要会算原值.

（4）考试频率级别：中.

三、命题方向

考向 1　**求费用**

● 思　路　已知原值，按照所给的区间，分别计算费用，再求总费用.

［例 8］某公司按照销售人员营业额的不同，分别给予不同的销售提成，其提成规定如下：

销售额（元）	提成率（%）
不超过 10000	0
10000 ~ 15000	2.5
15000 ~ 20000	3
20000 ~ 30000	3.5
30000 ~ 40000	4
40000 以上	5

某员工在 4 月份的销售额为 32500 元，则该员工该月的提成为(　　)元.

（A）685　　（B）705　　（C）715　　（D）725　　（E）765

考向 2　**求原值**

● 思　路　已知费用求原值的题目要难一些，因为要逆向思维. 首先需要求出分界点的数值，判断所给的费用对应的区间，再根据计费方式求解费用.

［例 9］公民每月工资不超过 3500 元的不需要缴税，超过 3500 元的部分为全月应纳税所得额且根据超过部分的多少按不同的税率缴税，税率如下：

不超过 1500	3%
超过 1500 元至 4500 元部分	10%
超过 4500 元至 9000 元的部分	20%

小付三月份应缴纳税款为 1045 元，则她当月的工资是(　　)元.

（A）7500　　（B）8000　　（C）8500　　（D）9500　　（E）11500

［例 10］某省公布的居民用电阶梯电价听证方案如下：

第一档电量	第二档电量	第三档电量
月用电量 210 度以下 每度价格 0.5 元	月用电量 210 度至 350 度 每度比第一档提价 0.1 元	月用电量 350 度以上 每度比第一档提价 0.30 元

小华家 5 月份的电费为 135 元，则小华家 5 月份的用电量为(　　)度.

（A）260　　（B）265　　（C）270　　（D）285　　（E）290

模块 2-09 不定方程

考点2-09-01 / 不定方程

一、考点讲解

1. 不定方程的特征

在应用题中出现了两个（甚至更多）未知量，而数量关系却少于未知量的个数，我们列出的就是不定方程. 不定方程一般是指未知数的个数多于方程个数的方程. 这样的方程的解通常不止一个.

2. 不定方程的求解

不定方程一般有无数个解，但是结合题意，实际只要我们求出无数个解中的特殊解，往往是求自然数解或者整数解. 有时还要加上其他限制，这时的解就是有限的和确定的了.

考试中主要是涉及整系数不定方程的整数解，一般要借助整除、奇数偶数、范围等特征来确定数值.

二、考试解读

（1）不定方程往往有无数个解，因而这种方程解的个数由题目中关于未知数的限制条件来决定，故在解题过程中要特别注重对所设未知数的限制条件（有时是隐蔽的）的分析.

（2）解不定方程可以用以下原则来缩小范围.

［原则一］从系数大的开始讨论.

［原则二］奇偶性讨论.

［原则三］倍数原理.

［原则四］尾数原理（运用条件：出现 5 的倍数）.

（3）不定方程的难点在于对未知数的讨论，准确快速找到整数解是关键.

（4）考试频率级别：中.

三、命题方向

考向1 整式不定方程

● **思 路** 先根据题目转化为 $ax + by = c$ 形式的不定方程，然后结合整除、倍数和奇偶特征分析讨论求解.

［例11］一次考试有 20 道题，做对一题得 8 分，做错一题扣 5 分，不做不计分. 某同学共得 13 分，则该同学没做的题有（　　）道.

(A) 4　　　　(B) 6　　　　(C) 7　　　　(D) 8　　　　(E) 9

［例12］在年底的献爱心活动中，某单位共有 100 人参加捐款，经统计，捐款总额是 19000 元，个人捐款数额有 100 元、500 元和 2000 元三种. 该单位捐款 500 元的人数为（　　）.

(A) 13　　　　(B) 18　　　　(C) 25　　　　(D) 30　　　　(E) 38

考向2　分式不定方程

思　路　对于分式不定方程 $\dfrac{a}{x}+\dfrac{b}{y}=c$，先转化为整式方程，进行因式分解，然后讨论取值.

[例13] 设 m,n 是正整数，且 $\dfrac{1}{m}+\dfrac{3}{n}=1$，则 $m+n$ 的值为(　　).

(A) 4　　　(B) 6　　　(C) 7　　　(D) 8　　　(E) 9

考向3　平方不定方程

思　路　结合平方的非负性及平方数的特征进行分析求解.

[例14]（条件充分性判断）能确定小明年龄.
(1) 小明年龄是完全平方数.
(2) 20 年后小明年龄是完全平方数.

考向4　整体取值不定方程

思　路　本类型不定方程不是分析某一个变量的取值，而是分析某个表达式整体的取值情况，其方法是先由题得到一个等式，然后对系数做变换，转化为不等式，进而讨论范围得到答案.

[例15] 在某次考试中，甲、乙、丙三个班的平均成绩分别为 80、81 和 81.5，三个班的学生得分之和为 6952，三个班共有学生(　　).
(A) 85 名　　(B) 86 名　　(C) 87 名　　(D) 88 名　　(E) 90 名

模块 2-10 线性规划

考点2-10-01　线性规划

一、考点讲解

1. 线性规划的特征

线性规划是运筹学中辅助人们进行科学管理的一种数学方法. 线性规划所研究的是：在一定条件下，合理安排人力、物力等资源，使经济效果达到最好. 一般地，求线性目标函数在线性约束条件下的最大值或最小值的问题，统称为线性规划问题.

2. 线性规划的解题步骤

总结起来可以分三步，即"三步法"：
第一步，根据题目写出限定条件对应的不等式组；
第二步，将不等式转化为方程，解出边界交点；
第三步，若交点为整数，则直接代入目标函数求出最值. 若交点不是整数，则讨论取整，然后再代入目标函数求出最值.

二、考试解读

（1）这种题目的特点与管理类硕士学位对学生基本素养的要求有较高的契合度，因此近年来受到出题老师的热衷，而且此类题通常是考生的软肋，错误率极高.

（2）线性规划应用题并没有使用高中阶段学习过的方法，即在平面直角坐标系内绘出可行域，再进一步利用单纯形法求得目标函数在可行域内的最值，或者求得目标函数的取值范围，这样做的原因是为了提高学生在考试中的解题速度，因为考试不是学会知识就能得高分，要同时兼备速度与准确度才能在联考中立于不败之地.

（3）考试时为节省时间，可以采用简化而且有效的三步法求解.

（4）考试频率级别：中.

三、命题方向

考向 1　交点为整数点

● **思　路**　如果交点为整数点，比较简单，则直接代入目标函数分析即可.

[例16] 公司计划在甲、乙两个电视台做总时间不超过 300 分钟的广告，广告总费用不超过 9 万元. 甲、乙电视台的广告收费标准分别为 500 元/分钟和 200 元/分钟. 假定甲、乙两个电视台为该公司所做的每分钟广告能给公司带来的收益分别为 0.3 万元和 0.2 万元. 则该公司调整在甲、乙两个电视台的广告时间，可得到的最大收益是（　　）万元.

（A）60　　　（B）70　　　（C）80　　　（D）90　　　（E）85

[例17] 企业生产甲、乙两种产品，已知生产每吨甲产品要用 A 原料 3 吨，B 原料 2 吨；生产每吨乙产品要用 A 原料 1 吨，B 原料 3 吨，销售每吨甲产品可获得利润 5 万元，销售每吨乙产品可获得利润 3 万元. 该企业在一个生产周期内消耗 A 原料不超过 13 吨，B 原料不超过 18 吨. 那么该企业可获得最大利润是（　　）.

（A）12 万元　（B）20 万元　　（C）25 万元　（D）27 万元　（E）28 万元

考向 2　交点为非整数点

● **思　路**　如果交点为非整数点，需要讨论其附近的两个整数，得到四个点（x 有两种情况，y 有两种情况），再将其中能满足要求的点代入目标函数分析即可.

[例18] 某公司计划运送 180 台电视机和 110 台洗衣机下乡. 现有两种货车，甲种货车每辆最多可载 40 台电视机和 10 台洗衣机，乙种货车每辆最多可载 20 台电视机和 20 台洗衣机. 已知甲、乙两种货车的租金分别是每辆 400 元和 360 元，则最少的运费是（　　）.

（A）2560 元　（B）2600 元　（C）2640 元　（D）2680 元　（E）2720 元

[例19] A,B 两种型号的客车载客量分别为 36 人和 60 人，租金分别为 1600 元/辆和 2400 元/辆. 某旅行社租用 A,B 两种车辆安排 900 名旅客出行，要求 B 型车租用数量不多于 A 型车租用数量. 则最少要花租金（　　）元.

（A）27600　　（B）28200　　（C）28600　　（D）37200　　（E）37600

模块 2-11 至少至多

考点 2-11-01 / 至少至多

一、考点讲解

至少至多问题也属于动态的最值问题，是考生失分率较高的题型，这类题目思路比较灵活，无固定化的公式和结论，所以考生必须灵活处理.

二、考试解读

（1）这类题目难度较大，属于拉分题目.

（2）对于总量不变的情况，可以采用反面思考法，即某部分数量至多（少）转化为其余部分最少（多）.

（3）有时需要画图分析，结合图形来求解更加直观.

（4）考试频率级别：中.

三、命题方向

考向1 分蛋糕原理

● **思 路** 对于总量固定的题型，要确定某一部分至少（多）的数量，转化为其他部分最多（少）的数量.

[例20] 五名选手在一次数学竞赛中共得 404 分，每人得分互不相等，每位选手的得分都是整数，并且其中得分最高的选手得 90 分. 那么得分最少的选手至多得(   )分.
(A) 67　　(B) 68　　(C) 72　　(D) 75　　(E) 77

[例21]（条件充分性判断）某年级共有 8 个班，在一次年级考试中，共有 21 名学生不及格，每班不及格的学生最多有 3 名，则（一）班至少有 1 名学生不及格.
(1)（二）班不及格人数多于（三）班.
(2)（四）班不及格的学生有 2 名.

[例22]（条件充分性判断）已知三种水果的平均价格为 10 元/千克，则每种水果的价格均不超过 18 元/千克.
(1) 三种水果中价格最低的为 6 元/千克.
(2) 购买重量分别是 1 千克、1 千克和 2 千克的三种水果共用了 42 元.

考向2 平均原理

● **思 路** 先求出所有人全部答对或答错的情况，然后按照标准平均分配，根据分完以后多余的数量来求解至少或至多问题.

[例23] 100 个人参加测试，要求回答五道试题，并且规定凡答对 3 题或 3 题以上的为测试合格. 测试结果是：答对第一题的有 81 人，答对第二题的有 91 人，答对第三题的有 85 人，答对第四题的有 79 人，答对第五题的有 74 人，那么至少有(   )人合格.
(A) 62　　(B) 65　　(C) 66　　(D) 68　　(E) 70

考向 3 **表达式变形**

● **思 路** 涉及多个变量的表达式问题，其模板是：若已知 $ax + by + cz = d$，求 $x + y + z$ 的至少或至多时，将 $ax + by + cz = d$ 变形为：所求 + 剩余 = d，这样就可以分析至少或至多了。

[**例 24**]（条件充分性判断）某单位年终共发了 100 万元奖金，奖金金额分别是一等奖 1.5 万元、二等奖 1 万元、三等奖 0.5 万元，则该单位至少有 100 人.
（1）得一等奖的人数最少.
（2）得三等奖的人数最多.

模块 2-12 最值问题

考点 2-12-01 最值问题

一、考点讲解

最值问题是应用题中最难的题目，也是考生普遍丢分的题目. 最值问题一般要结合函数来分析，一般结合二次函数和平均值定理求解. 最值问题的求解步骤是：先设未知变量，然后根据题目建立函数表达式，最后利用函数的特征求解最值.

二、考试解读

（1）应用题的最值问题难度较大，而且计算量也略大，对于基础一般的考生，建议在考试中最后再做.
（2）熟练掌握二次函数和平均值定理是求解最值问题的关键.
（3）函数关系的建立是解题核心，所以要准确理解题意，建立函数表达式.
（4）考试频率级别：中.

三、命题方向

考向 1 **二次函数求最值**

● **思 路** 如果出现二次函数，采用抛物线分析求解.

[**例 25**] 甲商店销售某种商品，该商品的进价为每件 90 元，若每件定价为 100 元，则一天内能售出 500 件，在此基础上，定价每增加 1 元，一天便能少售出 10 件. 甲商店欲获得最大利润，则该商品的定价应为（   ）.
（A）115 元　　（B）120 元　　（C）125 元　　（D）130 元　　（E）135 元

考向 2 **均值定理求最值**

● **思 路** 应用平均值定理分析，当和为定值时，乘积有最大值；当积为定值时，和有最小值. 对于两个正数，也可记住公式：$a + b \geq 2\sqrt{ab}$.

[例26] 已知某厂生产 x 件产品的成本为 $C = 25000 + 200x + \frac{1}{40}x^2$，要使平均成本最小所应生产的产品件数为( )．

(A) 100　　(B) 200　　(C) 1000　　(D) 2000　　(E) 3000

[例27] 工厂定期购买一种原料，已知该厂每天需用该原料6吨，每吨价格1800元．原料的保管等费用平均每天每吨3元，每次购买原料支付运费900元，若该厂要使平均每天支付的总费用最省，则应该每( )天购买一次原料．

(A) 11　　(B) 10　　(C) 9　　(D) 8　　(E) 7

模块 2-13 其他问题

考点 2-13-01　植树问题

一、考点讲解

1. 开放型植树

植树数量 $= \dfrac{总长}{间距} + 1$．

2. 封闭型植树

植树数量 $= \dfrac{总长}{间距}$．

二、考试解读

(1) 本考点要注意开放型与封闭型植树公式的区别．
(2) 本考点的难点在于变间距的植树问题与最小公倍数结合考查．
(3) 考试频率级别：中．

三、命题方向

考向1　开放型植树

● **思　路**　遇到变间距的植树问题，要与最小公倍数结合思考．

[例28] 在一条长3600米的公路一边，从一端开始等距离竖立电线杆，每隔40米原已挖好一个坑，现改为每隔60米立一根电线杆，则需重挖坑和填坑的个数分别为( )．

(A) 31，61　(B) 30，61　(C) 60，30　(D) 30，60　(E) 31，60

考向2　封闭型植树

● **思　路**　无论是三角形、四边形还是圆形，只要是封闭型植树，则植树的数量＝周长÷间距．

[例29] 一块三角形地，在三个边上植树，三个边的长度分别为156米、186米、234米，树与树之间的距离均为6米，三个角上都必须栽一棵树，共需植树( )棵．

(A) 90　　(B) 93　　(C) 96　　(D) 99　　(E) 100

[例30] 果农将一块平整的正方形土地分割为四块小正方形土地，并将果树均匀整齐地种在土地的所有边界上，且在每块土地的四个角上都种上一棵果树，该果农未经细算就购买了60颗果树，如果仍按上述想法种植，那他至少多买了( )棵果树.
(A) 0　　(B) 1　　(C) 2　　(D) 3　　(E) 4

考点2-13-02　年龄问题

一、考点讲解

1. 年龄同步增长

n 年后，每人都增加 n 岁.

2. 年龄差值不变

两人的年龄差不变，但是，两人年龄之间的倍数关系随着年龄的增长在发生变化.

二、考试解读

（1）年龄问题的关键是选取参照年份. 年龄问题的特点有两个：一个是差值恒定，另一个是同步增长.
（2）年龄问题往往与和差、和倍、差倍问题有着密切联系，尤其与差倍问题的解题思路是一致的，要紧紧抓住"年龄差不变"这个特点.
（3）考试频率级别：低.

三、命题方向

考向1　年龄问题
● **思　路**　年龄问题要注意参考年份. 年龄问题往往与和差、和倍、差倍问题有着密切联系，尤其与差倍问题的解题思路是一致的，要紧紧抓住"年龄差不变"这个特点.

[例31] 母亲今年37岁，女儿今年7岁，( )年后母亲的年龄是女儿的4倍.
(A) 2　　(B) 3　　(C) 4　　(D) 5　　(E) 6

[例32] 3年前父子的年龄和是49岁，今年父亲的年龄是儿子年龄的4倍，父亲今年( )岁.
(A) 32　　(B) 36　　(C) 40　　(D) 42　　(E) 44

[例33] 甲对乙说："当我的岁数曾经是你现在的岁数时，你才4岁". 乙对甲说："当我的岁数将来是你现在的岁数时，你将61岁". 则甲现在的岁数是( ).
(A) 32　　(B) 36　　(C) 40　　(D) 42　　(E) 44

考点2-13-03　鸡兔同笼问题

一、考点讲解

1. 第一鸡兔同笼问题

若已知脚数之和及鸡兔总数，求各多少只：
假设全都是鸡，则有

$$兔数 = (实际脚数 - 2 \times 鸡兔总数) \div (4 - 2)$$

假设全都是兔，则有

$$鸡数 = (4 \times 鸡兔总数 - 实际脚数) \div (4 - 2)$$

2. 第二鸡兔同笼问题

若已知脚数之差及鸡兔总数，求各多少只：

假设全都是鸡，则有

$$兔数 = (2 \times 鸡兔总数 - 鸡与兔脚数之差) \div (4 + 2)$$

假设全都是兔，则有

$$鸡数 = (4 \times 鸡兔总数 + 鸡与兔脚数之差) \div (4 + 2)$$

推导过程：$\begin{cases} 鸡 + 兔 = m \\ 鸡脚 - 兔脚 = n \end{cases}$，令鸡 x 只，兔 y 只，有 $\begin{cases} x + y = m \\ 2x - 4y = n \end{cases}$，解得 $\begin{cases} y = (2m - n) \div 6 \\ x = (4m + n) \div 6 \end{cases}$

二、考试解读

（1）解答此类题目一般都用假设法，可以先假设都是鸡，也可以假设都是兔. 如果先假设都是鸡，然后以兔换鸡；如果先假设都是兔，然后以鸡换兔. 这类问题也叫置换问题. 通过先假设，再置换，使问题得到解决.

（2）一定要先理解公式，掌握原理，这样套上述公式求解才不会出错.

（3）考试频率级别：低.

三、命题方向

考向 1　第一鸡兔同笼问题

• **思　路**　已知笼子里鸡、兔共有多少只和共多少只脚，求鸡、兔各有多少只的问题，叫作第一鸡兔同笼问题. 套上述公式求解即可.

[例 34] 鸡和兔圈在一个笼里. 头有 35 个，脚共有 94 个. 则鸡比兔子多(　　)只.
　　(A) 11　　　(B) 12　　　(C) 13　　　(D) 14　　　(E) 15

[例 35] 2 亩菠菜要施肥 1 千克，5 亩白菜要施肥 3 千克. 现在两种菜共 16 亩，施肥 9 千克，则白菜有(　　)亩.
　　(A) 6　　　(B) 8　　　(C) 10　　　(D) 12　　　(E) 14

[例 36] 李老师用 69 元给学生买作业本和日记本共 45 本，作业本每本 3.2 元，日记本每本 0.7 元. 则日记本买了(　　)本.
　　(A) 22　　　(B) 24　　　(C) 26　　　(D) 28　　　(E) 30

[例 37] 有 100 个馍供 100 个和尚吃，大和尚一人吃 3 个馍，小和尚 3 人吃 1 个馍，则小和尚有(　　)人.
　　(A) 65　　　(B) 70　　　(C) 72　　　(D) 75　　　(E) 80

考向 2　第二鸡兔同笼问题

• **思　路**　已知鸡兔的总数和鸡脚与兔脚的差，求鸡、兔各有多少只的问题，叫作第二鸡兔同笼问题. 套上述公式求解即可.

[例 38] 鸡和兔共有 100 只，鸡的脚比兔的脚多 80 只，则鸡比兔多(　　)只.
　　(A) 42　　　(B) 46　　　(C) 50　　　(D) 56　　　(E) 60

关注作者新浪微博
获取更多复习指导

第四节　基础自测题

一、问题求解题

1. 某厂加工一批零件，甲车间加工这批零件的20%，乙车间加工剩下的25%，丙车间再加工余下的40%，还剩3600个零件没有加工，这批零件一共有（　　）.

   （A）9000个　　（B）9500个　　（C）9800个　　（D）10000个　　（E）12000个

2. 有一条道路，左边每隔5米种一棵杨树，右边每隔6米种一棵柳树，两端都种上树，共有5处是杨树与柳树相对. 则这条道路长（　　）米.

   （A）60　　　　（B）90　　　　（C）150　　　　（D）180　　　　（E）120

3. 从甲地到乙地原来每隔45米要装一根电线杆，加上两端的两根，一共有53根电线杆. 现在改成每隔60米装一根电线杆，除两端的两根不需要移动外，中途还有（　　）根不必移动.

   （A）11　　　　（B）12　　　　（C）13　　　　（D）14　　　　（E）15

4. 大雪后的一天，小明和爸爸共同步测一个圆形花园的周长，他俩的起点和走的方向完全相同. 小明每步长54厘米，爸爸每步长72厘米，由于两人脚印有重合的，所以各走完一圈后雪地上只留下60个脚印，则花园的周长为（　　）厘米.

   （A）2060　　（B）2160　　（C）2260　　（D）2360　　（E）2460

5. 小强骑自行车从甲地到乙地，去时以每小时15千米的速度前进，回时以每小时30千米的速度返回. 小强往返过程中的平均速度是每小时（　　）千米.

   （A）22　　　　（B）24.5　　　（C）22.5　　　（D）20　　　　（E）25

6. 如图2-23，小明家到王老师家的路程为3千米，王老师家到学校的路程为0.5千米，为了使他能按时到校，王老师每天骑自行车接小明上学. 已知王老师骑自行车的速度是步行速度的3倍，每天比平时步行上班多用了20分钟，则王老师骑自行车的速度与步行的速度相差（　　）千米/小时.

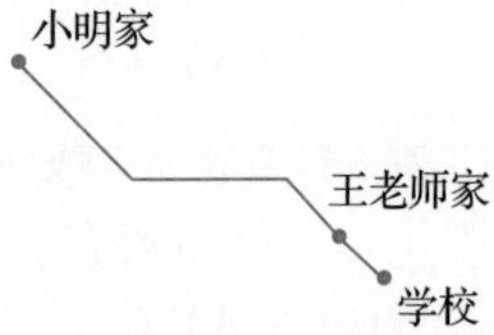

   （A）5　　　　（B）8　　　　（C）7

   （D）9　　　　（E）10

   图2-23

7. 母女俩今年的年龄共35岁，再过5年，母亲的年龄为女儿的4倍，则母亲今年（　　）岁.

   （A）29　　　　（B）30　　　　（C）31　　　　（D）32　　　　（E）33

8. 一条长为1200米的道路的一边每隔30米立一根电线杆，另一边每隔25米栽一棵树，如果在马路入口与出口处刚好同时有电线杆与树相对而立，那么整条道路上两边同时有电线杆与树相对而立的地方共有（　　）处.

   （A）7　　　　（B）8　　　　（C）9　　　　（D）10　　　　（E）11

9. 某部队进行急行军，预计行60千米的路程可在下午5点钟到达，后来由于速度比预计的加快了$\frac{1}{5}$，结果于4点钟到达，则后来的速度是（　　）.

   （A）8　　　　（B）10　　　　（C）12　　　　（D）13　　　　（E）14

10. 随着国民经济持续增长，我国的铁路运输进行了 6 次提速．已知北京至广州的路程为 2208 千米，第六次提速后的速度比第五次提速后的速度增加 20%，时间却少用了 2 小时．第六次提速后的速度为(　　)千米/小时．

(A) 184　　　(B) 200　　　(C) 220.8　　　(D) 225　　　(E) 230

11. 一件工作，甲做 9 天可以完成，乙做 6 天可以完成．现在甲先做了 3 天，余下的工作由乙继续完成．乙需要做 (　　) 天可以完成全部工作．

(A) 2　　　(B) 3　　　(C) 4　　　(D) 3.5　　　(E) 4.5

12. 一件工作，甲、乙两人合作 30 天可以完成．现在共同做了 6 天后，甲离开了，由乙继续做了 40 天才完成．如果这件工作由甲、乙单独完成，相差 (　　) 天．

(A) 22　　　(B) 23　　　(C) 24　　　(D) 25　　　(E) 26

13. 某工程先由甲单独做 63 天，再由乙单独做 28 天即可完成；如果由甲、乙两人合作，需 48 天完成．现在甲先单独做 42 天，然后再由乙来单独完成，那么乙还需要做 (　　) 天．

(A) 56　　　(B) 53　　　(C) 54　　　(D) 55　　　(E) 58

14. 一件工程，甲队单独做 10 天完成，乙队单独做 30 天完成．现在两队合作，其间甲队休息了 2 天，乙队休息了 8 天（不存在两队同一天休息）．则开始到完工共用了 (　　) 天时间．

(A) 12　　　(B) 14　　　(C) 11　　　(D) 13　　　(E) 15

15. 一项工程，甲队单独做 20 天完成，乙队单独做 30 天完成．现在他们两队一起做，其间甲队休息了 3 天，乙队休息了若干天．从开始到完成共用了 16 天．则乙队休息了(　　)天．

(A) 5.5　　　(B) 3　　　(C) 4　　　(D) 3.5　　　(E) 4.5

16. 甲乙两项工作，张单独完成甲工作要 10 天，单独完成乙工作要 15 天；李单独完成甲工作要 8 天，单独完成乙工作要 20 天．如果每项工作都可以由两人合作，那么这两项工作都完成最少需要 (　　) 天．

(A) 12　　　(B) 13　　　(C) 14　　　(D) 15　　　(E) 16

17. 一件工作，甲独做要 12 天，乙独做要 18 天，丙独做要 24 天．这件工作由甲先做了若干天，然后由乙接着做，乙做的天数是甲做的天数的 3 倍，再由丙接着做，丙做的天数是乙做的天数的 2 倍，终于做完了这件工作．则做完这件工作总共用了 (　　) 天．

(A) 12　　　(B) 15　　　(C) 18　　　(D) 20　　　(E) 22

18. 有浓度为 7% 的盐水 600 克，要使盐水的浓度加大到 10%，需要加盐 (　　) 克．

(A) 18　　　(B) 19　　　(C) 20　　　(D) 21　　　(E) 22

19. 在浓度为 50% 的硫酸溶液 100 千克中，再加入 (　　) 千克浓度为 5% 的硫酸溶液，就可以配制成浓度为 25% 的硫酸溶液．

(A) 110　　　(B) 115　　　(C) 120　　　(D) 122　　　(E) 125

20. 浓度为 70% 的酒精溶液 500 克与浓度为 50% 酒精溶液 300 克，混合后所得到的酒精溶液的浓度是 (　　)．

(A) 52.5%　　　(B) 55.5%　　　(C) 62.5%　　　(D) 64.5%　　　(E) 67.5%

21. 水果仓库运来含水量为 90% 的一种水果 400 千克．一周后再测，发现含水量降低为 80%，现在这批水果的总质量是 (　　) 千克．

(A) 180　　　(B) 190　　　(C) 200　　　(D) 210　　　(E) 220

22. 在一杯清水中放入 10 克盐，然后再加入浓度为 5% 的盐水 200 克，这时配成了浓度为 2.5% 的盐水，则原来杯中有清水 (　　) 克．

(A) 460　　　(B) 490　　　(C) 570　　　(D) 590　　　(E) 600

23. 取甲种硫酸 300 克和乙种硫酸 250 克，再加水 200 克，可混合成浓度为 50% 的硫酸；而取甲种硫酸 200 克和乙种硫酸 150 克，再加上纯硫酸 200 克，可混合成浓度为 80% 的硫酸，那么甲、乙两种硫酸的浓度各是（　　）.

(A) 75%，60%　　　　　(B) 68%，63%　　　　　(C) 71%，73%

(D) 59%，65%　　　　　(E) 70%，60%

二、条件充分性判断题

1. 甲数比丙数小.

　　(1) 甲数和乙数之比是 2:3，乙数和丙数之比是 8:7.

　　(2) 丙数是甲数与乙数之差的 120%.

2. 一个桶中装有 $\frac{3}{4}$ 的沙子，可以确定桶中现有的沙子可装 6 杯.

　　(1) 如果向桶中加入 1 杯沙子，则桶中的沙子将占其容量的 $\frac{7}{8}$.

　　(2) 如果从桶中取出 2 杯沙子，则桶中的沙子将占其容量的一半.

3. 可以确定小王现在的周薪.

　　(1) 小王的周薪增加了 8%.

　　(2) 小王的周薪比增加之前多了 40 元.

4. 某种货币经过一次贬值，再经过一次升值后，币值保持不变.

　　(1) 贬值 10% 后又升值 10%.　　　　　　(2) 贬值 20% 后又升值 25%.

5. 今年小明 5 岁，爸爸的年龄是小明的 7 倍，则再过 k 年爸爸的年龄是小明年龄的 3 倍.

　　(1) $k = 11$.　　　　　　　　　　　　(2) $k = 12$.

6. 在一个宴会上，每个客人都免费获得一份冰淇淋或一份水果沙拉，但不能同时获得二者，可以确定有多少客人能获得水果沙拉.

　　(1) 在该宴会上，60% 的客人都获得了冰淇淋.

　　(2) 在该宴会上，免费提供的冰淇淋和水果沙拉共 120 份，且全部分完.

7. 可以确定每杯葡萄酒的价格上涨的百分比.

　　(1) 每杯葡萄酒的价格上涨了 0.5 元.　　　　(2) 葡萄酒的价格上涨后每杯 7 元.

8. 王刚和赵宏一起工作，1 小时可打出 9000 字的文件，可以确定赵宏单独工作 1 小时打多少字.

　　(1) 王刚打字速度是赵宏打字速度的一半.

　　(2) 王刚单独工作 3 小时可以打 9000 字.

9. 张文从农场用车运输 1000 只鸡到鸡场，可以确定路程有多远.

　　(1) 张文的车可运载 44 箱鸡蛋.　　　　(2) 从农场到市场的距离为 200 千米.

10. 某一动画片由 17280 幅画面组成. 可以确定放映该动画片需要多少分钟.

　　(1) 该动画片在不受干扰的情况下每秒针滚动 24 幅画面.

　　(2) 放映该动画片的时间是该片倒带时间的 6 倍，两者共需 14 分钟.

第五节　综合提高题

一、问题求解题

1. 甲、乙、丙 3 人合买一份礼物，他们商定按年龄比例分担费用．若甲的年龄是乙的一半，丙的年龄为甲年龄的三分之一，而甲、乙共花费了 225 元，则这份礼物的售价是（　　）元．
(A) 250 　　　(B) 265 　　　(C) 270 　　　(D) 275 　　　(E) 280

2. 从 100 人中调查对 A、B 两种 2008 年北京奥运会吉祥物的设计方案的意见，结果选中 A 方案的人数是全体接受调查人数的 $\frac{3}{5}$；选 B 方案的比选 A 方案的多 6 人，对两个方案都不喜欢的人数比对两个方案都喜欢的人数的 $\frac{1}{3}$ 多 2 人，则两个方案都不喜欢的人数是（　　）．
(A) 10 　　　(B) 12 　　　(C) 14 　　　(D) 16 　　　(E) 18

3. 甲乙两位长跑爱好者沿着社区花园环路慢跑，如两人同时、同向，从同一点 A 出发，且甲跑 9 米的时间乙只能跑 7 米，则当甲恰好在 A 点第二次追及乙时，乙共沿花园环路跑了（　　）圈．
(A) 14 　　　(B) 15 　　　(C) 16 　　　(D) 17 　　　(E) 18

4. 甲跑 11 米所用的时间，乙只能跑 9 米，在 400 米标准田径场上，两人同时出发沿同一方向，以上述速度匀速跑离起点 A，当甲第三次追及乙时，乙离起点还有（　　）米．
(A) 360 　　　(B) 240 　　　(C) 200 　　　(D) 180 　　　(E) 100

5. 某工程队计划用 8 天完成一项疏通河道的任务，施工中仅用两天时间就完成了工程的 40%，则照此速度施工，可提前（　　）完工．
(A) 4 天 　　　(B) 3 天 　　　(C) 2 天 　　　(D) 1 天 　　　(E) 5 天

6. 某商店以每件 21 元的价格从厂家购入一批商品，若每件商品售价为 a 元，则每天卖出（$350 - 10a$）件商品，但物价局限定商品出售时，商品加价不能超过进价的 20%，商店计划每天从该商品出售中至少赚 400 元．则每件商品的售价最低应定为（　　）元．
(A) 21 　　　(B) 23 　　　(C) 25 　　　(D) 26 　　　(E) 28

7. 一块正方形地板，用相同的小正方形瓷砖铺满，已知地板两对角线上共铺 101 块黑色瓷砖，而其余地面全是白色瓷砖，则白色瓷砖共用（　　）块．
(A) 1500 　　　(B) 2500 　　　(C) 2000 　　　(D) 3000 　　　(E) 2800

8. A、B、C、D、E 五个队参加排球循环赛，每两队只赛一场，胜者得 2 分，负者得 0 分，比赛结果是：A、B 并列第一；C 第三；D、E 并列第四；则 C 队得分为（　　）．
(A) 2 分 　　　(B) 3 分 　　　(C) 5 分 　　　(D) 6 分 　　　(E) 4 分

9. 1994 年姐妹两人年龄之和是 55 岁．若干年前，当姐姐的年龄只有妹妹现在这么大时，妹妹的年龄恰好是姐姐年龄的一半，则姐姐是（　　）年出生的．
(A) 1961 　　　(B) 1962 　　　(C) 1964 　　　(D) 1966 　　　(E) 1970

10. 小玲从家去学校，如果每分钟走 80 米，结果比上课时间提前 6 分钟到校；如果每分钟走 50 米，则要迟到 3 分钟，小玲家到学校的路程有（　　）米．
(A) 1000 　　　(B) 1150 　　　(C) 1050 　　　(D) 1100 　　　(E) 1200

11. 某商品价格在今年 1 月降低 10%，此后由于市场供求关系的影响，价格连续三次上涨，使商品目前售价与 1 月份降低前的价格相同，则这三次价格的平均回升率是（　　　）.

(A) $\sqrt[4]{\dfrac{10}{9}}-1$　　(B) $\sqrt[3]{\dfrac{10}{9}}-1$　　(C) $\sqrt[3]{\dfrac{10}{3}}-1$　　(D) $\sqrt{\dfrac{10}{9}}-1$　　(E) $\dfrac{1}{30}$

12. 一支科学考察队前往某条河流的上游去考察一个生态区. 他们出发后以每天 17 千米的速度前进，沿河岸向上游行进若干天后到达目的地，然后在生态区考察了若干天，完成任务后以每天 25 千米的速度返回. 在出发后的第 60 天，考察队行进了 24 千米后回到出发点. 则科学考察队在生态区考察了（　　　）天.

(A) 20　　(B) 21　　(C) 22　　(D) 23　　(E) 24

13. 某公交公司停车场内有 15 辆车，从上午 6 时开始发车（6 时整第一辆车开出），以后每 6 分钟再开出一辆. 第一辆车开出 3 分钟后有一辆车进场，以后每 8 分钟有一辆车进场，进场的车在原有的 15 辆车后依次再出车. 则到上午 9 时 01 分，停车场内有（　　　）辆车.

(A) 5　　(B) 6　　(C) 7　　(D) 8　　(E) 9

14. 一项工程，甲独做需 10 天，乙独做需 15 天. 现要求 8 天完成这项工程，且两人合作天数尽可能少，那么两人至少要合作（　　　）天.

(A) 2　　(B) 3　　(C) 3.5　　(D) 4　　(E) 4.5

15. 一项工程，甲、乙、丙三人合作需要 13 天完成. 如果丙休息 2 天，乙就要多做 4 天，或者由甲、乙两人合作 1 天. 则这项工程由乙独做需要（　　　）天.

(A) 72　　(B) 78　　(C) 80　　(D) 84　　(E) 88

16. 某项工作，甲组 3 人 8 天能完成工作，乙组 4 人 7 天也能完成工作. 则甲组 2 人和乙组 7 人合作（　　　）天能完成这项工作.

(A) 2　　(B) 3　　(C) 4　　(D) 3.5　　(E) 4.5

17. 制作一批零件，甲车间要 10 天完成，如果甲车间与乙车间一起做只要 6 天就能完成. 乙车间与丙车间一起做，需要 8 天才能完成. 现在三个车间一起做，完成后发现甲车间比乙车间多制作零件 2400 个. 则丙车间制作了（　　　）个零件.

(A) 5700　　(B) 4100　　(C) 5200　　(D) 4200　　(E) 4600

18. 搬运一个仓库的货物，甲需要 10 小时，乙需要 12 小时，丙需要 15 小时. 有同样的仓库 A 和 B，甲在 A 仓库、乙在 B 仓库同时开始搬运货物，丙开始帮助甲搬运，中途又转向帮助乙搬运. 最后两个仓库的货物同时搬完. 则丙帮助甲干了（　　　）个小时.

(A) 2　　(B) 3　　(C) 4　　(D) 3.5　　(E) 5

19. 甲、乙两管同时打开，9 分钟能注满水池. 现在，先打开甲管，10 分钟后打开乙管，经过 3 分钟就注满了水池. 已知甲管比乙管每分钟多注入 0.6 立方米水，这个水池的容积是（　　　）立方米.

(A) 27　　(B) 30　　(C) 33　　(D) 36　　(E) 39

20. 有一些水管，它们每分钟注水量都相等. 现在打开其中若干根水管，经过预定时间的 $\dfrac{1}{3}$，再把打开的水管数量增加一倍，就能按预定时间注满水池. 如果开始时就打开 10 根水管，中途不增开水管，也能按预定时间注满水池. 则开始时打开了（　　　）根水管.

(A) 2　　(B) 4　　(C) 5　　(D) 6　　(E) 8

21. 蓄水池有甲、乙、丙三条进水管. 要灌满一池水，单开甲管需 8 小时，单开乙管需要 12 小时，单开丙管需要 24 小时. 现在水池内有六分之一的水，如按甲、乙、丙、甲、乙、丙……的顺序轮流打开 1 小时，则（　　　）小时后水开始溢出水池.

(A) $7\dfrac{2}{3}$　　(B) $8\dfrac{1}{3}$　　(C) $8\dfrac{2}{3}$　　(D) $9\dfrac{1}{3}$　　(E) $9\dfrac{2}{3}$

22. 一个蓄水池，每分钟流入 4 立方米水．如果打开 5 个放水管，2.5 小时就可以把水池的水放空，如果打开 8 个放水管，1.5 小时就可以把水池的水放空．现在打开 13 个放水管，则要（　　）分钟才能把水放空．

    (A) 52　　　　(B) 54　　　　(C) 56　　　　(D) 58　　　　(E) 60

23. 画展 9 点开门，但早有人排队等候入场．从第一个观众来到时起，每分钟来的观众人数一样多．如果开 3 个入场口，9 点 9 分就不再有人排队，如果开 5 个入场口，9 点 5 分就没有人排队．则第一个观众到达时间是 8 点（　　）分．

    (A) 10　　　　(B) 15　　　　(C) 18　　　　(D) 20　　　　(E) 30

24. 一个水池，地下水从四壁渗入池中，每小时渗入水量是固定的．打开 A 管，8 小时可将满池水排空；如果打开 A，B 两管，4 小时可将水排空；如果打开 C 管，12 小时可将满池水排空．则打开 B，C 两管，要（　　）小时才能将满池水排空．

    (A) 3　　　　(B) 3.6　　　　(C) 4　　　　(D) 3.5　　　　(E) 4.8

25. 有浓度为 30% 的酒精若干，添加了一定数量的水后稀释成浓度为 24% 的酒精溶液．如果再加入同样多的水，则酒精溶液的浓度变为（　　）．

    (A) 15%　　　　(B) 16%　　　　(C) 18%　　　　(D) 20%　　　　(E) 22%

26. 从装满 100 克浓度为 80% 的盐水杯中倒出 40 克盐水，再用淡水将杯加满，再倒出 40 克盐水，然后再用淡水将杯加满，如此反复三次后，杯中盐水的浓度是（　　）．

    (A) 15.28%　　(B) 17.28%　　(C) 18.28%　　(D) 19.28%　　(E) 20.28%

27. 有 A、B、C 三根管子，A 管以每秒 4 克的流量流出含盐 20% 的盐水，B 管以每秒 6 克的流量流出含盐 15% 的盐水，C 管以每秒 10 克的流量流出水，但 C 管打开后开始 2 秒不流，接着流 5 秒，然后又停 2 秒，再流 5 秒，……，现三管同时打开，1 分钟后都关上．这时得到的混合溶液中含盐浓度为（　　）．

    (A) 16%　　　　(B) 14%　　　　(C) 12%　　　　(D) 10%　　　　(E) 8%

28. 5 分和 2 分硬币共 100 枚，总币值 4 元 1 角，则 5 分硬币比 2 分硬币多（　　）枚．

    (A) 20　　　　(B) 30　　　　(C) 40　　　　(D) 50　　　　(E) 35

29. 青蛙从井底向上跳，井深 6 米，青蛙每次跳上 2 米，又滑下 1 米，则青蛙需（　　）次方可跳出．

    (A) 7　　　　(B) 6　　　　(C) 5　　　　(D) 4　　　　(E) 3

30. 在拆迁时，组织三个部门的人将长木锯成短木，树木的粗细都相同，只有长度不一样，甲部门锯的树木是 2 米长，乙部门锯的树木是 1.5 米长，丙部门锯的树木是 1 米长，都要求按 0.5 米长的规格锯开，时间结束时，三个部门正好把堆放的树木锯完，张三那个部门共锯了 27 段，李四那个部门共锯了 28 段，王五那个部门共锯了 34 段，则张三属于哪个部门？哪个部门锯得最慢？（　　）

    (A) 属于丙部门，甲部门最慢　　　　　　　　(B) 属于乙部门，丙部门最慢
    (C) 属于甲部门，丙部门最慢　　　　　　　　(D) 属于乙部门，乙部门最慢
    (E) 属于丙部门，乙部门最慢

31. 在 1~100 这 100 个自然数中，所有不能被 9 整除的数的和是（　　）．

    (A) 4456　　　(B) 4446　　　(C) 4556　　　(D) 4356　　　(E) 4346

32. 有四个连续整数，已知它们的和等于其中最大的与最小的两个整数的积，那么这四个数中最大的数有（　　）种情况．

    (A) 1　　　　(B) 2　　　　(C) 3　　　　(D) 4　　　　(E) 无穷多

二、条件充分性判断题

1. 某次数学竞赛原定一等奖 10 人，二等奖 20 人．现将一等奖中最后 4 人调整为二等奖，这样，得二等奖的学生平均分提高了 1 分，得一等奖的学生的平均分提高了 3 分．那么，原来一等奖平均分比二等奖平均分多 k 分．

   （1）$k = 10.5$.　　　　　　　　　　　　　（2）$k = 11.5$.

2. 甲每分钟走 50 米，乙每分钟走 60 米，丙每分钟走 70 米，甲乙两人从 A 地，丙一人从 B 地同时相向出发，丙遇到乙后 2 分钟又遇到甲，AB 两地相距 n 米．

   （1）$n = 3120$.　　　　　　　　　　　　　（2）$n = 3020$.

3. 快、中、慢三辆车同时从同一地点出发，沿同一公路追赶前面的一个骑车人．这三辆车分别用 6 分钟、10 分钟、12 分钟追上骑车人．现在知道快车每小时走 24 千米，中车每小时走 20 千米，那么慢车每小时走 k 千米．

   （1）$k = 17$.　　　　　　　　　　　　　　（2）$k = 19$.

4. 一辆车从甲地开往乙地．如果把车速提高 20%，可以比原定时间提前 1 小时到达．如果以原速行驶 120 千米后，再将速度提高 25%，则可提前 40 分钟到达．那么甲乙两地相距 k 千米．

   （1）$k = 270$.　　　　　　　　　　　　　（2）$k = 290$.

5. 游船顺流而下每小时行 8 千米，逆流而上每小时行 7 千米，两船同时从同地出发，甲船顺流而下，然后返回．乙船逆流而上，然后返回，经过 2 小时同时回到出发点，在这 2 小时中，有 k 小时甲、乙两船的航行方向相同．

   （1）$k = 0.2$.　　　　　　　　　　　　　（2）$k = 0.3$.

6. 甲、乙两车分别从 A、B 两城同时相向而行，第一次在离 A 城 30 千米处相遇．相遇后两车又继续前行，分别到达对方城市后，又立即返回，在离 A 城 42 千米处第二次相遇．则 A、B 两城的距离为 k 千米．

   （1）$k = 66$.　　　　　　　　　　　　　　（2）$k = 60$.

7. 甲、乙两车分别从 A、B 两地出发，在 A、B 之间不断往返行驶，已知甲车的速度是 15 千米/小时，乙车的速度是 35 千米/小时，并且甲、乙两车第二次相遇（两车同时到达同一地点叫相遇）的地点与第一次相遇的地点恰好相距 90 千米．那么 A、B 两地的距离等于 k 千米．

   （1）$k = 250$.　　　　　　　　　　　　　（2）$k = 200$.

8. 如图 2 - 24，大圈是 400 米跑道，由 A 到 B 的跑道长是 200 米，直线距离是 50 米．父子俩同时从 A 点出发逆时针方向沿跑道进行长跑锻炼，儿子跑大圈，父亲每跑到 B 点便沿直线跑，父亲每 100 米用 25 秒，儿子每 100 米用 20 秒．如果他们按这样的速度跑，则儿子在跑第 k 圈时，第一次与父亲在 A 点相遇．

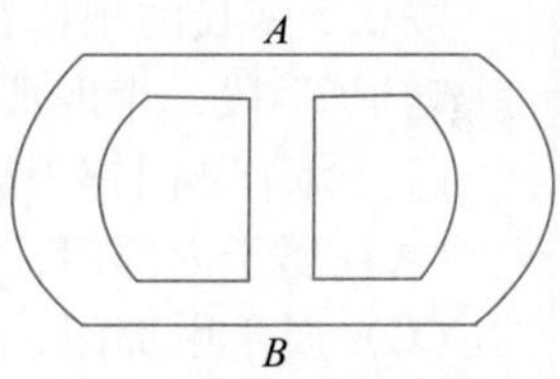

   图 2 - 24

   （1）$k = 3$.　　　　　　　　　　　　　　（2）$k = 4$.

9. 王经理总是上午 8 点钟乘公司的汽车去上班．有一天，他 6 点 40 分就步行上班，而汽车仍按以前的时间从公司出发，去接经理，结果在路途中接到了他．因此，王经理这天比平时提前 16 分钟到达公司．那么汽车的速度是王经理步行速度的 k 倍．

   （1）$k = 9$.　　　　　　　　　　　　　　（2）$k = 11$.

10. 仓库里有两个货位，第一货位上有 78 箱货物，第二货位上有 42 箱货物，两个货位上各运走了相同的箱数之后，第一货位上的箱数还比第二货位上的箱数多 2 倍．两个货位上各运

走了 k 箱货物.

(1) $k = 24$. (2) $k = 28$.

11. 一笔奖金分一等奖、二等奖和三等奖. 每个一等奖的奖金是每个二等奖奖金的 2 倍, 每个二等奖奖金是每个三等奖奖金的 2 倍. 如果评一、二、三等奖各两人, 那么每个一等奖的奖金是 308 元; 如果评一个一等奖, 两个二等奖, 三个三等奖, 那么一等奖的奖金是 m 元.

(1) $m = 392$. (2) $m = 362$.

12. 甲、乙两个小朋友各有一袋糖, 每袋糖都不到 20 粒. 如果甲给乙一定数量的糖后, 甲的糖就是乙的糖粒数的 2 倍. 如果乙给甲同样数量的糖后, 甲的糖就是乙的糖粒数的 3 倍. 那么甲、乙两个小朋友共有糖 m 粒.

(1) $m = 22$. (2) $m = 24$.

13. 一小和二小有同样多的同学参加金杯赛. 学校用汽车把学生送往考场. 一小用的汽车每车坐 15 人, 二小用的汽车每车坐 13 人, 结果二小比一小要多派一辆汽车. 后来每校各增加一个人参赛, 这样两校需要的汽车就一样多了. 最后又决定每校再各增加一人参加竞赛, 二小又要比一小多派一辆汽车. 最后两校共有 m 人参加竞赛.

(1) $m = 184$. (2) $m = 164$.

14. 今年祖父的年龄是小明年龄的 6 倍. 几年后, 祖父年龄是小明年龄的 5 倍. 又过几年后, 祖父年龄是小明年龄的 4 倍. 则祖父今年 m 岁.

(1) $m = 72$. (2) $m = 66$.

答案速查

第二节	1~5 DCDCC	6~10 DBBDE	11~15 BDDEC	16~20 EDCBB
	21~25 AECBC	26~30 EADCB	31~35 EDBCA	36~40 DDDAE
	41~45 DAABD	46~50 DBCCC	51~55 DEAAD	56~60 CCDDC
	61~65 AAABC	66~70 EEBAC	71~75 BDDDC	
第三节	1~5 EDDBE	6~10 BADEA	11~15 CADCB	16~20 BDBEE
	21~25 DDEDB	26~30 CBDCD	31~35 BEDAC	36~38 EDE
第四节	一、1~5 DEBBD	6~10 ECCCC	11~15 CDACA	16~20 ADCEC
	21~23 CDA			
	二、1~5 EDCBE	6~10 CCDED		
第五节	一、1~5 ADACB	6~10 CBEAE	11~15 BDCBB	16~20 BDBAD
	21~25 EBBED	26~30 BDCCB	31~32 AB	
	二、1~5 AABAE	6~10 ABEAA	11~14 ABAA	

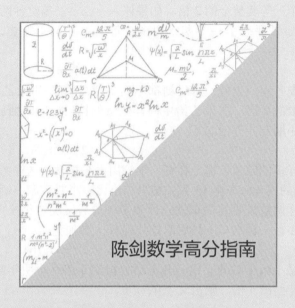

陈剑数学高分指南

第二部分　代数

首次　计划完成日期：_____年_____月_____日

　　　实际完成日期：_____年_____月_____日

再次　计划完成日期：_____年_____月_____日

　　　实际完成日期：_____年_____月_____日

第三章 整式、分式与函数

第一节 考试解读

一、大纲考点

1. 整式
（1）整式及其运算
（2）整式的因式与因式分解
2. 分式及其运算
3. 函数
（1）集合
（2）一元二次函数及其图像
（3）指数函数、对数函数

二、大纲解读

本章主要涉及表达式（整式和分式）的基本运算，其考试出题点在于因式分解，因式分解也是解方程和不等式的基础. 本章另一部分内容是函数，函数是两个变量关系约束的表达式，其出题点在于抛物线函数、指数函数和对数函数，因为这三个函数是后面学习的基本支撑. 集合主要涉及一些基本概念和基础运算，可不作为考试重点掌握.

三、历年真题考试情况

考试年份	考题	分值	题型	考点分布
2013 年	3	9	问题求解 2 个 条件充分性判断 1 个	分式裂项求和，抛物线，分式化简
2014 年	3	9	条件充分性判断 3 个	抛物线，分式恒等变形，抛物线
2015 年	2	6	问题求解 1 个 条件充分性判断 1 个	绝对值，分式化简求值
2016 年	1	3	问题求解 1 个	抛物线，三角形面积
2017 年	2	6	条件充分性判断 2 个	直线与抛物线相交，抛物线最小值
2018 年	3	9	问题求解 2 个 条件充分性判断 1 个	绝对值化简，max 函数，抛物线最值
2019 年	1	3	问题求解 1 个	绝对值化简，整式化简
2020 年	2	6	问题求解 1 个 条件充分性判断 1 个	化简求值，抛物线

（续）

考试年份	考题	分值	题型	考点分布
2021 年	2	6	问题求解 1 个 条件充分性判断 1 个	抛物线对称轴，直线与抛物线位置关系
2023 年预测	2	6	问题求解 1 个 条件充分性判断 1 个	绝对值，整式化简，抛物线

四、考试地位及预测

本章内容主要涉及初中内容，其中指数和对数属于高中内容，所以如果考查计算题和概念题，难度不会很大. 本章历年主要考查三个方面：

（1）考查计算型的题目，主要围绕因式定理来展开；

（2）考查二次函数的图像特征，尤其在方程和不等式的应用以及在求最值中的应用；

（3）考查指数和对数函数图像的基本性质以及基本运算公式.

五、数字化导图

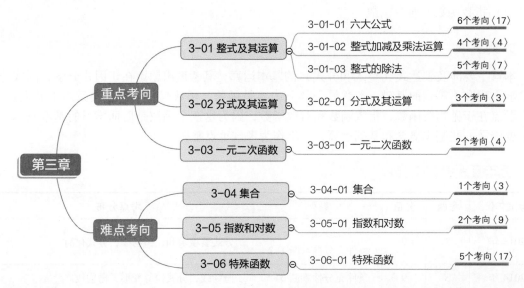

六、备考建议

本章是整个代数的基础，虽然考题不多，但仍有把本章学好的必要. 尤其因式分解与后面解方程和解不等式的密切关系，二次函数与二次方程和二次不等式的关系，二次函数与等差数列前 n 项和的关系，二次函数用于应用题中的最值求解，指数与对数互为反函数，以及指数与等比数列的关系. 本部分符号运算较多，公式较多，恒等变形求值较多，故大家应围绕上述难点进行复习；此外，对于符号运算，可以采用特值法分析，对于常见公式，要活学活用.

第二节 重点考向

模块 3-01 整式及其运算

考点 3-01-01 六大公式

一、考点讲解

（1）平方差公式：$a^2 - b^2 = (a+b)(a-b)$

（2）完全平方公式：$(a \pm b)^2 = a^2 \pm 2ab + b^2$

（3）三个数的完全平方公式：$(a+b+c)^2 = a^2 + b^2 + c^2 + 2ab + 2ac + 2bc$

（4）配方公式：$a^2 + b^2 + c^2 \pm ab \pm ac \pm bc = \dfrac{1}{2}\left[(a \pm b)^2 + (b \pm c)^2 + (a \pm c)^2\right]$

（5）立方和差公式：$a^3 \pm b^3 = (a \pm b)(a^2 \mp ab + b^2)$

（6）和差的立方公式：$(a \pm b)^3 = a^3 \pm 3a^2 b + 3ab^2 \pm b^3$

二、考试解读

（1）乘法公式是在多项式乘法的基础上，将一般法则应用于特殊形式的多项式相乘，得出的既有特殊性、又有实用性的具体结论，在代数式的化简求值、恒等变形等方面有广泛的应用.

（2）在学习乘法公式时，做到以下几点：熟悉每个公式的结构特征，理解掌握公式；根据待求式的特点，模仿套用公式；对公式中字母的全面理解，灵活运用公式.

（3）要掌握每个公式的应用及灵活变形. 既能正用、又可逆用且能适当变形或重新组合，综合运用公式. 公式的应用主要体现在恒等变形求值. 公式的难点在于逆向使用公式.

（4）考试频率级别：中.

三、命题方向

考向 1　平方差公式

● **思　路**　对于平方差公式，要掌握该公式的两种应用，一个是出现根号的有理化，另外就是长串数字的乘法化简.

[例 1] 关于 $\sqrt{3} \div (3 - \sqrt{3})$，下列说法正确的为（　　　）.

（A）其数值为有理数　　　（B）其数值小于 1　　　（C）其数值大于 $\dfrac{\sqrt{3}+1}{2}$

（D）其数值大于 2　　　（E）其数值大于 1 小于 2

[例 2] 若实数 a 不为 1，则 $(a+1)(a^2+1)(a^4+1)\cdots(a^{64}+1) = （　　　）$.

（A）$\dfrac{a^{128}+1}{a-1}$　　　　（B）$\dfrac{a^{128}-1}{a+1}$　　　　（C）$\dfrac{a^{128}+1}{a+1}$

（D）$-\dfrac{a^{128}-1}{a-1}$　　　（E）$\dfrac{a^{128}-1}{a-1}$

考向 2　两个数的完全平方公式

● **思　路**　对于两个数的完全平方公式，要学会灵活变形和应用：

$a^2 + b^2 = (a \pm b)^2 \mp 2ab$，$(a+b)^2 + (a-b)^2 = 2a^2 + 2b^2$，

$ab = \dfrac{(a+b)^2 - (a^2+b^2)}{2} = \dfrac{(a^2+b^2) - (a-b)^2}{2} = \dfrac{(a+b)^2 - (a-b)^2}{4}$，

$(a+b)^2 - (a-b)^2 = 4ab$．此外，还要注意出现倒数的特殊应用．

[例 3] 已知 $(x+2y)^2 = 40$，$xy = 2$，则 $(x-2y)^2 = ($　　$)$．

(A) 36　　　　(B) 32　　　　(C) 30　　　　(D) 24　　　　(E) 22

[例 4] 已知 $x + \dfrac{1}{x} = 3$，则　(1) $x^2 + \dfrac{1}{x^2} = ($　　$)$，(2) $x^4 + \dfrac{1}{x^4} = ($　　$)$．

(A) 7　　　　(B) 9　　　　(C) 30　　　　(D) 47　　　　(E) 49

[例 5] 已知 $x - \dfrac{1}{x} = 3$，则　(1) $x^2 + \dfrac{1}{x^2} = ($　　$)$，(2) $x^4 + \dfrac{1}{x^4} = ($　　$)$．

(A) 7　　　　(B) 9　　　　(C) 11　　　　(D) 119　　　　(E) 123

[例 6] 已知 $x^2 - 3x + 1 = 0$，则 $x^2 + \dfrac{1}{x^2} = ($　　$)$．

(A) 7　　　　(B) 9　　　　(C) 11　　　　(D) 119　　　　(E) 123

[例 7] 若 $x^4 - 7x^2 + 1 = 0$，则 $x + \dfrac{1}{x} = ($　　$)$．

(A) 3　　　　(B) 5　　　　(C) ± 3　　　　(D) ± 5　　　　(E) -5

考向 3　三个数的完全平方公式

● **思　路**　对于完全平方公式，要注意公式移项变形：

$a^2 + b^2 + c^2 = (a+b+c)^2 - 2(ab+bc+ac)$，$2(ab+bc+ac) = (a+b+c)^2 - (a^2+b^2+c^2)$，

此外要注意出现倒数的特殊应用：当 $\dfrac{1}{a} + \dfrac{1}{b} + \dfrac{1}{c} = 0$ 时，可以得到 $ab+bc+ac = 0$，从而有

$a^2 + b^2 + c^2 = (a+b+c)^2$．

[例 8] 表达式 $(a-b+c)^2 + (a-b-c)^2 = ($　　$)$．

(A) $2(a-b)^2 - 2c^2$　　　　(B) $2(a+b)^2 + 2c^2$　　　　(C) $2(a+b)^2 - 2c^2$

(D) $2(a-b)^2 + 2c^2$　　　　(E) $2(a-c)^2 + 2b^2$

[例 9] 若实数 a，b，c 满足：$a+b+c = 1$ 和 $\dfrac{1}{a+2} + \dfrac{1}{b+3} + \dfrac{1}{c+4} = 0$，则代数式 $(a+2)^2 + (b$ $+3)^2 + (c+4)^2 = ($　　$)$．

(A) 10　　　　(B) 50　　　　(C) 80　　　　(D) 100　　　　(E) 200

[例 10] 若实数 a，b，c 满足：$a^2 + b^2 + c^2 = 9$，则代数式 $(a-b)^2 + (b-c)^2 + (c-a)^2$ 的最大值是 $($　　$)$．

(A) 21　　　　(B) 27　　　　(C) 29　　　　(D) 32　　　　(E) 39

考向 4　配方公式

● **思　路**　记住公式 $a^2 + b^2 + c^2 \pm ab \pm ac \pm bc = \dfrac{1}{2}\left[(a \pm b)^2 + (b \pm c)^2 + (a \pm c)^2 \right]$．

[例11] 已知 a，b，c 为三角形的三条边，且满足 $a^2 + b^2 + c^2 = ab + ac + bc$，则三角形为（　　）.

(A) 等腰三角形　　　　(B) 直角三角形　　　　(C) 等边三角形

(D) 等腰直角三角形　　(E) 钝角三角形

[例12] 若 x，y，z 为实数，设 $A = x^2 - 2y + \dfrac{\pi}{2}$，$B = y^2 - 2z + \dfrac{\pi}{3}$，$C = z^2 - 2x + \dfrac{\pi}{6}$，则在 A，B，C 中（　　）.

(A) 至少有一个大于零　　(B) 至少有一个小于零　　(C) 都大于零

(D) 都小于零　　　　　　(E) 至少有两个大于零

考向5　立方和差公式

● **思　路**　记住公式 $a^3 \pm b^3 = (a \pm b)(a^2 \mp ab + b^2)$.

[例13] $(x - 2)(x + 2)(x^4 + 4x^2 + 16) = （　　）$.

(A) $x^4 - 64$　　(B) $x^5 - 64$　　(C) $x^6 - 64$　　(D) $x^8 - 32$　　(E) $x^6 + 64$

[例14] $(x + 1)(x - 1)(x^2 + x + 1)(x^2 - x + 1) = （　　）$.

(A) $x^4 - 1$　　(B) $x^5 - 1$　　(C) $x^6 + 1$　　(D) $x^8 - 1$　　(E) $x^6 - 1$

[例15] 设实数 a，b 满足 $|a - b| = 2$，$|a^3 - b^3| = 28$，则 $a^2 + b^2 = （　　）$.

(A) 30　　　　(B) 22　　　　(C) 15　　　　(D) 13　　　　(E) $\dfrac{32}{3}$

考向6　和差立方公式

● **思　路**　记住公式 $(a \pm b)^3 = a^3 \pm 3a^2 b + 3ab^2 \pm b^3$.

[例16] 已知 $x(1 - kx)^3 = a_1 x + a_2 x^2 + a_3 x^3 + a_4 x^4$ 对所有实数 x 成立. 若 $a_2 = -9$，则 $a_1 + a_2 + a_3 + a_4$ 和 a_3 的值分别为（　　）.

(A) -8，21　　　　(B) -8，27　　　　(C) 8，29

(D) 8，-27　　　　(E) -8，-27

[例17] 已知非零实数 a，b，c 满足 $a + b + c = 0$，则 $a^3 + b^3 + c^3 - 3abc$ 的值为（　　）.

(A) -1　　　　(B) 2　　　　(C) 0　　　　(D) 3　　　　(E) 1

考点3-01-02 　整式加减及乘法运算

一、考点讲解

1. 整式的加减

整式之间的加减运算比较简单，只需合并同类项即可.

2. 整式的乘法

整式的乘法运算可以采用分配律，也就是每个整式的各项要互相乘，再合并同类项. 比如 $(a + b)(c + d) = ac + ad + bc + bd$.

二、考试解读

（1）整式的加减及乘法运算是代数经常遇到的化简过程，不是很难，但不要因粗心犯错误.

（2）考试频率级别：低.

三、命题方向

考向 **1**　多项式求值

● **思　路**　在有些求代数式的值的问题中，往往题目中并没有直接告诉字母的值，而且通过已知条件很难求出未知数的值来，通常进行整体代入，求得代数式的值.

[例 18] 已知 $y = ax^7 + bx^5 + cx^3 + dx + e$，其中 a，b，c，d，e 为常数，当 $x = 2$ 时，$y = 23$；当 $x = -2$ 时，$y = -35$，那么 e 的值是(　　).
(A) 6　　　(B) -6　　　(C) 12　　　(D) -12　　　(E) 1

考向 **2**　多项式相等

● **思　路**　两个多项式相等，次数相等的项所对应的系数相等即可. 判断两个多项式相等与否，首先要看其项数是否相等，这是两个多项式相等的必要条件，但不是充分条件.

[例 19] 已知 a，b，c 为实数，若多项式 $f(x) = -7x + 4$ 与 $g(x) = a(x-1)^2 - b(x+2) + c(x^2 + x - 2)$ 相等，则 $a + b + c$ 的值为(　　).
(A) 2　　　(B) 3　　　(C) 1　　　(D) -1　　　(E) -2

考向 **3**　多项式相乘

● **思　路**　对于多项式相乘，求某项系数时，可以采用搭配法求解.

[例 20] 已知 $(x^2 + px + 8)(x^2 - 3x + q)$ 的展开式中不含 x^2，x^3 项，则 $p + q$ 的值为(　　).
(A) -3　　　(B) -2　　　(C) 2　　　(D) 3　　　(E) 4

考向 **4**　多项式求系数

● **思　路**　对于多项式，求各项系数和时，可以对 x 取特值分析，常取的是 1，-1 和 0.

[例 21] 已知 $(2x-1)^5 = a_5x^5 + a_4x^4 + a_3x^3 + a_2x^2 + a_1x + a_0$ 是关于 x 的恒等式. 求：
(1) $a_0 + a_1 + a_2 + a_3 + a_4 + a_5 = $(　　).
(A) -1　　(B) 1　　(C) 32　　(D) -32　　(E) 64
(2) $a_0 - a_1 + a_2 - a_3 + a_4 - a_5 = $(　　).
(A) -1　　(B) -243　　(C) 1　　(D) 243　　(E) -240
(3) $a_0 + a_2 + a_4 = $(　　).
(A) -121　(B) 121　(C) -120　(D) 120　(E) -122
(4) $a_1 + a_2 + a_3 + a_4 + a_5 = $(　　).
(A) 1　　(B) 2　　(C) -1　　(D) -2　　(E) 32

考点 3- 01- 03　整式的除法

一、考点讲解

1. 整式的除法

整式 $F(x)$ 除以整式 $f(x)$ 的商式为 $g(x)$，余式为 $r(x)$，则有 $F(x) = f(x)g(x) + r(x)$，并且 $r(x)$ 的次数要小于 $f(x)$ 的次数.

当 $r(x) = 0$ 时，$F(x) = f(x)g(x)$，此时称 $F(x)$ 能被 $f(x)$ 整除，记作 $f(x) \,|\, F(x)$.

2. 因式定理（整除）

$f(x)$含有$(x-a)$因式$\Leftrightarrow f(x)$能被$(x-a)$整除$\Leftrightarrow f(a)=0.$

3. 余式定理（非整除）

由于余式的次数要小于除式，所以当除式为一次表达式时，余式就为常数，从而得到余式定理：

多项式$f(x)$除以$ax-b$的余式为$f\left(\dfrac{b}{a}\right).$

　评　注　可以理解为$f(x)$除以$ax-b$的余式为该点的函数值．因式定理可以看成余式定理的特殊情况．

4. 双十字相乘法

当遇到二次六项式$ax^2+bxy+cy^2+dx+ey+f$时，可以用双十字相乘法进行因式分解，其步骤是：

（1）用十字相乘法分解$ax^2+bxy+cy^2$，得到一个十字相乘图（有两列）；

（2）把常数项f分解成两个因式填在第三列上，要求第二、第三列构成的十字交叉之积的和等于原式中的ey，第一、第三列构成的十字交叉之积的和等于原式中的$dx.$

二、考试解读

（1）因式分解是整个代数的基本功，比如解方程和不等式都需要因式分解．因式分解常用的方法是十字相乘法，要能熟练掌握方法．

（2）对于多项式整除，要转化为因式定理来分析求解．

（3）学习难点是余式定理，可以结合数的除法来理解．

（4）考试频率级别：高．

三、命题方向

考向 1　整除及因式

● 思　路　若出现整除，可以用因式定理求解．因式定理可以巧妙地理解为：因式为零时，原表达式也为零．

[例22] 若多项式$f(x)=x^3+a^2x^2+x-3a$能被$x-1$整除，则实数$a=$（　　　）.
　　　（A）0　　　　（B）1　　　　（C）0或1　　（D）2或-1　（E）2或1

[例23] 若x^3+x^2+ax+b能被x^2-3x+2整除，则（　　　）.
　　　（A）$a=4$，$b=4$　　　　　　（B）$a=-4$，$b=-4$　　　　　（C）$a=10$，$b=-8$
　　　（D）$a=-10$，$b=8$　　　　　（E）$a=2$，$b=0$

[例24] 多项式x^3+ax^2+bx-6的两个因式是$x-1$和$x-2$，则其第三个一次因式为（　　　）.
　　　（A）$x-6$　　（B）$x-3$　　（C）$x+1$　　（D）$x+2$　　（E）$x+3$

考向 2　十字相乘分解法

● 思　路　用于分解$abx^2+(bp+aq)x+pq$型的式子，这类二次三项式的特点是：二次项的系数、常数项是两个数的积；一次项系数是二次项系数的因数与常数项系数的因数乘积的和．特殊情况时，二次项的系数为1．分解后，$abx^2+(bp+aq)x+pq=(ax+p)(bx+q).$

[例25] 分解因式：（1）$7x^2 - 19x - 6$.

（2）$6x^2 - 7x - 5$.

（3）$x^2 - 13xy - 30y^2$.

考向3　双十字相乘

- **思　路**　分解二次三项式时，常用十字相乘法，但对于某些二元二次六项式 $ax^2 + bxy + cy^2 + dx + ey + f$，需要用双十字相乘法分解因式.

[例26] 分解因式：

（1）$x^2 - 3xy - 10y^2 + x + 9y - 2$.

（2）$x^2 - y^2 + 5x + 3y + 4$.

（3）$xy + y^2 + x - y - 2$.

（4）$6x^2 - 7xy - 3y^2 - xz + 7yz - 2z^2$.

考向4　公因式及公倍式

- **思　路**　将每个多项式进行因式分解，然后求出公因式及公倍式. 对于高次多项式分解，一般进行拆项，然后再分组分解即可.

[例27] $x^3 - 9x + 8$ 与 $x^9 + x^6 + x^3 - 3$ 都含有的因式为（　　）.

（A）$x + 1$　　　　　（B）$x^2 + x + 1$　　　　　（C）$x - 1$

（D）$(x - 1)(x + 1)$　　　　　（E）$x^2 - x + 1$

考向5　余式

- **思　路**　余式定理的描述如下：多项式 $f(x)$ 除以 $x - a$ 的余式为 $f(a)$. 推论：多项式 $f(x)$ 除以 $ax - b$ 的余式为 $f\left(\dfrac{b}{a}\right)$. 此外，被除式 = 除式 × 商 + 余式.

[例28] 设 $f(x)$ 为整数系数多项式，$f(x)$ 除以 $x - 1$，余数为 9；$f(x)$ 除以 $x - 2$，余数为 16，则 $f(x)$ 除以 $(x - 1)(x - 2)$ 的余式为（　　）.

（A）$7x + 2$　　　　　（B）$7x + 3$　　　　　（C）$7x + 4$

（D）$7x + 5$　　　　　（E）$2x + 7$

模块 3-02　分式及其运算

考点 3-02-01　分式及其运算

一、考点讲解

1. 分式的概念

分式的定义：用 A，B 表示两个整式，$A \div B$ 就可以表示成 $\dfrac{A}{B}$ 的形式，如果除式 B 中含有字母，式子 $\dfrac{A}{B}$ 就叫作分式.

2. 分式的性质

分式基本性质	性质		分式的分子与分母都乘以（或除以）同一个不为零的整式，分式的值不变
	表示		$\dfrac{A}{B} = \dfrac{AM}{BM}$，$\dfrac{A}{B} = \dfrac{A \div M}{B \div M}$（$M$ 为不等于零的整式）
	应用	符号法则	分子、分母与分式本身的符号，改变其中任何两个，分式的值不变 $\dfrac{-a}{-b} = \dfrac{a}{b}$，$\dfrac{-a}{b} = \dfrac{a}{-b} = -\dfrac{a}{b}$
		约分	把一个分式的分子与分母的所有公因式约去叫作约分
		通分	把几个异分母的分式分别化成与原本的分式相等的同分母的分式叫作通分

3. 分式的运算

分式运算	加减法则	同分母：同分母的分式相加减，把分式的分子相加减，分母不变 $\dfrac{a}{c} \pm \dfrac{b}{c} = \dfrac{a \pm b}{c}$
		异分母：异分母的分式相加减，先通分变为同分母的分式，然后再加减
	乘法法则	分式乘以分式：用分子的积做积的分子，分母的积做积的分母 $\dfrac{a}{b} \cdot \dfrac{c}{d} = \dfrac{ac}{bd}$
	除法法则	分式除以分式：把除式的分子、分母颠倒位置后，与被除式相乘 $\dfrac{a}{b} \div \dfrac{c}{d} = \dfrac{a}{b} \cdot \dfrac{d}{c} = \dfrac{ad}{bc}$
	乘方法则 繁分式	分式的乘方：把分式的分子、分母各自乘方 $\left(\dfrac{a}{b}\right)^n = \dfrac{a^n}{b^n}$ ① 可以利用除法法则进行运算 ② 可以用分式的基本性质化简繁分式

4. 最简分式

　　分式的分子与分母没有公因式时，叫作最简分式．一个分式的最后形式必须是最简分式，分式化为最简分式时通常采用约分的方法.

二、考试解读

（1）分式的基本运算方法和化简方法是分式求值的基础.
（2）分式的大小比较是后面计算分式不等式的核心.
（3）分式的难点是分式方程和不等式的求解.
（4）考试频率级别：低.

三、命题方向

考向 1　分式的化简求值

● **思　路**　对于分式化简求值，可以先转化为整式，求出参数之间的关系，然后再代入到所求的分式化简.

[例29] 若 a，b 均为实数，且 $\dfrac{a^2b^2}{a^4-2b^4}=1$，则 $\dfrac{a^2-b^2}{19a^2+96b^2}=$（ ）.

(A) $\dfrac{1}{114}$　　(B) $\dfrac{1}{124}$　　(C) $\dfrac{1}{130}$　　(D) $\dfrac{1}{132}$　　(E) $\dfrac{1}{134}$

考向2　分式的大小比较

- **思　路**　本题属于分式的比较，当分子和分母都不相同时，往往要固定分子或分母其中的一个，再比较其大小.

[例30] 若 $a>b>0$，$k>0$，则下列不等式中能够成立的是（ ）.

(A) $-\dfrac{b}{a}<-\dfrac{b+k}{a+k}$　　(B) $\dfrac{a}{b}>\dfrac{a-k}{b-k}$　　(C) $-\dfrac{b}{a}>-\dfrac{b+k}{a+k}$

(D) $\dfrac{a}{b}<\dfrac{a-k}{b-k}$　　(E) $\dfrac{a}{b}<\dfrac{a-2k}{b-2k}$

考向3　分式为定值

- **思　路**　对于分式为定值，可以先取某个特值，求出其定值，然后再根据比例定理或者恒等变形求出参数值. 此外，表达式为定值说明变量能够被约掉，只剩下常数.

[例31] 已知 a，b 为非零实数，对于使 $\dfrac{ax+7}{bx+11}$ 有意义的一切 x 的值，这个分式为一个定值，则有（ ）.

(A) $7a-11b=0$　　(B) $11a-7b=0$　　(C) $7a+11b=0$

(D) $11a+7b=0$　　(E) $7a-11b=1$

模块 3-03 一元二次函数

考点 3-03-01 　一元二次函数

一、考点讲解

1. 一元二次函数的三种形式

（1）标准式：$y=ax^2+bx+c$.

（2）配方式：$y=a\left(x+\dfrac{b}{2a}\right)^2+\dfrac{4ac-b^2}{4a}$.

（3）零点式：$y=a(x-x_1)(x-x_2)$.

评注　x_1 和 x_2 表示一元二次函数与 x 轴的两个交点，或方程的两个根.

2. 重要公式

（1）开口方向：由 a 决定，当 $a>0$ 时，开口向上；当 $a<0$ 时，开口向下.

（2）对称轴：以 $x=-\dfrac{b}{2a}$ 为对称轴.

评注　当 $b=0$ 时，一元二次函数图像关于 y 轴对称.

（3）顶点坐标：$\left(-\dfrac{b}{2a},\ \dfrac{4ac-b^2}{4a}\right).$

（4）y 轴截距：$y=c.$

评注　当 $c=0$ 时，一元二次函数图像过坐标原点.

（5）最值：当 $a>0\,(a<0)$ 时，有最小（大）值 $\dfrac{4ac-b^2}{4a}$，无最大（小）值.

二、考试解读

（1）一元二次函数是代数的核心函数，与方程及不等式联系密切，要重点掌握.

（2）一元二次函数的公式较多，尤其对称轴和顶点经常用于求解最值.

（3）一元二次函数与直线的位置关系是近年的创新考法，要掌握其思路.

（4）考试频率级别：高.

三、命题方向

考向 1　关于图像

• 思　路　主要观察图像的开口方向、对称轴、与 x 轴的交点及 y 轴的交点.

[例 32] 由图 3-1 的图像得出二次函数的解析式为（　　）.

（A）$y=-2x^2-x$ 　　　　（B）$y=-2x^2-4x$

（C）$y=-2x^2-3x$ 　　　　（D）$y=-2x^2-5x$

（E）$y=2x^2-4x$

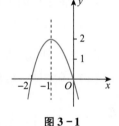

图 3-1

[例 33] 已知抛物线 $y=ax^2+bx+c$ 与 x 轴相交于点 $A(-3,\,0)$，对称轴为 $x=-1$，顶点 M 到 x 轴的距离为 2，此抛物线在 y 轴的截距为（　　）.

（A）$-\dfrac{3}{2}$ 　　（B）$\pm\dfrac{3}{2}$ 　　（C）$\dfrac{3}{2}$ 　　（D）$\dfrac{1}{2}$ 　　（E）$\pm\dfrac{1}{2}$

考向 2　求最值

• 思　路　一元二次函数最重要的内容就是求解表达式的最值，可以根据对称轴来分析最值.

[例 34] $2x(2-x)$ 的最大值为（　　）.

（A）1 　　　（B）0.1 　　　（C）1.5 　　　（D）0.25 　　　（E）2

[例 35] 某商场将进货单价为 18 元的商品，按每件 20 元销售时，每日可销售 100 件，如果每提价 1 元（每件），日销售量就要减少 10 件，那么把商品的售价定为（　　）时，才能使每天获得的利润最大.

（A）22 　　　（B）23 　　　（C）24 　　　（D）25 　　　（E）26

第三节　难点考向

模块 3-04 集合

考点 3-04-01　集合

一、考点讲解

1. 集合的概念

（1）集合：将能够确切指定的一些对象看成一个整体，这个整体就叫作集合，简称集.

（2）元素：集合中各个对象叫作这个集合的元素.

（3）表示：集合通常用大写的拉丁字母表示，如 A，B，C，P，Q 等，元素通常用小写的拉丁字母表示，如 a，b，c，p，q 等.

2. 元素与集合的关系

（1）属于：如果 a 是集合 A 的元素，就说 a 属于 A，记作 $a \in A$.

（2）不属于：如果 a 不是集合 A 的元素，就说 a 不属于 A，记作 $a \notin A$.

3. 集合中元素的特性

（1）确定性：按照明确的判断标准给定一个元素或者在这个集合里或者不在，不能模棱两可.

（2）互异性：集合中的元素没有重复.

（3）无序性：集合中的元素没有一定的顺序（通常用正常的顺序写出）.

4. 常用结论

（1）任何一个集合是它本身的子集，记为 $A \subseteq A$.

（2）空集是任何集合的子集，记为 $\varnothing \subseteq A$；空集是任何非空集合的真子集.

（3）n 个元素的子集有 2^n 个；n 个元素的真子集有 $2^n - 1$ 个；n 个元素的非空子集有 $2^n - 1$ 个；n 个元素的非空真子集有 $2^n - 2$ 个.

二、考试解读

（1）集合虽然在考纲有规定，但直接命题考查较少，所以只需掌握基本概念即可.

（2）考试频率级别：低.

三、命题方向

考向 1　集合的概念及定义

- **思　路**　根据集合的概念分析集合元素的关系及取值.

[例1] 已知集合 $M = \{x \in \mathbf{N} \mid 4 - x \in \mathbf{N}\}$，则集合 M 中元素个数是( ).

(A) 3   (B) 4   (C) 5   (D) 6   (E) 7

[例2] 下列集合中，能表示由 1，2，3 组成的集合是( ).

(A) $\{6$ 的质因数 $\}$ (B) $\{x \mid x < 4, x \in \mathbf{N}\}$

(C) $\{y \mid |y| < 4, y \in \mathbf{Z}\}$ (D) $\{$ 连续三个自然数 $\}$

(E) $\{$ 最小的三个正整数 $\}$

[例3] 关于含有 4 个元素的集合，下列说法正确的有( )个.

(1) 子集共有 16 个；

(2) 真子集共有 15 个；

(3) 非空子集有 15 个；

(4) 非空真子集有 14 个.

(A) 0   (B) 1   (C) 2   (D) 3   (E) 4

模块 3-05 指数和对数

考点 3-05-01 指数和对数

一、考点讲解

1. 指数函数

$y = a^x (a > 0, a \neq 1)$，其定义域为 $(-\infty, +\infty)$. 当 $0 < a < 1$ 时，函数严格单调递减. 当 $a > 1$ 时，函数严格单调递增. 且图像恒过点 $(0, 1)$.

	$a > 1$	$0 < a < 1$
图像		
性质	(1) 定义域：$\mathbf{R}$	
	(2) 值域：$(0, +\infty)$，即图像在 x 轴上方	
	(3) 过点 $(0, 1)$，即 $x = 0$ 时，$y = 1$	
	(4) 在 $\mathbf{R}$ 上是增函数	在 $\mathbf{R}$ 上是减函数

2. 对数函数

$y = \log_a x (a > 0, a \neq 1)$，其定义域为 $(0, +\infty)$，它与 $y = a^x$ 互为反函数. 对数函数的图像恒过点 $(1, 0)$.

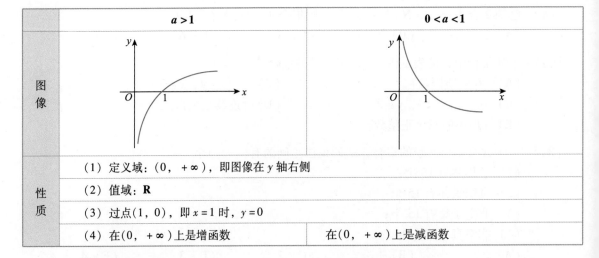

	$a > 1$	$0 < a < 1$
图像		
性质	(1) 定义域：$(0, +\infty)$，即图像在 y 轴右侧	
	(2) 值域：$\mathbf{R}$	
	(3) 过点 $(1, 0)$，即 $x = 1$ 时，$y = 0$	
	(4) 在 $(0, +\infty)$ 上是增函数	在 $(0, +\infty)$ 上是减函数

3. 指数和对数运算公式

（1）指数的运算公式：

$$a^m \cdot a^n = a^{m+n}；\quad a^m \div a^n = a^{m-n}；\quad (a^m)^n = a^{mn}.$$

（2）对数的运算公式：

$$\log_a m + \log_a n = \log_a mn；\quad \log_a m - \log_a n = \log_a \frac{m}{n}；$$

$$\log_{a^m} b^n = \frac{n}{m} \log_a b；\quad m = 1 \text{ 时}，\log_a b^n = n \log_a b；\quad m = n \text{ 时}，\log_{a^n} b^n = \log_a b；$$

$$\log_a b = \frac{\log_c b}{\log_c a}（\text{换底公式}），\text{一般 } c \text{ 取 } 10 \text{ 或 e}.$$

二、考试解读

（1）指数和对数的公式较多，需要灵活掌握，尤其对数较难，注意公式的使用.

（2）指数和对数互为逆运算，所以函数图像关于 $y = x$ 对称，两者单调性相同.

（3）指数和对数还会跟方程及不等式相关联，结合命题.

（4）考试频率级别：低.

三、命题方向

考向 1　指数

● 思　路　指数要掌握单调性及基本的公式.

［例4］如果函数 $f(x) = (1 - 2a)^x$ 在实数集 $\mathbf{R}$ 上是减函数，那么实数 a 的取值范围是（　　）.

(A) $\left(0, \dfrac{1}{2}\right)$　　　　(B) $\left(\dfrac{1}{2}, +\infty\right)$　　　　(C) $\left(-\infty, \dfrac{1}{2}\right)$

(D) $\left(-\dfrac{1}{2}, \dfrac{1}{2}\right)$　　　　(E) $(1, +\infty)$

［例5］设 $y_1 = 4^{0.9}$，$y_2 = 8^{0.48}$，$y_3 = \left(\dfrac{1}{2}\right)^{-1.5}$，则（　　）.

(A) $y_3 > y_1 > y_2$　　　　(B) $y_2 > y_1 > y_3$　　　　(C) $y_1 > y_2 > y_3$

(D) $y_1 > y_3 > y_2$　　　　(E) $y_3 > y_2 > y_1$

[例6] 若指数函数 $y = a^x$ 在 $[-1, 1]$ 上的最大值与最小值的差是 1，则底数 a 等于(   ).

(A) $\dfrac{\sqrt{5}+1}{2}$　　(B) $\dfrac{\sqrt{5}-1}{2}$　　(C) $\dfrac{\sqrt{3}\pm1}{2}$　　(D) $\dfrac{\sqrt{5}\pm1}{2}$　　(E) $\dfrac{\sqrt{3}+1}{2}$

[例7] 已知 $\sqrt{a} < \left(\dfrac{1}{a}\right)^{1-2x}$ $(a > 1)$，则 x 的取值范围是(   ).

(A) $(-3, 0)$　　　　(B) $(-2, 0)$　　　　(C) $(1, 5)$

(D) $(-1, 0)$　　　　(E) $\left(\dfrac{3}{4}, +\infty\right)$

[例8] 函数 $f(x) = 2^{|x|} - 1$，使得 $f(x) \leqslant 0$ 成立的值的集合是(   ).

(A) $(-\infty, 0)$　　　　(B) $(-\infty, 1)$　　　　(C) $\{0\}$

(D) $\{1\}$　　　　(E) $(0, 1)$

[例9] 若函数 $y = a^x + b - 1$ $(a > 0, a \neq 1)$ 的图像不经过第二象限，则有(   ).

(A) $a > 1, b < 1$　　　(B) $0 < a < 1, b \leqslant 1$　　　(C) $0 < a < 1, b > 0$

(D) $a > 1, b \leqslant 0$　　　(E) $0 < a < 1, b \leqslant 0$

考向2　对数

● **思　路**　对数难度较大，要与指数对比来理解记忆，结合图像和公式来分析.

[例10] 当 $a > 1$ 时，函数 $y = \log_a x$ 和 $y = (1-a)x$ 的图像最有可能是(   ).

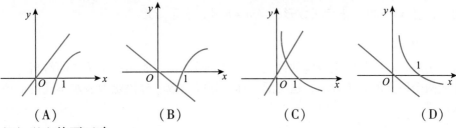

(A)　　　　(B)　　　　(C)　　　　(D)

(E) 以上均不正确

[例11] 已知函数 $f(x) = \lg[(a^2-1)x^2 + (a+1)x + 1]$，若 $f(x)$ 的定义域为 **R**，则实数 a 的取值范围是(   ).

(A) $\left(-\infty, -1\right] \cup \left(\dfrac{5}{3}, +\infty\right)$　　　　　　(B) $(-1, 1)$

(C) $(0, 1)$　　　　(D) $(1, 2)$　　　　(E) $(2, +\infty)$

[例12] 方程 $\log_3 x = -3x$ 根的情况是(   ).

(A) 有两个正根　　　(B) 一个正根一个负根　　(C) 有两个负根

(D) 仅有一个实数根　　(E) 有一个负根

模块 3-06 特殊函数

考点 3-06-01　特殊函数

一、考点讲解

1. 最值函数

（1）max 表示最大值函数.

比如 $\max\{x, y, z\}$ 表示 x, y, z 中最大的数.

（2）min 表示最小值函数.

比如 $\min\{x，y，z\}$ 表示 $x，y，z$ 中最小的数.

2. 绝对值函数

（1）$y = |ax + b|$

先画 $y = ax + b$ 的图像，再将 x 轴下方的图像翻到 x 轴上方.

（2）$y = |ax^2 + bx + c|$

先画 $y = ax^2 + bx + c$ 的图像，再将 x 轴下方的图像翻到 x 轴上方.

（3）$y = ax^2 + b|x| + c$

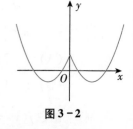

图 3 - 2

先画 $y = ax^2 + bx + c$ 的图像，再将 y 轴左侧图像删掉，替换成 y 轴右侧对称过来的图像，如图 3 - 2.

（4）$|ax + by| = c$

表示两条平行的直线 $ax + by = \pm c$，且两者关于原点对称.

（5）$|ax| + |by| = c$

当 $a = b$ 时，表示正方形，当 $a \neq b$ 时，表示菱形.

（6）$|xy| + ab = a|x| + b|y|$

分析 $|xy| + ab = a|x| + b|y| \Rightarrow |xy| - a|x| - b|y| + ab = 0 \Rightarrow |x|(|y| - a) - b(|y| - a) = 0 \Rightarrow (|x| - b)(|y| - a) = 0 \Rightarrow |x| = b$ 或 $|y| = a$，故表示由 $x = \pm b$，$y = \pm a$ 围成的图形，当 $a = b$ 时，表示正方形，当 $a \neq b$ 时，表示矩形.

3. 分段函数

有些函数，对于其定义域内的自变量 x 的不同值，不能用一个统一的解析式表示，而是要用两个或两个以上的式子表示，这类函数称为分段函数. 分段函数表示不同的取值范围对应不同的表达式.

4. 复合函数

已知函数 $y = f(u)$，又 $u = g(x)$，则称函数 $y = f(g(x))$ 为函数 $y = f(u)$ 与 $u = g(x)$ 的复合函数. 其中 y 称为因变量，x 称为自变量，u 称为中间变量.

注意 $g(x)$ 的值域对应 $y = f(u)$ 的定义域.

5. 反比例函数 $y = \dfrac{k}{x}$

反比例函数	$y = \dfrac{k}{x}$（k 为常数，$k \neq 0$）	
k 的符号	$k > 0$	$k < 0$
图像		
所在象限	一、三象限	二、四象限

二、考试解读

(1) 特殊函数虽然考纲没有规定，但考试真题中有涉及，所以仍然要进行学习.

(2) 要掌握各函数的图像和性质.

(3) 考试频率级别：低.

三、命题方向

考向 1 最值函数

● **思 路** max 为最大值函数，min 为最小值函数. 对于 max 函数图像，先画出各函数图像，然后取上方部分；对于 min 函数图像，先画出各函数图像，然后取下方部分.

[例13] 设 $f(x) = \min\{2x+4, x^2+1, 5-3x\}$，则 $f(x)$ 的最大值是(   ).
(A) 0   (B) 2   (C) 4   (D) 6   (E) 8

[例14] 已知 $a>0$，$b>0$，$y = \min\left\{a, \dfrac{b}{a^2+b^2}\right\}$，则 y 的最大值为(   ).
(A) 0   (B) 1   (C) $\dfrac{\sqrt{2}}{2}$ (D) $\sqrt{2}$ (E) 3

[例15] 设 $f(x) = \max\left\{2x-1, \dfrac{1}{x}\right\}(x>0)$，则 $f(x)$ 的最小值是(   ).
(A) 1   (B) 2   (C) 3   (D) 4   (E) 5

考向 2 绝对值函数

● **思 路** 根据各绝对值图像和性质分析求解.

[例16] 方程 $|12x^2 - 24x| = 1$ 的所有实根之和为(   ).
(A) 24   (B) 18   (C) 12   (D) 6   (E) 4

[例17] $|x+y| = 3$ 与 $|x-y| = 3$ 所围成图形的面积为(   ).
(A) 24   (B) 18   (C) 12   (D) 6   (E) 4

[例18] $|x| + |y| = 2$ 所围成图形的面积为(   ).
(A) 18   (B) 12   (C) 10   (D) 8   (E) 6

[例19] 由曲线 $|x| + |2y| = 4$ 所围成图形的面积为(   ).
(A) 4   (B) 8   (C) 12   (D) 16   (E) 20

[例20] $|xy| + 6 = 2|x| + 3|y|$ 所围成图形的面积为(   ).
(A) 4   (B) 8   (C) 12   (D) 16   (E) 24

考向 3 分段函数

● **思 路** 对于分段函数，根据不同取值区间，选择不同的表达式代入求解.

[例21] 已知函数 $f(x) = \begin{cases} 3^x & x \leqslant 1 \\ -x & x > 1 \end{cases}$，若 $f(x) = 2$，则 $x = ($ $)$.

(A) 0   (B) 1   (C) $\sqrt{2}$ (D) $\log_3 2$ (E) $\log_2 3$

[例 22] 设 $f(x) = \begin{cases} 2e^{x-1} & x < 2 \\ \log_3(x^2-1) & x \geq 2 \end{cases}$，则 $f(f(2))$ 的值为(　　).

(A) 0　　　　　(B) 1　　　　　(C) 2　　　　　(D) $\log_3 2$　　　(E) $\log_2 3$

[例 23] 若函数 $f(x) = \begin{cases} \log_2 x & x > 0 \\ \log_{\frac{1}{2}}(-x) & x < 0 \end{cases}$，若 $f(a) > f(-a)$，则实数 a 的取值范围是(　　).

(A) $(-1, 0) \cup (0, 1)$　　　　　(B) $(-\infty, -1) \cup (1, +\infty)$

(C) $(-1, 0) \cup (1, +\infty)$　　　(D) $(-\infty, -1) \cup (0, 1)$　　　(E) $(-1, 1)$

考向 4　复合函数

● **思　路**　对于复合函数，可以将内部的函数看成一个整体进行分析. 此外，内部函数的值域对应外部函数的定义域.

[例 24] 若函数 $f(2^x)$ 的定义域为 $[-1, 1]$，则 $f(\log_2 x)$ 的定义域为(　　).

(A) $[\sqrt{2}, 4]$　　(B) $\left[\dfrac{1}{2}, 4\right]$　　(C) $[0, 2]$　　(D) $[1, 4]$　　(E) $(0, 4)$

[例 25] 已知 $f(x-1) = 2x + 3$，则 $f(x) = ($　　).

(A) $2x - 1$　　(B) $2x + 1$　　(C) $2x + 3$　　(D) $2x + 5$　　(E) $2x - 5$

[例 26] 已知 $f(x)$ 为二次函数，若 $f(0) = 0$，$f(x+1) = f(x) + x + 1$，则 $f(10) = ($　　).

(A) 52　　　　(B) 55　　　　(C) 56　　　　(D) 60　　　　(E) 100

考向 5　反比例函数

● **思　路**　反比例函数的形式为 $y = \dfrac{k}{x}$，根据其图像和性质求解.

[例 27] 函数 $y = (a-2)x^{a^2-5}$ 是反比例函数，则 a 的值为(　　).

(A) -1　　　(B) -2　　　(C) ± 1　　　(D) ± 2　　　(E) 3

[例 28] 已知一次函数 $y = 2x - 5$ 的图像与反比例函数 $y = \dfrac{k}{x}$ 的图像交于第四象限一点 $P(a, -3a)$，则 k 为(　　).

(A) -1　　　(B) -2　　　(C) 2　　　(D) -3　　　(E) 3

[例 29] 函数 $y = kx\,(k > 0)$ 与函数 $y = \dfrac{2}{x}$ 交于 A，B 两点，若点 A，B 的坐标分别为 (x_1, y_1)，(x_2, y_2)，则 $x_1 y_2 + x_2 y_1 = ($　　).

(A) -8　　　(B) -4　　　(C) 0　　　(D) 4　　　(E) 8

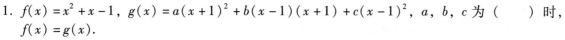

第四节 基础自测题

一、问题求解题

1. $f(x)=x^2+x-1$，$g(x)=a(x+1)^2+b(x-1)(x+1)+c(x-1)^2$，$a$，$b$，$c$ 为（ ）时，$f(x)=g(x)$.

   (A) $a=-\dfrac{1}{4}$，$b=1$，$c=-\dfrac{1}{4}$ (B) $a=\dfrac{1}{2}$，$b=1$，$c=-\dfrac{1}{2}$

   (C) $a=\dfrac{1}{4}$，$b=1$，$c=-\dfrac{1}{4}$ (D) $a=-\dfrac{1}{2}$，$b=2$，$c=-\dfrac{1}{2}$

   (E) $a=\dfrac{1}{2}$，$b=2$，$c=\dfrac{1}{4}$

2. 若 x 和分式 $\dfrac{3x+2}{x-1}$ 都是整数，那么 $x=$（ ）.

   (A) 2，6   (B) 0，2，6   (C) -4

   (D) -4，0，2，6   (E) 0，-4

3. x 取（ ）时，分式 $\dfrac{x^2-4}{x+2}$ 的值等于零.

   (A) 2   (B) -2 (C) ±2 (D) 4   (E) ±4

4. m 取（ ）时，分式 $\dfrac{2m+7}{m-1}$ 的值是正整数.

   (A) -8，0，4，10，±2 (B) -8，2，4，10   (C) -8，-2

   (D) -8，-2，0   (E) 0，2，4，10

5. a 为（ ）时，有 $\dfrac{|a|-2}{a^2+a-6}=0$.

   (A) -2 (B) ±2 (C) 2   (D) -3 (E) 2 或 -3

6. 已知 $3a^2+2a+5$ 是一个偶数，那么整数 a 一定是（ ）.

   (A) 奇数   (B) 偶数

   (C) 任意数   (D) 既可以是奇数，也可以是偶数   (E) 质数

7. 多项式 $M=4x^2-9x+4a$，$N=3x^2-9x+4a$，当 x 为任意一个有理数时，下列结论正确的是（ ）.

   (A) M 的值必小于 N 的值   (B) M 的值必不大于 N 的值

   (C) M 的值必大于 N 的值   (D) M 的值必不小于 N 的值

   (E) M 的值等于 N 的值

8. 方程 $(x^2-x-1)^{x+10}=1$ 的整数解有（ ）个.

   (A) 1   (B) 2   (C) 3   (D) 4   (E) 5

9. 若 $(2a-4)x^4-bx^2+x-ab$ 是关于 x 的二次三项式，则这个二次三项式可能是（ ）.

   (A) x^2+x-2 (B) $-x^2+x-2$ (C) $-x^2+x+2$

   (D) $-x^2+x-1$ (E) $-x^2-x+2$

10. 已知 $abc<0$，且 $a+b+c=0$，$x=\dfrac{a}{|a|}+\dfrac{b}{|b|}+\dfrac{c}{|c|}+\dfrac{ab}{|ab|}+\dfrac{|bc|}{bc}+\dfrac{ac}{|ac|}$，$ax^3+bx^2+cx+1$ 的值为（ ）.

   (A) -2 (B) -1 (C) 0   (D) 1   (E) 2

11. 若 a，b，c 为互不相等的实数，且 $abc = 1$，那么 $\dfrac{a}{ab + a + 1} + \dfrac{b}{bc + b + 1} + \dfrac{c}{ca + c + 1} = ($ $)$.

   (A) -1 (B) 0   (C) 1   (D) 0 或 1   (E) ± 1

12. 已知 $x - 2y = -2$，$b = -4089$，$2bx^2 - 8bxy + 8by^2 - 8b$ 的值为(   ).

   (A) -1 (B) 0   (C) 1   (D) 2   (E) 8

13. 已知 $a = 2017x + 2018$，$b = 2017x + 2019$，$c = 2017x + 2020$，则多项式 $a^2 + b^2 + c^2 - ab - bc - ac = ($ $)$.

   (A) 0   (B) 1   (C) 2   (D) 3   (E) 2018

14. 已知 $x^2 - 2x - 1 = 0$，则 $2001x^3 - 6003x^2 + 2001x - 7 = ($ $)$.

   (A) -2008 (B) 0   (C) 1   (D) 2008   (E) 2009

二、条件充分性判断题

1. $x^4 + mx^2 - px + 2$ 能被 $x^2 + 3x + 2$ 整除.

   (1) $m = -6$，$p = 3$.   (2) $m = 3$，$p = -6$.

2. $x^3 - 3px + 2q$ 能被 $x^2 + 2ax + a^2$ 整除.

   (1) $p = -a^2$，$q = a^3$.   (2) $p = a^2$，$q = -a^3$.

3. x 为实数，有 $\dfrac{x^{3n} - x^{-3n}}{x^n - x^{-n}} = 7$.

   (1) $x^{2n} = 3 - 2\sqrt{2}$.   (2) $x^{2n} = 2 - \sqrt{3}$.

4. 已知 x，y，z 都是实数，有 $x + y + z = 0$.

   (1) $\dfrac{x}{a + b} = \dfrac{y}{b + c} = \dfrac{z}{c + a}$.   (2) $\dfrac{x}{a - b} = \dfrac{y}{b - c} = \dfrac{z}{c - a}$.

5. 若 x，y，z 均是不等于 1 的非零实数，那么有 $z + \dfrac{1}{x} = 1$.

   (1) $x + \dfrac{1}{y} = 1$.   (2) $y + \dfrac{1}{z} = 1$.

6. $(1 + x)(1 + x^2)(1 + x^4)(1 + x^8) = 1 + x + x^2 + x^3 + \cdots + x^{15}$.

   (1) $x = 1$.   (2) $x \neq 1$.

7. 代数式 $x^5 - 3x^4 + 2x^3 - 3x^2 + x + 2$ 的值为 2.

   (1) $x + \dfrac{1}{x} = 3$.   (2) $x - \dfrac{1}{x} = 3$.

8. $a(a + 9) + (1 + 2a)(1 - 2a)$ 的值为 4.

   (1) $a + \dfrac{1}{a} = 3$.   (2) $a - \dfrac{1}{a} = 3$.

9. 已知 $x + y \neq 0$，则分式 $\dfrac{2x}{x + y}$ 的值保持不变.

   (1) y 和 x 都扩大为原来的 3 倍.   (2) y 和 x 都扩大了原来的 3 倍.

10. $\dfrac{1}{(x - 1)x} + \dfrac{1}{x(x + 1)} + \cdots + \dfrac{1}{(x + 9)(x + 10)} = \dfrac{11}{12}$.

   (1) $x = 2$.   (2) $x = -11$.

11. $\log_a \dfrac{1}{2} < 1$.

   (1) $0 < a < \dfrac{1}{2}$.   (2) $a > 2$.

12. 已知函数 $f(x) = \lg x.$ 则 $f(a^2) + f(b^2) = 2.$

(1) $f(ab) = 1.$ (2) $ab = 2.$

13. $\log_7 (\log_3 |\log_2 x|) = 0.$

(1) $(x-9)\left(x - \dfrac{1}{9}\right) = 0.$ (2) $(x-8)\left(x - \dfrac{1}{8}\right) = 0.$

加入高分备考群
与名师零距离互动

第五节　综合提高题

一、问题求解题

1. 已知 x，y，z 都是正数，且 $2^x = 3^y = 6^z$，那么 $\dfrac{z}{x} + \dfrac{z}{y} = ($ $).$

(A) -1 (B) 0 (C) 1 (D) $\log_2 3$ (E) $\log_3 2$

2. 设多项式 $f(x)$ 除以 $(x-1)(x-2)(x-3)$ 的余式为 $2x^2 + x - 7$，则以下说法中不正确的是(   ).

(A) $f(x)$ 除以 $x-1$ 的余式为 -4

(B) $f(x)$ 除以 $x-2$ 的余式为 3

(C) $f(x)$ 除以 $x-3$ 的余式为 14

(D) $f(x)$ 除以 $(x-1)(x-2)$ 的余式为 $7x - 11$

(E) $f(x)$ 除以 $(x-2)(x-3)$ 的余式为 $11x + 19$

3. 求一个关于 x 的二次多项式，它的二次项系数为 1，它被 $(x-3)$ 除余 1，且它被 $(x-1)$ 除和被 $(x-2)$ 除所得的余数相同，则这个多项式的 x 项的系数为 (   ).

(A) -1 (B) -2 (C) -3 (D) 2 (E) 3

4. 设 $x = \dfrac{1}{\sqrt{2}-1}$，$a$ 是 x 的小数部分，b 是 $4-x$ 的小数部分，则 $a^3 + b^3 + 3ab(a+b) = ($).

(A) 4 (B) 2 (C) 3 (D) 1 (E) 6

5. 使得 $n^3 + 100$ 能被 $n+10$ 整除的最大正整数 n 为(   ).

(A) 890 (B) 990 (C) 1000 (D) 1890 (E) 900

6. $x = -2$，$y = \dfrac{1}{2}$，则 $(x^2 - xy) \div \dfrac{x^2 - 2xy + y^2}{y} \cdot \dfrac{x^2 - y^2}{x^2} = ($).

(A) $\dfrac{1}{8}$ (B) $\dfrac{3}{8}$ (C) $\dfrac{5}{8}$ (D) $\dfrac{1}{4}$ (E) $\dfrac{1}{2}$

7. 已知 $x - y = 5$，且 $z - y = 10$，则整式 $x^2 + y^2 + z^2 - xy - yz - zx$ 的值为 (   ).

(A) 105 (B) 75 (C) 55 (D) 35 (E) 25

8. 已知多项式 $2x^3 - x^2 - 13x + k$ 有一个因式 $2x+1$，则其必含有因式 (   ).

(A) $x-1$ (B) $x-2$ (C) $x+1$ (D) $x-3$ (E) $x+3$

9. $\left(1 + \dfrac{1}{1 \times 3}\right)\left(1 + \dfrac{1}{2 \times 4}\right)\left(1 + \dfrac{1}{3 \times 5}\right)\left(1 + \dfrac{1}{4 \times 6}\right)\cdots\left(1 + \dfrac{1}{98 \times 100}\right)\left(1 + \dfrac{1}{99 \times 101}\right)$ 的整数部分为 (   ).

(A) 1 (B) 2 (C) 3 (D) 4 (E) 5

10. 已知 a、b、c、d 为互不相等的非零实数，且 $ac + bd = 0$，则 $ab(c^2 + d^2) + cd(a^2 + b^2)$ 的值等于 (   ).

(A) 1 (B) 2 (C) 3 (D) 4 (E) 0

11. 已知 $a - b = 3$，$a - c = \sqrt[3]{26}$，则 $(c - b)\left[(a - b)^2 + (a - c)(a - b) + (a - c)^2\right] = ($ ）.

  （A）2   （B）3   （C）4   （D）3.5   （E）1

12. 方程 $(x^2 + 4x)^2 - 2(x^2 + 4x) - 15 = 0$ 有（   ）个整数解.

  （A）2   （B）3   （C）4   （D）5   （E）6

13. 方程 $4x^2 - 4xy - 3y^2 = 5$ 的整数解有（   ）个.

  （A）2   （B）3   （C）4   （D）5   （E）6

14. 若 $\dfrac{\lg x + \lg y}{\lg x} + \dfrac{\lg x + \lg y}{\lg y} + \dfrac{\left[\lg(x - y)\right]^2}{\lg x \lg y} = 0$，则 $\log_5(x + y)$ 的值为（   ）.

  （A）0   （B）2   （C）4   （D）8   （E）0.5

15. 已知 $\sqrt{a} + \dfrac{1}{\sqrt{a}} = 3$，则 $\dfrac{\left(a\sqrt{a} + \dfrac{1}{a\sqrt{a}} + 2\right)\left(a^2 + \dfrac{1}{a^2} + 3\right)}{\sqrt[4]{a} + \dfrac{1}{\sqrt[4]{a}}}$ 的值为（   ）.

  （A）$200\sqrt{11}$ （B）$100\sqrt{7}$ （C）$100\sqrt{5}$ （D）$200\sqrt{3}$ （E）$200\sqrt{5}$

16. 已知 $x \in [-3, 2]$，则 $f(x) = \dfrac{1}{4^x} - \dfrac{1}{2^x} + 1$ 的最大值与最小值之差为（   ）.

  （A）$56\dfrac{1}{2}$ （B）$56\dfrac{1}{4}$ （C）$55\dfrac{1}{4}$ （D）$55\dfrac{3}{4}$ （E）$53\dfrac{1}{2}$

17. 若函数 $f(x) = \log_a x$ 在 $[2, 4]$ 上的最大值与最小值之差为 2，则 a 的值为（   ）.

  （A）$\sqrt{2}$ （B）$\dfrac{1}{2}$ 或 $\sqrt{2}$ （C）$\dfrac{\sqrt{2}}{2}$ 或 2   （D）2   （E）$\sqrt{2}$ 或 $\dfrac{\sqrt{2}}{2}$

18. 分解因式 $20x^2 + 9xy - 18y^2 - 18x + 33y - 14$，其含有因式（   ）.

  （A）$4x - 3y - 2$ （B）$5x + 6y + 7$ （C）$4x + 3y - 2$

  （D）$5x - 6y + 7$ （E）$5x + 6y - 7$

19. $m = ($ ）时多项式 $f(x) = x^5 - 3x^4 + 8x^3 + 11x + m$ 能被 $x - 1$ 整除.

  （A）14   （B）-15 （C）15   （D）-17 （E）17

20. 已知 $\lg(x + y) + \lg(2x + 3y) - \lg 3 = \lg 4 + \lg x + \lg y$，则 $x : y$ 的值为（   ）.

  （A）2 或 $\dfrac{1}{3}$ （B）$\dfrac{1}{2}$ 或 3   （C）$\dfrac{1}{2}$ （D）$\dfrac{3}{2}$ （E）3

二、条件充分性判断题

1. 已知 a，b，c 均是非零实数，有 $a\left(\dfrac{1}{b} + \dfrac{1}{c}\right) + b\left(\dfrac{1}{a} + \dfrac{1}{c}\right) + c\left(\dfrac{1}{a} + \dfrac{1}{b}\right) = -3$.

  （1）$a + b + c = 0$.   （2）$a + b + c = 1$.

2. 已知 a，b，c 均是不等于零的实数，有 $\dfrac{1}{b^2 + c^2 - a^2} + \dfrac{1}{c^2 + a^2 - b^2} + \dfrac{1}{a^2 + b^2 - c^2} = 0$.

  （1）$a + b + c = 0$.   （2）$a^2 = b^2 = c^2$.

3. $\dfrac{x^4 - 33x^2 - 40x + 244}{x^2 - 8x + 15} = 5$ 成立.

  （1）$x = \sqrt{19 - 8\sqrt{3}}$.   （2）$x = \sqrt{19 + 8\sqrt{3}}$.

4. $2m^3 - 5m^2 - 3 + \dfrac{3}{m^2+1}$ 的值是 -1.

　　（1）实数 m 是方程 $x^2 - 3x + 1 = 0$ 的根.　　　（2）实数 m 是方程 $x^2 + 3x - 1 = 0$ 的根.

5. $\dfrac{(a^2 - 4a + 4)(a^3 - 2)}{a^3 - 6a^2 + 12a - 8} - \dfrac{(a+1)(a^2 - a + 1)}{a - 2}$ 的值是正整数.

　　（1）$a = 1$.　　　　　　　　　　　　　　　（2）$a = -1$.

6. $x^3 + y^3 + z^3 + mxyz$ 能被 $x + y + z$ 整除（$xyz \neq 0$，$x + y + z \neq 0$）.

　　（1）$y + z = 0$.　　　　　　　　　　　　　（2）$m = -3$.

7. $\sqrt[3]{20 + 14\sqrt{2}} + \sqrt[3]{20 - 14\sqrt{2}} = k$.

　　（1）$k = 4$.　　　　　　　　　　　　　　　（2）$k = 3$.

8. $\left| 4x^2 - 5x + 1 \right| - 4\left| x^2 + 2x + 2 \right| + 3x + 7 = -20100$.

　　（1）$x = 2010$.　　　　　　　　　　　　　（2）$x = 2012$.

9. 关于 x 的方程 $a^2 x^2 - (3a^2 - 8a)x + 2a^2 - 13a = 15$ 至少有一个整数根.

　　（1）$a = 3$.　　　　　　　　　　　　　　　（2）$a = 5$.

10. 多项式 $2x^3 + ax^2 + 1$ 可分解因式为三个一次因式的乘积.

　　（1）$a = -5$.　　　　　　　　　　　　　　（2）$a = -3$.

11. 已知 a、b、c 为互不相等的非零实数，则 a，b，c 成等差数列.

　　（1）$(a - c)^2 = 4(b - a)(c - b)$.　　　　　（2）$(a - c)^2 = -4(b + a)(c + b)$.

答案速查

第二节	1～5　EED（①A②D）（①C②D）　6～10　ACDDB　11～15　CACEE　16～20　BCBCE 21～24　（①B②B③A④B）EDB　27～30　CAEC　31～35　BBBEC				
第三节	1～5　CEEAD　6～10　DECDB　11～15　ADBCA　16～20　EBDDE 21～25　DCCAD　26～29　BBDB				
第四节	一、1～5　CDABA　6～10　ADDBD　11～14　CBDA				
	二、1～5　ABABC　6～10　DAADD　11～13　DAB				
第五节	一、1～5　CECDA　6～10　BBDAE　11～15　ECCEE　16～20　BEEDB				
	二、1～5　AADAD　6～10　DAABD　11　A				

第四章　方程与不等式

第一节　考试解读

一、大纲考点

1. 代数方程

（1）一元一次方程

（2）一元二次方程

（3）二元一次方程组

2. 不等式

（1）不等式的性质

（2）均值不等式

（3）不等式求解

一元一次不等式（组），一元二次不等式，简单绝对值不等式，简单分式不等式.

二、大纲解读

本章的核心主要围绕相等关系（方程）和不等关系（不等式），而方程是不等式的基础. 本章的定理较多，比如要掌握韦达定理和平均值定理，所以在学习时需能够灵活应用这些定理. 本章的重要考点为：一元二次方程、均值不等式、一元二次不等式、绝对值不等式.

三、历年真题考试情况

考试年份	考题	分值	题型	考点分布
2013 年	1	3	条件充分性判断 1 个	方程实根的情况
2014 年	2	6	问题求解 1 个，条件充分性判断 1 个	绝对值不等式空集，方程有实根
2015 年	1	3	条件充分性判断 1 个	表达式大小比较
2016 年	1	3	条件充分性判断 1 个	表达式最小值
2017 年	1	3	问题求解 1 个	绝对值不等式解集
2018 年	1	3	条件充分性判断 1 个	绝对值不等式及其范围
2019 年	1	3	条件充分性判断 1 个	方程有无实根
2020 年	3	9	问题求解 1 个 条件充分性判断 2 个	绝对值，最值
2021 年	1	3	问题求解 1 个	绝对值方程
2023 年预测	1	3	条件充分性判断 1 个	绝对值不等式，方程根

四、考试地位及预测

根据历年的考试规律发现，方程和不等式是建立数学表达式关系的基本问题，尤其在应用题中，往往要借助方程或不等式来进行求解．未来的考题方向主要围绕：一个基本（根与解集），两个定理（韦达定理与平均值定理），三个应用（最值、不定方程、线性规划）．本章历年主要考查三个方面：

（1）考查计算型的题目，主要围绕方程的根与不等式的解集展开；

（2）利用不等式的性质求解最值，尤其应用题里面的最值问题；

（3）考查较高层次的应用，比如不定方程与不定不等式（线性规划问题）．

五、数字化导图

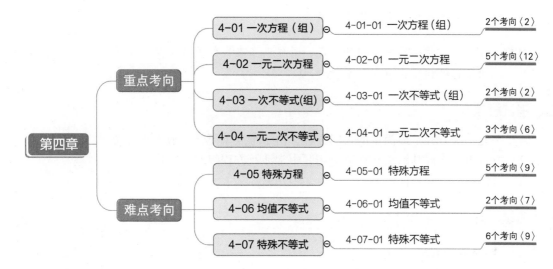

六、备考建议

本部分重点是一元二次方程、均值不等式、一元二次不等式、简单绝对值不等式．本部分是数学解题的基础，因为很多其他章节的题目都需要用方程或不等式来分析．

第二节　重点考向

模块 4-01 一次方程（组）

考点 4-01-01 ╱ 一次方程（组）

一、考点讲解

1. 概念

含有一个未知数，且未知数的最高次数是 1 的方程，称为一元一次方程．

其一般形式为 $ax = b(a \neq 0)$，方程的解为 $x = \dfrac{b}{a}$.

2. 方程组

二元一次方程组的形式是 $\begin{cases} a_1 x + b_1 y = c_1 \\ a_2 x + b_2 y = c_2 \end{cases}$，采用消元法或代入法求解.

有三种解的情况：

（1）如果 $\dfrac{a_1}{a_2} \neq \dfrac{b_1}{b_2}$，则方程组有唯一解 (x, y).

（2）如果 $\dfrac{a_1}{a_2} = \dfrac{b_1}{b_2} = \dfrac{c_1}{c_2}$，则方程组有无穷多解.

（3）如果 $\dfrac{a_1}{a_2} = \dfrac{b_1}{b_2} \neq \dfrac{c_1}{c_2}$，则方程组无解.

> **注意** 可以将二元一次方程组的情况，看作两条直线的位置关系. 上述三种情况分别对应两条直线相交、重合、平行.

二、考试解读

（1）一元一次方程是最简单的入门方程，由于考点单薄，一般不直接命题.
（2）方程组要掌握其解法，在解应用题中常涉及方程组.
（3）考试频率级别：低.

三、命题方向

考向 1　一元一次方程

- **思　路**　一元一次方程通过移项变形，转化为标准形式 $ax = b$，然后再分析求解.

[例1] 某学生在解方程 $\dfrac{ax+1}{3} - \dfrac{x+1}{2} = 1$ 时，误将式中的 $x+1$ 看成 $x-1$，得出的解为 $x = 1$，那么 a 的值和原方程的解应是（　　）.
（A）$a = 1$，$x = 7$　　　　（B）$a = 2$，$x = 5$　　　　（C）$a = 2$，$x = 7$
（D）$a = 5$，$x = 2$　　　　（E）$a = 5$，$x = \dfrac{1}{7}$

考向 2　二元一次方程组

- **思　路**　遇到方程组，可以用消元法求解未知数的值，此外，如果两个方程组同解，那么其中的方程重新组合成方程组后，仍与原方程同解，故下题先将不含参数的两个方程重新组合，求出 x 和 y 的值后，再求出参数值.

[例2] 若 $\begin{cases} x + 3y = 7 \\ \beta x + \alpha y = 1 \end{cases}$ 与 $\begin{cases} 3x - y = 1 \\ \alpha x + \beta y = 2 \end{cases}$ 有相同的解，则 $(\alpha + \beta)^{2019} = （　　）.$
（A）1　　　　（B）-1　　　　（C）2　　　　（D）-2　　　　（E）3

模块 4-02 一元二次方程

考点 4-02-01 一元二次方程

一、考点讲解

1. 概念

只含一个未知数，且未知数的最高次数是 2 的方程，称为一元二次方程.

其一般形式为 $ax^2 + bx + c = 0 (a \neq 0)$.

2. 一元二次方程根的情况

令 $\Delta = b^2 - 4ac$，此方程的解将依 Δ 值的不同分为如下三种情况：

① 当 $\Delta > 0$ 时，方程有两个不等实根，根的表达式为 x_1，$x_2 = \dfrac{-b \pm \sqrt{\Delta}}{2a}$.

② 当 $\Delta = 0$ 时，方程有两个相等实根 x_1，$x_2 = -\dfrac{b}{2a}$.

③ 当 $\Delta < 0$ 时，方程无实根.

由于 Δ 在判断一元二次方程的解的三种情况时的重要作用，称 $\Delta = b^2 - 4ac$ 为一元二次方程的判别式.

3. 一元二次方程的解法

（1）十字相乘因式分解法

先用十字相乘进行分解，分解后可以求出方程的根.

（2）求根公式法

如果无法用十字相乘分解，可以套用求根公式：x_1，$x_2 = \dfrac{-b \pm \sqrt{\Delta}}{2a}$.

4. 根与系数的关系（韦达定理）

x_1，x_2 是方程 $ax^2 + bx + c = 0 (a \neq 0)$ 的两个根，则

$$\begin{array}{|c|}\hline x_1,\ x_2 \text{ 是方程} \\ ax^2 + bx + c = 0 (a \neq 0) \\ \text{的两根} \\ \hline \end{array} \Longleftrightarrow \begin{array}{|c|}\hline x_1 + x_2 = -\dfrac{b}{a} \\ x_1 \cdot x_2 = \dfrac{c}{a} \\ \hline \end{array}$$

5. 韦达定理的扩展应用

【利用韦达定理可以求出关于两个根的对称轮换式的数值】

（1）$\dfrac{1}{x_1} + \dfrac{1}{x_2} = \dfrac{x_1 + x_2}{x_1 x_2}$

（2）$\dfrac{1}{x_1^2} + \dfrac{1}{x_2^2} = \dfrac{(x_1 + x_2)^2 - 2x_1 x_2}{(x_1 x_2)^2}$

（3）$|x_1 - x_2| = \sqrt{(x_1 - x_2)^2} = \sqrt{(x_1 + x_2)^2 - 4x_1 x_2}$

（4）$x_1^2 + x_2^2 = (x_1 + x_2)^2 - 2x_1 x_2$

(5) $x_1^2 - x_2^2 = (x_1 + x_2)(x_1 - x_2)$

(6) $x_1^3 + x_2^3 = (x_1 + x_2)(x_1^2 - x_1 x_2 + x_2^2) = (x_1 + x_2)\left[(x_1 + x_2)^2 - 3x_1 x_2\right]$

二、考试解读

(1) 一元二次方程要掌握根的情况及解法，会解常见的一元二次方程.

(2) 一元二次方程与抛物线可以结合命题.

(3) 一元二次方程是代数中非常重要的方程，很多题目都需要用此方程计算.

(4) 考试频率级别：高.

三、命题方向

考向 1　方程的概念

● **思　路**　根据方程的元和次的概念求解待定参数.

[例3] 当 m 为(　　)时，$(m-5)x^{m^2-6m+7} + (m^3 + 2m^2 + m)x + 1 = 0$ 为一元二次方程.

(A) 1　　　　(B) 2　　　　(C) -1　　　　(D) -2　　　　(E) 0

考向 2　方程实根的情况

● **思　路**　根据判别式的符号来分析有无实根及实根的个数，注意判别式为 0 时，仍然是两个实根，只不过是相等的两个实根.

[例4] 已知关于 x 的一元二次方程 $k^2 x^2 - (2k+1)x + 1 = 0$ 有两个相异实根，则 k 的取值范围为(　　).

(A) $k > -\dfrac{1}{4}$　　　　(B) $k \geqslant -\dfrac{1}{4}$　　　　(C) $k > -\dfrac{1}{4}$ 且 $k \neq 0$

(D) $k \geqslant -\dfrac{1}{4}$ 且 $k \neq 0$　　　　(E) $k \leqslant -\dfrac{1}{4}$

考向 3　韦达定理

● **思　路**　套用韦达定理的相关公式和形式进行分析即可. 因为韦达定理对实根和虚根都适用，如果题目要求实根，用完韦达定理记得验证判别式.

[例5] 若方程 $x^2 + px + q = 0$ 的一个根是另一个根的 2 倍，则 p 和 q 应满足(　　).

(A) $p^2 = 4q$　　　　(B) $2p^2 = 9q$　　　　(C) $4p = 9q^2$

(D) $2p = 3q^2$　　　　(E) $2p = 9q^2$

[例6] 设方程 $3x^2 + mx + 5 = 0$ 的两个实根 x_1，x_2 满足 $\dfrac{1}{x_1} + \dfrac{1}{x_2} = 2$，则 m 的值为(　　).

(A) 5　　　　(B) -10　　　　(C) 10　　　　(D) -5　　　　(E) 2

[例7] 已知 $2x^2 - 3x - 1 = 0$ 的根是 x_1，x_2，那么 $|x_1 - x_2|$ 的值应为(　　).

(A) $\dfrac{\sqrt{17}}{2}$　　(B) $-\dfrac{\sqrt{17}}{2}$　　(C) $\dfrac{\sqrt{17}}{3}$　　(D) $-\dfrac{\sqrt{17}}{3}$　　(E) $\dfrac{\sqrt{17}}{4}$

[例8] 已知关于 x 的一元二次方程 $x^2 - 2\left(m - \dfrac{1}{2}\right)x + m^2 - 2 = 0$ 的两个实根是 x_1，x_2，且

$x_1^2 - x_1 x_2 + x_2^2 = 12$，则 m 的值为（　　）.

(A) 5 或 -1　　(B) 5　　　　(C) -1　　　　(D) 0　　　　(E) -5

[例 9] 已知 m 是正实数，关于 x 的方程 $2x^2 - mx - 30 = 0$ 的两根是 x_1，x_2，且 $5x_1 + 3x_2 = 0$，则 m 的值为（　　）.

(A) 1　　　　(B) 2　　　　(C) 3　　　　(D) 4　　　　(E) 5

[例 10] 已知 a，b，c 三个数既成等差数列又成等比数列，设 α，β 是方程 $ax^2 + bx - c = 0$ 的两个根，且 $\alpha > \beta$，则 $\alpha^3\beta - \alpha\beta^3 = $（　　）.

(A) $\sqrt{5}$　　(B) $\sqrt{2}$　　(C) $\sqrt{3}$　　(D) $\sqrt{7}$　　(E) $\sqrt{11}$

[例 11] $3x^2 + bx + c = 0 (c \neq 0)$ 的两个根为 α，β. 如果以 $\alpha + \beta$，$\alpha\beta$ 为根的一元二次方程是 $3x^2 - bx + c = 0$，则 b 和 c 分别为（　　）.

(A) 2，6　　(B) 3，4　　(C) -2，-6　　(D) -3，-6　　(E) -3，6

[例 12] 已知二次方程 $x^2 - 2ax + 10x + 2a^2 - 4a - 2 = 0$ 有实根，则其两根之积的最小值为（　　）.

(A) -4　　(B) -3　　(C) -2　　(D) -1　　(E) -6

考向 4　方程根的符号

- **思　路**　利用韦达定理来分析根的符号，比如两正根、两负根等，此外要注意用完韦达定理要验证判别式，这是命题的陷阱.

[例 13]（条件充分性判断）方程 $4x^2 + (a-2)x + a - 5 = 0$ 有两个不等的负实根.

(1) $5 < a < 6$.　　　　　　　　　　　　(2) $a > 14$.

考向 5　方程根的范围

- **思　路**　遇到根的取值范围的题目，要画出抛物线图像，根据与 x 轴的交点位置来分析，注意不要用韦达定理分析.

[例 14] 若关于 x 的二次方程 $mx^2 - (m-1)x + m - 5 = 0$ 有两个实根 a，β，且满足 $-1 < \alpha < 0$ 和 $0 < \beta < 1$，则 m 的取值范围是（　　）.

(A) $3 < m < 4$　　　　　(B) $4 < m < 5$　　　　　(C) $5 < m < 6$

(D) $m > 6$ 或 $m < 5$　　(E) $m > 5$ 或 $m < 4$

模块 4-03　一次不等式（组）

考点 4-03-01　一次不等式（组）

一、考点讲解

1. 不等式的定义

用不等号连接的两个（或两个以上）解析式称为不等式，使不等式成立的未知数的取值称为不等式的解（不等号包括 >、<、≤、≥、≠ 五种）.

2. 不等式的分类

按照不等式的解的情况可以将不等式分为以下三类：

（1）绝对不等式：解集为 **R** 的不等式；

（2）条件不等式：解集为实数集的非空真子集的不等式；

（3）矛盾不等式：解集为空集的不等式.

3. 不等式的基本性质（注意推导关系，有的无法逆推）

（1）传递性：

$$\left.\begin{cases} a > b \\ b > c \end{cases}\right\} \Rightarrow a > c.$$

（2）同向相加性：

$$\left.\begin{matrix} a > b \\ c > d \end{matrix}\right\} \Rightarrow a + c > b + d.$$

（3）同向皆正相乘性：

$$\left.\begin{matrix} a > b > 0 \\ c > d > 0 \end{matrix}\right\} \Rightarrow ac > bd.$$

（4）同号倒数性：

$$a > b > 0 \Leftrightarrow \frac{1}{b} > \frac{1}{a} > 0; \quad a < b < 0 \Leftrightarrow \frac{1}{b} < \frac{1}{a} < 0.$$

（5）皆正乘（开）方性：

$$a > b > 0 \Rightarrow a^n > b^n > 0, \sqrt[n]{a} > \sqrt[n]{b} > 0 \ (n \in \mathbf{Z}_+).$$

二、考试解读

（1）一次不等式看似简单，其实很容易出错，要结合基本性质进行化简.

（2）一次不等式用于比较大小和变量分析.

（3）不等式的难点在于不要扩大求解范围，即产生失真现象.

（4）考试频率级别：低.

三、命题方向

> **考向 1　不等式的性质**
>
> ● **思　路**　出现不等式大小比较时，要结合不等式的性质进行分析，尤其遇到分式不等式或绝对值不等式大小比较时，不要出错.

[例15] 若 $\frac{1}{a} < \frac{1}{b} < 0$，给出下列不等式：① $\frac{1}{a+b} < \frac{1}{ab}$；② $|a| + b > 0$；③ $a - \frac{1}{a} > b - \frac{1}{b}$；④ $\ln a^2 > \ln b^2$. 其中正确的不等式是(　　).

（A）①④　　（B）②③　　（C）①③　　（D）②④　　（E）①②

> **考向 2　一元一次不等式（组）**
>
> ● **思　路**　解出每一个不等式，根据交集的情况得到不等式组的解集.

[例16] 不等式组 $\begin{cases} x-1\leqslant a^2 \\ x-4\geqslant 2a \end{cases}$ 有解，则实数 a 的取值范围是(   ).

(A) $-1\leqslant a\leqslant 3$　　　　(B) $a\leqslant -1$ 或 $a\geqslant 3$　　　(C) $a<-1$ 或 $a>3$

(D) $-1<a<3$　　　　(E) $a\leqslant -3$ 或 $a\geqslant 1$

模块 4-04 一元二次不等式

考点4-04-01 一元二次不等式

一、考点讲解

1. 一元二次不等式的标准形式

$$ax^2+bx+c>0(\text{或}<0).$$

其他非标准形式的不等式可以通过等价变形转化为标准形式.

2. 解一元二次不等式的步骤

①先化成标准型：$ax^2+bx+c>0$（或 <0），且 $a>0$；
②计算对应方程的判别式 Δ；
③求对应方程的根；
④利用口诀"大于零在两边，小于零在中间"写出解集.

3. 函数、方程、不等式的关系

常说的三个"二次"即指二次函数、一元二次方程和一元二次不等式，这三者之间有着密切的联系，这种联系可以成为关键命题点. 处理其中某类问题时，要产生对于另外两个"二次"的联想，或进行转化，或帮助分析. 具体到解一元二次不等式时，就是要善于利用相应的二次函数的图像进行解题分析，要能抓住一元二次方程的根与一元二次不等式的解集区间的端点值的联系.

	$\Delta>0$	$\Delta=0$	$\Delta<0$
二次函数 $y=ax^2+bx+c$ $(a>0)$ 的图像	$y=ax^2+bx+c$	$y=ax^2+bx+c$	$y=ax^2+bx+c$
一元二次方程 $ax^2+bx+c=0$ $(a>0)$ 的根	有两相异实根 x_1，$x_2(x_1<x_2)$	有两相等实根 $x_1=x_2=-\dfrac{b}{2a}$	无实根
$ax^2+bx+c>0$ $(a>0)$ 的解集	$\{x\mid x<x_1\text{ 或 }x>x_2\}$	$\left\{x\mid x\neq -\dfrac{b}{2a}\right\}$	$\mathbf{R}$

（续）

	$\Delta > 0$	$\Delta = 0$	$\Delta < 0$
$ax^2 + bx + c < 0$ $(a > 0)$的解集	$\{x \mid x_1 < x < x_2\}$	$\varnothing$	$\varnothing$

二、考试解读

（1）一元二次不等式非常重要，因为其他考点的计算求解也需要解不等式．

（2）可以将二次函数、方程、不等式三者结合起来进行学习，这样可更加系统掌握它们的内在关系．

（3）不等式要注意解集为任意实数或者解集为空集的特殊情况．

（4）考试频率级别：高．

三、命题方向

考向 1　已知不等式，求解集

● **思　路**　若已知不等式，先分解因式，求出根，再写解集．对于含有参数的不等式，要先判断两根的大小，再写解集．

[例17] 不等式 $x^2 - 3x + 2 < 0$ 的解集是（　　）．
(A) $\{x \mid x < -2 \text{ 或 } x > -1\}$　　(B) $\{x \mid x < 1 \text{ 或 } x > 2\}$
(C) $\{x \mid 1 < x < 2\}$　　(D) $\{x \mid -2 < x < -1\}$
(E) $\{x \mid -1 < x < 2\}$

[例18] 一元二次不等式 $3x^2 - 4ax + a^2 < 0 (a < 0)$ 的解集是（　　）．

(A) $\dfrac{a}{3} < x < a$　　(B) $x > a \text{ 或 } x < \dfrac{a}{3}$　　(C) $a < x < \dfrac{a}{3}$

(D) $x > \dfrac{a}{3} \text{ 或 } x < a$　　(E) $a < x < 3a$

考向 2　已知解集求参数

● **思　路**　若已知不等式的解集，解集的端点值是对应方程的根，代入原方程，就可以求出参数了．

[例19] 若不等式 $5x^2 - bx + c < 0$ 的解集为 $\{x \mid -1 < x < 3\}$，则 $b + c$ 的值为（　　）．
(A) 5　　　(B) -5　　　(C) -25　　　(D) 10　　　(E) 15

考向 3　解集为任意实数或空集

● **思　路**　对于一元二次不等式 $ax^2 + bx + c < 0$（或 >0）解集为任意实数的充要条件是：$\begin{cases} a < 0 \ (\text{或} > 0) \\ \Delta < 0 \end{cases}$．

注　意　若系数 a 中含有参数，不要忘记讨论系数 a 为 0 的情况．

[例20] 已知关于 x 的二次不等式 $ax^2 + (a-1)x + a - 1 < 0$ 的解集为 **R**，则 a 的取值范围是（　　）．

(A) $a < \dfrac{1}{3}$ (B) $a > \dfrac{1}{3}$ (C) $a < -\dfrac{1}{3}$

(D) $a > -\dfrac{1}{3}$ (E) $a > -3$

[例 21] 已知 $(a^2 - 1)x^2 - (a - 1)x - 1 \geqslant 0$ 的解集为空集，则实数 a 的取值范围中包含（ ）个整数.

(A) 0   (B) 1   (C) 2   (D) 3   (E) 无穷多

[例 22] 若不等式 $\dfrac{2x^2 + 2kx + k}{4x^2 + 6x + 3} < 1$ 对于一切实数 x 都成立，则实数 k 的范围中包含（ ）个整数.

(A) 0   (B) 1   (C) 2   (D) 3   (E) 无穷多

第三节　难点考向

模块 4-05 特殊方程

考点 4-05-01　特殊方程

一、考点讲解

1. 绝对值方程

常用处理绝对值的方法：

（1）分段讨论法

根据绝对值的正负情况来分类讨论，其缺点是运算量较大，只有当绝对值比较简单时，才分段讨论求解.

（2）平方法

采用平方来去掉绝对值，利用公式 $|x|^2 = x^2$ 来分析求解，平方法的缺点是次方升高，一般结合平方差公式来转移此缺点.

（3）图像法

图像法比较直观，通过上一章里面的常见绝对值图像来分析.

2. 分式方程

解分式方程的步骤是：方程两边都乘以最简公分母，将分式方程转化为整式方程，求出根以后，要验证原分式的分母是否有意义.

注意 增根的产生：分式方程本身隐含着分母不为 0 的条件，当把分式方程转化为整式方程后，方程中未知数允许取值的范围扩大了，如果转化后的整式方程的根恰好使原方程中分母的值为 0，就会出现不适合原方程的根——增根；因为解分式方程可能出现增根，所以解分式方程必须验根.

3. 无理方程

解无理方程，一般通过方程两边同时乘方，使之转化为有理方程，从而求出方程的解，求完以后要验证根号是否有意义.

> **注意** 解无理方程时, 由于方程两边同时乘方, 未知数的取值范围可能会扩大, 有产生增根的可能. 因此, 最后必须进行验根.

4. 指数或对数方程

一般遇到指数或对数方程, 都要先经过换元, 转化成常见的一元二次方程进行讨论分析, 在换元的过程中, 一定要注意换元前后变量的取值范围的变化.

> **注意** 在解对数方程的时候, 还要验证定义域.

二、考试解读

(1) 重点掌握绝对值方程, 出题频率较高.
(2) 分式方程、无理方程、对数方程解完都要验证原方程是否有意义.
(3) 考试频率级别: 中.

三、命题方向

考向 1　绝对值方程

● **思　路**　遇到绝对值方程, 如果分段讨论运算量会比较大. 可通过图像来分析交点的情况, 从而得到方程根的情况. 对于双层绝对值, 要先讨论内部绝对值, 由内及外进行求根.

[例1] 方程 $|x-|2x+1||=4$ 的所有实根之积为(　　).
(A) -5　　(B) 5　　(C) 3　　(D) -3　　(E) 4

[例2] 关于方程 $|9x^2-6x|=1$ 的根, 下列说法正确的为(　　).
(A) 只有一个正实根　　(B) 只有两个负实根
(C) 共有 4 个不相等的实根　　(D) 有一个正根和一个负根
(E) 只有一个负实根

考向 2　分式方程

● **思　路**　解分式方程的关键是: 方程两边都乘以最简公分母将分式方程转化为整式方程. 解完以后注意验证分母是否有意义.

[例3] 分式方程 $\dfrac{2x^2-2}{x-1}+\dfrac{6x-6}{x^2-1}=7$ 有(　　)个实根.
(A) 0　　(B) 1　　(C) 2　　(D) 3　　(E) 4

[例4] 已知关于 x 的方程 $\dfrac{1}{x^2-x}+\dfrac{k-5}{x^2+x}=\dfrac{k-1}{x^2-1}$ 无解, 那么 $k=(\ \ )$.
(A) 3 或 6　　(B) 6 或 9　　(C) 3 或 9　　(D) 3、6 或 9　　(E) 1 或 3

考向 3　无理方程

● **思　路**　解无理方程, 一般通过方程两边同时乘方, 使之转化为有理方程, 从而求出方程的解. 注意: 解无理方程时, 由于方程两边同时乘方, 未知数的取值范围可能会扩大, 有产生增根的可能. 因此, 最后必须进行验根.

[例5] 无理方程 $\sqrt{2x+1} - \sqrt{x-3} = 2$ 的所有实根之积为(　　).

(A) 12　　　(B) 14　　　(C) 24　　　(D) 36　　　(E) 48

考向 4　指数方程

思　路　一般遇到指数方程的问题,先统一形式,再经过换元,转化成常见的一元二次方程进行讨论分析. 在换元的过程中,一定要注意换元前后变量的取值范围的变化.

[例6] 关于 x 的方程 $4^{1-|x-1|} - 9 \times 2^{-|x-1|} + 2 = 0$ 所有实根之积为(　　).

(A) 3　　　(B) 2　　　(C) -2　　　(D) -3　　　(E) 4

[例7] 方程 $4^{x-\frac{1}{2}} + 2^x = 1$,则(　　).

　　(A) 方程有两个正实根　　　　　　(B) 方程只有一个正实根

　　(C) 方程只有一个负实根　　　　　　(D) 方程有一正一负两个实根

　　(E) 方程有两个负实根

[例8] 方程 $(\sqrt{2}+1)^x + (\sqrt{2}-1)^x = 6$ 的所有实根之积为(　　).

(A) 2　　　(B) 4　　　(C) -2　　　(D) -4　　　(E) 8

考向 5　对数方程

思　路　一般遇到对数方程,先用公式统一形式,再经过换元,转化成常见的一元二次方程进行讨论分析. 在换元的过程中,一定要注意换元前后变量的取值范围的变化. 尤其还要注意对数的定义域.

[例9] 方程 $\log_x 25 - 3\log_{25} x + \log_{\sqrt{x}} 5 - 1 = 0$ 的所有实根之积为(　　).

(A) $\dfrac{1}{25}$　　　(B) $\sqrt[3]{5}$　　　(C) $\dfrac{\sqrt[3]{5}}{5}$　　　(D) $\dfrac{1}{\sqrt[3]{5}}$　　　(E) $5\sqrt[3]{5}$

模块 4-06　均值不等式

考点 4-06-01　均值不等式

一、考点讲解

1. 算术平均值

设有 n 个数 $x_1, x_2, \cdots, x_n$,称 $\overline{x} = \dfrac{x_1 + x_2 + \cdots + x_n}{n}$ 为这 n 个数的算术平均值,简记为

$$\overline{x} = \frac{\sum\limits_{i=1}^{n} x_i}{n}.$$

2. 几何平均值

设有 n 个正数 $x_1, x_2, \cdots, x_n$,称 $x_g = \sqrt[n]{x_1 x_2 \cdots x_n}$ 为这 n 个正数的几何平均值,简记为

$$x_g = \sqrt[n]{\prod_{i=1}^{n} x_i}.$$

注意 几何平均值是对于正数而言的.

3. 基本定理

当 x_1, x_2, $\cdots$, x_n 为 n 个正数时，它们的算术平均值不小于它们的几何平均值，即

$$\frac{x_1 + x_2 + \cdots + x_n}{n} \geq \sqrt[n]{x_1 x_2 \cdots x_n} \; (x_i > 0, \; i = 1, \; \cdots, \; n)$$

当且仅当 $x_1 = x_2 = \cdots = x_n$ 时，等号成立.

评注 平均值定理的本质是研究"和"与"积"的大小关系. 即 $\dfrac{和}{n} \geq \sqrt[n]{积}$.

4. 最值应用

（1）当乘积为定值时，和有最小值：和 $\geq n\sqrt[n]{积}$.

（2）当和为定值时，乘积有最大值：积 $\leq \left(\dfrac{和}{n}\right)^n$.

5. 特殊情况

当 $n = 2$ 时，$a + b \geq 2\sqrt{ab}\,(a, \; b > 0)$；尤其 $a + \dfrac{1}{a} \geq 2\,(a > 0)$ 即对于正数而言，互为倒数的两个数之和不小于 2，且当 $a = 1$ 时取得最小值 2.

二、考试解读

（1）平均值定理难度较大，比较灵活，要充分理解公式才能够正确使用公式.

（2）平均值定理的本质是比较和与积的大小关系，可以用于求解表达式最值.

（3）n 个正数的算术平均值与几何平均值相等时，则这 n 个正数相等，且等于算术平均值或几何平均值.

（4）考试频率级别：高.

三、命题方向

考向 1　平均值的基本概念

• **思　路**　掌握算术平均值和几何平均值的计算公式和方法.

[例10] 如果一组数据 5, x, 3, 4 的算术平均值是 5，那么 $x = ($ 　　 $)$.
　　(A) 2　　　(B) 4　　　(C) 6　　　(D) 8　　　(E) 9

[例11] 如果一组数据 2, x, 1, 4 的几何平均值是 2，那么 $x = ($ 　　 $)$.
　　(A) 2　　　(B) 4　　　(C) 6　　　(D) 8　　　(E) 9

[例12] 如果 x_1, x_2, x_3 的算术平均值为 5，则 $x_1 + 2$, $x_2 - 3$, $x_3 + 6$ 与 8 的算术平均值为 $($ 　　 $)$.
　　(A) $3\dfrac{1}{4}$　　(B) 6　　　(C) 7　　　(D) $9\dfrac{1}{5}$　　(E) $7\dfrac{1}{2}$

考向2 平均值定理求最值

• 思 路 先验证给定函数是否满足最值三条件：①各项均为正，②乘积（或者和）为定值，③等号能否取到；然后利用平均值公式求出最值. 可总结为口诀"一正二定三相等".

[例13] 若 x，$y \in \mathbf{R}_+$，且 $x + y = S$，$xy = P$，则下列命题中正确的是(   ).

(A) 当且仅当 $x = y$ 时，S 有最小值 $\sqrt{P}$

(B) 当且仅当 $x = y$ 时，P 有最大值 $\dfrac{S^2}{4}$

(C) 当且仅当 P 为定值时，S 有最小值 $\sqrt{P}$

(D) 若 S 为定值，则当且仅当 $x = y$ 时，P 有最大值 $\dfrac{S^2}{4}$

(E) 以上均不正确

[例14] 函数 $y = 3x + \dfrac{4}{x^2}(x > 0)$ 的最小值为(   ).

(A) $3\sqrt[3]{9}$ (B) $2\sqrt[3]{9}$ (C) $\sqrt[3]{9}$ (D) $4\sqrt[3]{9}$ (E) 6

[例15] (条件充分性判断) $a + b + c + d + e$ 的最大值是 133.

(1) a，b，c，d，e 是大于 1 的自然数，且 $abcde = 2700$.

(2) a，b，c，d，e 是大于 1 的自然数，且 $abcde = 2000$.

[例16] (条件充分性判断) $\dfrac{1}{a} + \dfrac{1}{b} + \dfrac{1}{c} > \sqrt{a} + \sqrt{b} + \sqrt{c}$.

(1) $abc = 1$.   (2) a，b，c 为不全相等的正数.

模块 4-07 特殊不等式

考点4-07-01   特殊不等式

一、考点讲解

1. 绝对值不等式

解绝对值不等式的基本思想是去掉绝对值符号，把含有绝对值号的不等式等价转化为不含绝对值号的不等式求解，常用的方法有：

(1) 分段讨论法

$$|f(x)| = \begin{cases} f(x) & f(x) \geq 0 \\ -f(x) & f(x) < 0 \end{cases}.$$

(2) 平方法

$$(|f(x)|)^2 = [f(x)]^2.$$

(3) 公式法

$$|f(x)| < a(a > 0) \Leftrightarrow -a < f(x) < a;$$
$$|f(x)| > a(a > 0) \Leftrightarrow f(x) < -a \text{ 或 } f(x) > a.$$

<u>扩展</u> $|f(x)| < g(x) \Leftrightarrow -g(x) < f(x) < g(x)(g(x)$ 为正$)$；

$$|f(x)| > g(x) \Leftrightarrow f(x) > g(x) \text{ 或 } f(x) < -g(x) (g(x) \text{ 为正}).$$

（4）图像法

如果画图比较容易，可以画出图像来分析.

2. 分式不等式

（1）简单分式不等式

①$\dfrac{x-a}{x-b} \geqslant 0 (a < b)$ 的解集为 $\{x \mid x \leqslant a \text{ 或 } x > b\}$.

②$\dfrac{x-a}{x-b} \leqslant 0 (a < b)$ 的解集为 $\{x \mid a \leqslant x < b\}$.

（2）其他分式不等式

分式不等式的解法一般通过移项整理成标准型 $\dfrac{f(x)}{g(x)} > 0$ 或 $\dfrac{f(x)}{g(x)} < 0$，再等价化成整式不等式来解.

①$\dfrac{f(x)}{g(x)} > 0 \Leftrightarrow f(x) \cdot g(x) > 0$.

②$\dfrac{f(x)}{g(x)} < 0 \Leftrightarrow f(x) \cdot g(x) < 0$.

③$\dfrac{f(x)}{g(x)} \geqslant 0 \Leftrightarrow \begin{cases} f(x)g(x) \geqslant 0 \\ g(x) \neq 0 \end{cases}$.

④$\dfrac{f(x)}{g(x)} \leqslant 0 \Leftrightarrow \begin{cases} f(x)g(x) \leqslant 0 \\ g(x) \neq 0 \end{cases}$.

最后再讨论各因子的符号或按数轴标根法写出解集.

3. 高次不等式——穿线法

"数轴穿线法"用于解一元高次不等式非常方便，其解题步骤如下：

①分解因式，化成若干个因式的乘积.

②作等价变形，便于判断因式的符号，例如：$x^2 + 1$，$x^2 + x + 1$，$x^2 - 3x + 5$ 等，这些因式的共同点是：无论 x 取何值，式子的代数值均大于零.

③由小到大，从左到右标出与不等式对应的方程的根.

④从右上角起，"穿针引线".

⑤重根的处理，依"奇穿偶不穿"原则.

⑥画出解集的示意区域，如图 4-1，从左到右写出解集.

$$f(x) = (x - x_1)(x - x_2) \cdots (x - x_n)$$

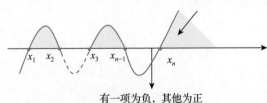

有一项为负，其他为正

图 4-1

遇零点变号，阴影部分为 $f(x) > 0$ 的解集.

评注 穿线法是先在数轴上标注出每个因式的零点，然后从右上方穿一条线，遇到零点就穿过一次，图像在数轴上方代表大于零，在数轴下方代表小于零. 需要注意的是，对于偶数次方的因式，该零点不穿透．另外在使用穿线法的时候，x 的系数都要转化为正数来分析．

4. 无理不等式

对于无理不等式，一般是通过平方转化为有理不等式进行求解．在求解时，注意根号要有意义．

5. 指数、对数不等式

遇到指数或对数不等式，结合单调性进行分析，或者换元转化为一般的不等式求解．

6. 柯西不等式

$(a^2+b^2)(c^2+d^2) \geq (ac+bd)^2$，当 $ad=bc$ 时，两边相等．

推导过程如下：$(a^2+b^2)(c^2+d^2)-(ac+bd)^2 = a^2c^2+a^2d^2+b^2c^2+b^2d^2-(a^2c^2+2abcd+b^2d^2) = a^2d^2-2abcd+b^2c^2=(ad-bc)^2 \geq 0$，故 $(a^2+b^2)(c^2+d^2) \geq (ac+bd)^2$．

二、考试解读

（1）绝对值方程或不等式比较灵活，难度较大，所以要重视解题方法．绝对值可以采用平方法、分段讨论法、画图法等来分析求解，根据不同的题目选取最佳方法．

（2）遇到分式不等式，不要轻易两边乘以分母，因为分母的正负情况未知，无法确定不等号是否改变．对于分式不等式，需要移项，然后转化为等价形式进行求解．

（3）分式不等式的难点主要在于分母．

（4）考试频率级别：低．

三、命题方向

考向 1　绝对值不等式

● **思　路**　当绝对值比较简单时，可以采用分段讨论求解．当绝对值内部次方较高时，采用公式法求解．当两边都有绝对值时，可以采用平方法求解．

［例 17］不等式 $x^2-x-5 > |2x-1|$ 的解集中包含（　　）个 10 以内的质数．

    （A）0　　　　（B）1　　　　（C）2　　　　（D）3　　　　（E）4

［例 18］解不等式 $|x^2-2x-3| > 2$．

［例 19］不等式 $|x^2-x-5| > |2x-1|$ 的解集中包含（　　）个 10 以内的质数．

    （A）0　　　　（B）1　　　　（C）2　　　　（D）3　　　　（E）4

考向 2　高次不等式

● **思　路**　遇到高次方可分解因式的不等式问题，一般方法是等价变形，采用简洁的穿线方法求解．

［例 20］分式不等式 $\dfrac{2x^2+x+14}{x^2+6x+8} \leq 1$ 的解集中包含（　　）个整数．

    （A）0　　　　（B）1　　　　（C）2　　　　（D）3　　　　（E）无穷多

考向 3　分式不等式

●　**思　路**　遇到分式不等式，要先移项，使右边为 0，然后再写解集.

[例 21] 不等式 $\dfrac{3x^2-2}{x^2-1}>1$ 的解集中包含(　　)个整数.

(A) 0　　　(B) 1　　　(C) 2　　　(D) 3　　　(E) 无穷多

考向 4　无理不等式

●　**思　路**　遇到无理不等式，先去掉根号，在遇到偶次方根时不要忘记定义域.

[例 22] 不等式 $\sqrt{3-x}-\sqrt{x+1}>1$ 的解集中包含(　　)个整数.

(A) 0　　　(B) 1　　　(C) 2　　　(D) 3　　　(E) 无穷多

考向 5　指数、对数不等式

●　**思　路**　遇到对数不等式，要注意两个问题，一个是对数的定义域，另一个是对数的单调性.

[例 23] 不等式 $\log_2\left(x+\dfrac{1}{x}+6\right)\leqslant 3$ 的解集中包含(　　)个整数.

(A) 0　　　(B) 1　　　(C) 4　　　(D) 6　　　(E) 无穷多

[例 24] 当关于 x 的方程 $\log_4 x^2=\log_2(x+4)-a$ 的根在区间 $(-2，-1)$ 内时，实数 a 的取值范围中包含(　　)个整数.

(A) 0　　　(B) 1　　　(C) 4　　　(D) 6　　　(E) 无穷多

考向 6　柯西不等式

●　**思　路**　遇到单独的平方和及混合项的平方时，采用柯西不等式分析.

[例 25] 已知实数 a，b，c，d 满足 $a^2+b^2=1$，$c^2+d^2=2$，则 $|ac+bd|$ 的最大值为 (　　).

(A) 1　　　(B) $\sqrt{2}$　　　(C) $\sqrt{3}$　　　(D) 2　　　(E) $\dfrac{\sqrt{2}}{2}$

关注作者新浪微博
获取更多复习指导

第四节　基础自测题

一、问题求解题

1. 已知方程 $3x^2+5x+1=0$ 的两个根为 α，β，则 $\sqrt{\dfrac{\beta}{\alpha}}+\sqrt{\dfrac{\alpha}{\beta}}=($　　$)$.

(A) $-\dfrac{5\sqrt{3}}{3}$　　(B) $\dfrac{5\sqrt{3}}{3}$　　(C) $\dfrac{\sqrt{3}}{5}$　　(D) $-\dfrac{\sqrt{3}}{5}$　　(E) $\dfrac{2\sqrt{3}}{5}$

2. 方程 $x^2-2x+c=0$ 的两根之差的平方等于 16，则 c 的值是(　　).

(A) 3　　　(B) -3　　　(C) 6　　　(D) 0　　　(E) 2

3. 方程 $(x^2+x-1)^{x+4}=1$ 的所有整数解的个数是 (　　).

(A) 2　　　(B) 3　　　(C) 4　　　(D) 5　　　(E) 1

4. 已知不等式 $(a+b)x+2a-3b<0$ 的解集为 $x\in\left(-\infty,\ -\dfrac{1}{3}\right)$，关于 x 的不等式 $(a-3b)x+b$ $-2a>0$ 的解集是(　　).

(A) $x\in(-6,\ -3)$　　　　　(B) $x\in(-\infty,\ -2)$　　　　　(C) $x\in(-\infty,\ -5)$

(D) $x\in(-\infty,\ -3)$　　　　　(E) $x\in(-5,\ -2)$

5. 一元一次不等式组 $\begin{cases} x+2>\dfrac{x-9}{6}+\dfrac{x+5}{2} \\ 6-\left(\dfrac{x-2}{4}+\dfrac{2}{3}\right)>\dfrac{x}{6} \end{cases}$ 的解集包含（　　）个整数.

(A) 16　　　(B) 15　　　(C) 14　　　(D) 13　　　(E) 12

6. 分式不等式 $\dfrac{3x+1}{x-3}<1$ 的解集包含（　　）个整数.

(A) 3　　　(B) 4　　　(C) 5　　　(D) 6　　　(E) 无穷多

7. 若 $a^2+11a+16=0$，$b^2+11b+16=0\,(a\neq b)$，则 $\sqrt{\dfrac{b}{a}}-\sqrt{\dfrac{a}{b}}=$（　　）.

(A) $\pm\dfrac{1}{4}\sqrt{57}$　　　　　(B) $\pm\dfrac{1}{4}\sqrt{56}$　　　　　(C) $\pm\dfrac{1}{4}\sqrt{55}$

(D) $\pm\dfrac{1}{4}\sqrt{54}$　　　　　(E) $\pm\dfrac{1}{4}\sqrt{53}$

8. 设 x_1，x_2 是方程 $x^2-2(k+1)x+k^2+2=0$ 的两个实数根，且 $(x_1+1)(x_2+1)=8$，则 k 的值是（　　）.

(A) 2　　　(B) 3　　　(C) 4　　　(D) 5　　　(E) 1

9. 已知 a，b 是方程 $x^2-4x+m=0$ 的两个根，b，c 是方程 $x^2-8x+5m=0$ 的两个根，则 $m=$（　　）.

(A) 0 或 3　　　(B) 1 或 5　　　(C) 0 或 5　　　(D) 1 或 2　　　(E) 2 或 5

10. 设 x_1，x_2 是关于 x 的一元二次方程 $x^2+ax+a=2$ 的两个实数根，则 $(x_1-2x_2)(x_2-2x_1)$ 的最大值为（　　）.

(A) 1　　　(B) $-\dfrac{63}{8}$　　　(C) $-\dfrac{63}{6}$　　　(D) $-\dfrac{63}{4}$　　　(E) 2

11. 已知方程 $x^2+5x+k=0$ 的两实根的差为 3，则实数 k 的值为(　　).

(A) 4　　　(B) 5　　　(C) 6　　　(D) 7　　　(E) 8

12. 关于 x 的方程 $\lg(x^2+11x+8)-\lg(x+1)=1$ 的解为(　　).

(A) 1　　　(B) 2　　　(C) 3　　　(D) 3 或 2　　　(E) 4

13. 已知方程 $ax+by=11$ 有两组解 $\begin{cases} x=5 \\ y=2 \end{cases}$ 和 $\begin{cases} x=1 \\ y=-4 \end{cases}$，则 $\log_9 a^b$ 为(　　).

(A) -1　　　(B) -5　　　(C) -7　　　(D) -1 或 -5　　(E) 1

14. 已知不等式 $x^2-ax+b<0$ 的解集是 $\{x\mid -1<x<2\}$，则不等式 $x^2+bx+a>0$ 的解集是(　　).

(A) $x\neq 3$　　　(B) $x\neq 2$　　　(C) $x\neq 1$　　　(D) $x\in\mathbf{R}$　　　(E) $x\neq -1$

15. 不等式 $2x^2 + (2a - b)x + b \geq 0$ 的解集为 $x \leq 1$ 或 $x \geq 2$，则 $a + b = ($ $)$.

    (A) 1   (B) 3   (C) 5   (D) 7   (E) 2

16. 若不等式 $ax^2 + bx + c < 0$ 的解集为 $-2 < x < 3$，则不等式 $cx^2 + bx + a < 0$ 的解集为($ $).

    (A) $x < -1$ 或 $x > \dfrac{1}{3}$ (B) $x < -\dfrac{1}{2}$ 或 $x > 1$

    (C) $x < -1$ 或 $x > 1$ (D) $x < -\dfrac{1}{2}$ 或 $x > \dfrac{1}{3}$ (E) $1 < x < 3$

17. 关于 x 的不等式组 $\begin{cases} \dfrac{2x+5}{3} > x - 5 \\ \dfrac{x+3}{2} < x + a \end{cases}$ 只有 5 个整数解，则 a 的取值范围包含 ($ $) 个整数.

    (A) 3   (B) 2   (C) 0   (D) 1   (E) 无穷多

二、条件充分性判断题

1. 若 $xy = -6$，那么 $xy(x + y)$ 的值可以唯一确定.

    (1) $x - y = 5$.   (2) $xy^2 = 18$.

2. $x^2 - y^2$ 的值可以唯一确定.

    (1) $x + y = 2x$.   (2) $x + y = 0$.

3. $x^2 y + xy^2$ 的值可以唯一确定.

    (1) $(\log_m x)^2 + 2\log_m x \log_m y + (\log_m y)^2 = \dfrac{1}{2}\log_m 2 \log_m 4$.

    (2) $x^3 - x^2 + 2x = 2$.

4. 一元二次方程 $ax^2 + bx + c = 0$ 的两实根满足 $x_1 x_2 < 0$.

    (1) $a + b + c = 0$，且 $a < b$.   (2) $a + b + c = 0$，且 $b < c$.

5. 能确定 $2m - n = 4$.

    (1) $\begin{cases} x = 2 \\ y = 1 \end{cases}$ 是二元一次方程组 $\begin{cases} mx + ny = 8 \\ nx - my = 1 \end{cases}$ 的解.

    (2) m, n 满足 $\begin{cases} 2m + n = 16 \\ m + 2n = 17 \end{cases}$.

6. 方程 $x^2 - 2mx + m^2 - 4 = 0$ 有两个不相等的正根.

    (1) $m > 4$.   (2) $m > 3$.

7. x 和 y 的算术平均值为 5，且 $\sqrt{x}$ 和 $\sqrt{y}$ 的几何平均值为 2.

    (1) $x = 4$，$y = 6$.   (2) $x = 2$，$y = 8$.

8. 可以确定某同学四门功课的总成绩.

    (1) 已知任意两门课的平均成绩.   (2) 已知四门功课的平均成绩.

9. 三个数 16，$2n - 4$，n 的算术平均数为 a，能确定 $18 \leq a \leq 21$.

    (1) $14 \leq n \leq 18$.   (2) $13 \leq n \leq 17$.

第五节　综合提高题

一、问题求解题

1. 已知不等式 $ax^2 + 4ax + 3 \geq 0$ 的解集为 **R**，则 a 的取值范围是(　　).

(A) $\left[-\dfrac{3}{4}, \dfrac{3}{4} \right]$ 　　　　(B) $\left[0, \dfrac{3}{4} \right]$ 　　　　(C) $\left(0, \dfrac{3}{4} \right]$

(D) $\left[0, \dfrac{3}{4} \right)$ 　　　　(E) $\left(0, \dfrac{3}{4} \right)$

2. 若分式 $\dfrac{2x^2 + 2kx + 3}{x^2 + x + 2}$ 的值恒大于 1，那么实数 k 的取值范围中包含 (　　) 个整数.

(A) 0 　　　(B) 1 　　　(C) 2 　　　(D) 3 　　　(E) 4

3. x_1，x_2 是方程 $x^2 - (k-2)x + k^2 + 3k + 5 = 0$ 的两个实根，则 $x_1^2 + x_2^2$ 的取值范围是(　　).

(A) $(-\infty, 19]$ 　　　　(B) $\left[\dfrac{50}{9}, 18 \right]$ 　　　　(C) $\left[\dfrac{25}{9}, 16 \right]$

(D) $\left[\dfrac{25}{9}, 18 \right]$ 　　　　(E) $\left[\dfrac{50}{9}, 16 \right]$

4. 关于 x 的方程 $x^2 - 6x + m = 0$ 的两实根为 α 和 β，且 $3\alpha + 2\beta = 20$，则 m 为(　　).
(A) 16 　　　(B) 14 　　　(C) -14 　　　(D) -16 　　　(E) 18

5. 已知 m，n 是方程 $x^2 - 3x + 1 = 0$ 的两个实根，则 $2m^2 + 4n^2 - 6n$ 的值为(　　).
(A) 4 　　　(B) 12 　　　(C) 15 　　　(D) 17 　　　(E) 18

6. 已知方程 $x^2 + ax + b = 0$ 的两实根之比为 $3:4$，判别式 $\Delta = 2$，则其两个实根的平方和为(　　).
(A) 50 　　　(B) 40 　　　(C) 45 　　　(D) 60 　　　(E) 30

7. 已知 x_1，x_2 是方程 $4x^2 - (3m-5)x - 6m^2 = 0$ 的两实根，且 $\left| \dfrac{x_1}{x_2} \right| = \dfrac{3}{2}$，$m$ 的值为(　　).
(A) 1 　　　(B) 5 　　　(C) 7 　　　(D) 1 或 5 　　　(E) 2

8. 已知方程 $x^3 - 2x^2 - 2x + 1 = 0$ 有三个根 x_1，x_2，x_3，其中 $x_1 = -1$，则 $|x_2 - x_3|$ 等于(　　).
(A) 2 　　　(B) 1 　　　(C) $\sqrt{5}$ 　　　(D) 3 　　　(E) $\sqrt{7}$

9. 已知方程 $x^3 + 2x^2 - 5x - 6 = 0$ 的根为 $x_1 = -1$，x_2，x_3，则 $\dfrac{1}{x_2} + \dfrac{1}{x_3}$ 的值是(　　).

(A) $\dfrac{1}{6}$ 　　(B) $\dfrac{1}{5}$ 　　(C) $\dfrac{1}{4}$ 　　(D) $\dfrac{1}{3}$ 　　(E) 1

10. 关于 x 的方程 $2^{2x+1} - 9 \cdot 2^x + 4 = 0$ 的解为(　　).
(A) 1 　　　(B) 2 　　　(C) -1 　　　(D) -1 或 2 　　　(E) 0

11. 若关于 x 的方程 $(m-2)x^2 - (3m+6)x + 6m = 0$ 有一正一负两实根，m 的取值范围是(　　).

(A) $-\dfrac{2}{5} \leq m < 0$ 　　　　(B) $-\dfrac{2}{5} \leq m < 1$ 　　　　(C) $-\dfrac{2}{5} \leq m < 2$

(D) $\dfrac{2}{5} \leq m < 2$ 　　　　(E) $0 < m < 2$

12. 不等式 $(1+x)(1-|x|) > 0$ 的解集是 (　　).

(A) $x < 1$ 且 $x \neq -1$ 　　(B) $x < 1$ 且 $x \neq -2$ 　　(C) $x < 1$ 且 $x \neq -3$

(D) $x < 1$ 　　(E) $x > 1$

13. 不等式 $\dfrac{9x-5}{x^2-5x+6} \geqslant -2$ 的解集为(　　).

(A) $x < 2$ 或 $x > 5$ 　　(B) $-2 < x < 3$ 　　(C) $x < -2$ 或 $x > 3$

(D) $x < 2$ 或 $x > 3$ 　　(E) $2 < x < 3$

14. 不等式 $|\sqrt{x-2}-3| < 1$ 的解集是 (　　).

(A) $6 < x < 18$ 　　(B) $-6 < x < 18$ 　　(C) $1 \leqslant x \leqslant 7$

(D) $-2 \leqslant x \leqslant 3$ 　　(E) $2 < x < 3$

15. 指数不等式 $(0.2)^{x^2-3x-2} > 0.04$ 的解集为(　　).

(A) $6 < x < 18$ 　　(B) $-11 < x < 4$ 　　(C) $1 < x < 4$

(D) $-1 < x < 4$ 　　(E) $1 < x < 3$

16. 已知 x_1，x_2，$\cdots$，x_n 的几何平均值为 3，前面 $n-1$ 个数的几何平均值为 2，则 x_n 的值是(　　).

(A) $\dfrac{9}{2}$ 　　(B) $\left(\dfrac{3}{2}\right)^n$ 　　(C) $2\left(\dfrac{3}{2}\right)^n$ 　　(D) $\left(\dfrac{3}{2}\right)^{n-1}$ 　　(E) $\left(\dfrac{3}{2}\right)^{n+1}$

17. 不等式 $3^{x+1}+2 \cdot 3^{2-x} > 29$ 的解集为(　　).

(A) $x < -\log_3 \dfrac{2}{3}$ 或 $x > 2$ 　　(B) $x < \log_3 \dfrac{2}{3}$ 或 $x > 2$ 　　(C) $x < \log_3 \dfrac{2}{3}$ 或 $x > 12$

(D) $-1 < x < 4$ 　　(E) $1 < x < 4$

18. 不等式 $\sqrt{\log_{\frac{1}{2}}x+1} < \log_{\frac{1}{2}}x-1$ 的解集是(　　).

(A) $0 < x < \dfrac{1}{8}$ 　　(B) $0 < x < \dfrac{1}{4}$ 　　(C) $1 < x < 4$

(D) $2 < x < 4$ 　　(E) $1 < x < 3$

19. 已知方程 $x^2-4x+a=0$ 有两个实根，其中一根小于 3，另一根大于 3，a 的取值范围是(　　).

(A) $a \leqslant 3$ 　　(B) $a > 3$ 　　(C) $a < 3$ 　　(D) $0 < a < 3$ 　　(E) $a \neq 1$

20. 若不等式 $|x+1|+|x-3| \leqslant a$ 有解，则 a 的取值范围是(　　).

(A) $0 < a \leqslant 4$ 　　(B) $a \geqslant 4$ 　　(C) $0 < a \leqslant 2$ 　　(D) $a \geqslant 2$ 　　(E) $a \geqslant 1$

21. 已知 a，b，c，d 都是正实数，且 $\dfrac{a}{b} < \dfrac{c}{d}$，给出下列四个不等式：①$\dfrac{a}{a+b} > \dfrac{c}{c+d}$；

②$\dfrac{a}{a+b} < \dfrac{c}{c+d}$；③$\dfrac{b}{a+b} > \dfrac{d}{c+d}$；④$\dfrac{b}{a+b} < \dfrac{d}{c+d}$；其中正确的是(　　).

(A) ①③ 　　(B) ①④ 　　(C) ②④ 　　(D) ②③ 　　(E) ③④

22. 已知 a，b，c 满足 $a < b < c$，$ab+bc+ac=0$，$abc=1$，则(　　).

(A) $|a+b| > |c|$ 　　(B) $|a+b| < |c|$

(C) $|a+b| = |c|$ 　　(D) $|a+b|$ 与 $|c|$ 的大小关系不能确定

(E) 以上都不正确

23. 设关于 x 的方程 $ax^2+(a+2)x+9a=0$ 有两个不等的实数根 x_1，x_2，且 $x_1 < 1 < x_2$，那么 a 的取值范围是 (　　).

(A) $-\dfrac{2}{7} < a < \dfrac{2}{5}$ 　　(B) $a > \dfrac{2}{5}$ 　　(C) $a < -\dfrac{2}{7}$

(D) $-\dfrac{2}{11} < a < 0$ 　　(E) $a \geqslant 2$

24. 若方程 $\dfrac{2x+a}{x-2} = -1$ 的解是正数，则 a 的取值范围是（　　）.

    (A) $a < 2$ 且 $a \neq -4$ 　　　　(B) $a \leqslant 2$ 且 $a \neq -4$ 　　　　(C) $a < -2$ 且 $a \neq -4$

    (D) $a \leqslant -2$ 且 $a \neq -4$ 　　　　(E) $a > 2$ 且 $a \neq 4$

25. 若 x_1，x_2 都满足条件 $|2x-1| + |2x+3| = 4$ 且 $x_1 < x_2$，则 $x_1 - x_2$ 的取值范围是（　　）.

    (A) $(-2, 0)$ 　　　　(B) $(-1, 0)$ 　　　　(C) $[-2, 0]$

    (D) $[-2, 0)$ 　　　　(E) $[-1, 0)$

26. 若 m，n 都是正实数，方程 $x^2 + mx + 2n = 0$ 和方程 $x^2 + 2nx + m = 0$ 都有实数根，则 $m+n$ 的最小值是（　　）.

    (A) 4 　　　　(B) 6 　　　　(C) 8 　　　　(D) 10 　　　　(E) 12

27. 方程 $x^2 - (a+8)x + 8a - 1 = 0$ 有两个整数根，则整数 a 有（　　）个取值.

    (A) 1 　　　　(B) 2 　　　　(C) 3 　　　　(D) 4 　　　　(E) 5

28. 关于 x 的方程 $x^2 + (n+1)x + 2n - 1 = 0$ 的两根为整数，则整数 n 有（　　）个取值.

    (A) 1 　　　　(B) 2 　　　　(C) 3 　　　　(D) 4 　　　　(E) 5

29. 关于 x 的方程 $kx^2 - (k-1)x + 1 = 0$ 有有理根，则整数 k 有（　　）个取值.

    (A) 1 　　　　(B) 2 　　　　(C) 3 　　　　(D) 4 　　　　(E) 5

30. 已知 $x > 0$，函数 $y = \dfrac{2}{x} + 3x^2$ 的最小值是（　　）.

    (A) $2\sqrt{6}$ 　　　　(B) $3\sqrt[3]{3}$ 　　　　(C) $4\sqrt{2}$ 　　　　(D) 6 　　　　(E) $6\sqrt{2}$

31. 数列 a_1，a_2，a_3，$\cdots$，a_n 满足 $a_1 = 7$，$a_9 = 8$，且对任何 $n \geqslant 3$，a_n 为前 $n-1$ 项的算术平均值，则 $a_2 = ($　　$)$.

    (A) 7 　　　　(B) 8 　　　　(C) 9 　　　　(D) 10 　　　　(E) 11

二、条件充分性判断题

1. 方程 $x^2 + px + 1 = 0$ 的两实根为 x_1，x_2，则 $|x_1 - x_2| = \Delta$（Δ 为判别式）.

    (1) $p = \sqrt{5}$. 　　　　　　　　　　(2) $p = \pm 2$.

2. 关于 x 的一元二次方程 $x^2 + (4m+1)x + 2m - 1 = 0$，则 $|m| = -m$.

    (1) 方程两实根 x_1，x_2 满足 $\dfrac{1}{x_1} + \dfrac{1}{x_2} = -1$. 　　　　(2) 方程两实根 x_1，x_2 满足 $\dfrac{1}{x_1} + \dfrac{1}{x_2} = 1$.

3. 关于 x 的一元二次方程 $x^2 + 4x + m - 1 = 0$，则 $|m| = m$.

    (1) α，β 为方程的两实根，$|\alpha - \beta| = 2\sqrt{2}$.

    (2) α，β 为方程的两实根，$\alpha^2 + \beta^2 + \alpha\beta = 1$.

4. 已知 m，n 是有理数，则 $m + n = 3$.

    (1) 方程 $x^2 + mx + n = 0$ 有一个根是 $\sqrt{5} - 2$.

    (2) 方程 $x^2 + mx + n = 0$ 有一个根是 $\sqrt{5} + 2$.

5. 不等式 $\sqrt{2-x} < x - 1$ 成立.

    (1) $\dfrac{1+\sqrt{5}}{2} < x < 2$. 　　　　　　　　(2) $x < \dfrac{1-\sqrt{5}}{2}$.

6. 不等式 $\dfrac{1}{x} + \dfrac{1}{y} + \dfrac{1}{z} > 0$ 成立.

    (1) 实数 x，y，z 满足 $x + y + z = 0$. 　　　　(2) 实数 x，y，z 满足 $xyz < 0$.

7. 不等式 $\dfrac{2m+n}{m+n} > \dfrac{2m+q}{m+q}$ 成立.

 （1）若 $a>1$，则 $\log_a n < \log_a q < \log_a m$.   （2）若 $0<a<1$，则 $\log_a m < \log_a q < \log_a n$.

8. 不等式 $|x-3| - |x+1| \le a$ 的解集是 $\left[\dfrac{1}{2},\ +\infty\right)$.

 （1）$a=1$.   （2）$a<1$.

9. 已知 x，y，z 为正实数，则 $(x+y)(y+z)$ 的最小值为 2.

 （1）$xyz(x+y+z)=1$.   （2）$xyz(x+y+z)=2$.

10. 若关于 x 的方程 $\sqrt{2x+1}=x+m$ 有两个不等实根.

 （1）$\dfrac{1}{2} \le m < \dfrac{3}{4}$.   （2）$\dfrac{1}{4} \le m < 1$.

11. $\sqrt{4-12x+9x^2} - \sqrt{x^2-2x+1} = 4x-3$.

 （1）$\dfrac{1}{2} \le x < \dfrac{3}{4}$.   （2）$\dfrac{3}{4} \le x < 1$.

12. 一元二次方程 $(k^2+1)x^2 - (4-k)x + 1 = 0$ 的一个根大于 1，另一个根小于 1.

 （1）$k=-1$.   （2）$k=0$.

13. 关于 x 的不等式 $|ax+a+2|<2$ 有且只有一个整数解.

 （1）$a^2=4$.   （2）$a^2=9$.

14. 甲、乙两个人曾三次一同去买食盐，但买法不同，由于市场波动，三次食盐价格不相同. 则三次购买，甲购买的食盐平均价格要比乙低.

 （1）甲每次购买 1 元钱的盐，乙每次买 1 千克盐.

 （2）甲每次购买数量不等，乙每次购买数量恒定.

15. $x>0$，$y>0$，能够确定 $\dfrac{1}{x} + \dfrac{1}{y} = 4$.

 （1）x，y 的算术平均值为 6，比例中项为 $\sqrt{3}$.

 （2）x^2，y^2 的算术平均值为 7，几何平均值为 1.

答案速查

第二节	1~5 CAACB	6~10 BACDA	11~15 DADBC	16~20 BCCBC
	21~22 CB			
第三节	1~5 AEBDE	6~10 DCDCD	11~15 ACDAB	16~17 CC
	19~20 CD	21~25 EBDBB		
第四节	一、1~5 BBCDA	6~10 BAEAB	11~15 AAACB	16~17 DC
	二、1~5 BDECD	6~9 DBDC		
第五节	一、1~5 BCBDB	6~10 ADCAD	11~15 EADAD	16~20 CBACB
	21~25 DADAD	26~30 BABBB	31 C	
	二、1~5 DDAAA	6~10 CDAAA	11~15 BDDAD	

第五章 数列

第一节 考试解读

一、大纲考点

数列、等差数列、等比数列

二、大纲解读

纵观近几年的考试，数列一般考 2 个题目左右，主要考查两个方面：一方面是数列相关的计算题，主要围绕数列的公式和性质展开；另一方面是考查数列的文字应用题，并且这是考试的未来趋势．总之，数列的考题比较灵活，不仅可与函数、方程、不等式相联系，而且还与几何密切相关；数列作为特殊的函数，在实际问题中有着广泛的应用，如增长率、减薄率、银行信贷、浓度匹配、养老保险、圆钢堆垒等问题．这就要求考生在熟练运用有关概念式的同时，还要善于观察题设的特征，联想相关数学知识和方法，迅速确定解题的方向，以提高解数列题的速度．

三、历年真题考试情况

考试年份	考题	分值	题型	考点分布
2013 年	2	6	问题求解 1 个 条件充分性判断 1 个	数列元素性质，数列递推公式
2014 年	1	3	问题求解 1 个	既成等差又成等比的常数列
2015 年	2	6	条件充分性判断 2 个	数列概念，数列求和的大小比较
2016 年	3	9	问题求解 1 个 条件充分性判断 2 个	数列应用题，数列求和
2017 年	1	3	条件充分性判断 1 个	连续增长率
2018 年	2	6	条件充分性判断 2 个	数列求和，数列性质
2019 年	2	6	问题求解 1 个 条件充分性判断 1 个	递推公式，等差数列判断
2020 年	2	6	问题求解 2 个	最值，递推公式
2021 年	3	9	问题求解 2 个 条件充分性判断 1 个	数列求和，等比数列定义，数列应用题
2023 年预测	2	6	问题求解 1 个 条件充分性判断 1 个	数列求和，数列性质

四、考试地位及预测

数列在整个考纲中，处于一个知识汇合点的地位，很多知识都与数列有着密切关系．可以说，数列在各知识沟通方面发挥着重要作用. 试题大致分两类，一类是纯数列知识的基本计算题；另一类是中等以上难度的综合题应用题.

从知识点看，近几年的试题中有关本章的命题热点有：

（1）等差、等比数列的概念、性质、通项公式、前 n 项和公式的应用是必考内容.

（2）从 a_n 到 S_n 及从 S_n 到 a_n 的关系.

（3）某些简单的递推式问题.

（4）应用前述公式解应用题.

从解题思想方法的规律看，有关本章的命题热点有：

（1）方程思想的应用，利用公式列方程（组），例如：等差、等比数列中的"知三求三"问题.

（2）函数思想的应用，将数列与函数结合分析.

（3）待定系数法、分类讨论等方法的应用.

五、数字化导图

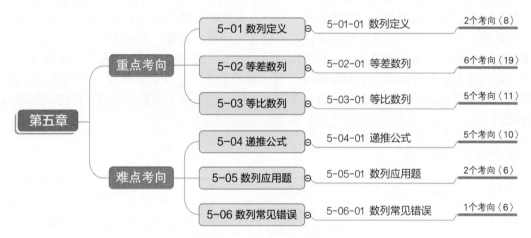

六、备考建议

本部分是代数的难点，也是考生的薄弱点，在复习时给大家三点建议：

（1）一定要理解通项公式和求和公式，不要死记硬背；

（2）本部分符号较多，要能够灵活应用；

（3）注意本部分文字应用题，学会翻译成数学语言，然后再计算.

第二节　重点考向

模块 5-01 数列定义

考点5-01-01 ／ 数列定义

一、考点讲解

1. 数列的定义

按一定次序排列的一列数称为数列.

一般形式：a_1，a_2，a_3，$\cdots$，a_n，$\cdots$，简记为 $\{a_n\}$.

> **注意** 它可以理解为以正整数集（或它的有限子集）为定义域的函数. 运用函数的观念分析和解决有关数列问题，是一条基本思路. 递推是数列特有的表示法，它更能反映数列的特征.

2. 通项公式

$a_n = f(n)$（第 n 项 a_n 与项数 n 之间的函数关系）.

> **注意** 并非每一个数列都可以写出通项公式；有些数列的通项公式也并非是唯一的.

3. 数列的前 n 项和

数列的前 n 项和记为 $S_n = a_1 + a_2 + a_3 + \cdots + a_n$.

4. a_n 与 S_n 的关系（重要）

（1）已知 a_n，求 S_n

公式：
$$S_n = a_1 + a_2 + \cdots + a_n = \sum_{i=1}^{n} a_i.$$

（2）已知 S_n，求 a_n

公式：
$$a_n = \begin{cases} a_1 = S_1 & n = 1 \\ S_n - S_{n-1} & n \geqslant 2 \end{cases}.$$

二、考试解读

（1）对于数列，要掌握前 n 项和的定义及求解方法.

（2）数列的元素与求和的关系是考试的重点.

（3）考试频率级别：中.

三、命题方向

考向 1 已知 S_n，求 a_n

思 路 根据公式：$a_n = \begin{cases} a_1 = S_1 & n = 1 \\ S_n - S_{n-1} & n \geqslant 2 \end{cases}$ 来求解分析.

[例 1] 已知数列 $\{a_n\}$ 的前 n 项和 $S_n = n^2 + 1$，则 $a_5 = ($ $)$.

    （A）9   （B）8   （C）6   （D）4   （E）16

[例 2] 已知数列 $\{a_n\}$ 的前 n 项和 S_n 满足 $\log_2(S_n + 1) = n + 1$，则 $a_6 = ($ $)$.

    （A）32   （B）12   （C）64   （D）72   （E）24

[例 3] 已知数列 $\{a_n\}$ 的前 n 项和 $S_n = n^3$，则 $a_6 + a_7 + a_8 + a_9 + a_{10} = ($ $)$.

    （A）725   （B）775   （C）825   （D）855   （E）875

[例 4] 已知数列 $\{a_n\}$ 的前 n 项和 $S_n = 10^n - 1$，求 $\{a_n\}$ 的通项公式.

考向2 已知 a_n，求 S_n

思 路 采用公式：$S_n = a_1 + a_2 + \cdots + a_n = \sum_{i=1}^{n} a_i$ 求解，结合对通项裂项，进而采用相消求和法．这是分解与组合思想在数列求和中的具体应用．裂项法的实质是将数列中的每项（通项）分解，然后重新组合，使之能消去一些项，最终达到求和的目的．

[例5] 在数列 $\{a_n\}$ 中，$a_n = \dfrac{n}{2}$，又 $b_n = \dfrac{2}{a_n \cdot a_{n+1}}$，则数列 $\{b_n\}$ 的前99项和为( )．

(A) $\dfrac{99}{25}$ (B) $\dfrac{101}{25}$ (C) $\dfrac{202}{25}$ (D) $\dfrac{198}{25}$ (E) $\dfrac{298}{25}$

[例6] 数列 $\{a_n\}$ 的通项公式是 $a_n = \dfrac{1}{\sqrt{n} + \sqrt{n+1}}$，若前 n 项的和为10，则项数 $n = ($)．

(A) 119   (B) 120   (C) 121   (D) 122   (E) 124

[例7] $S_{99} = \dfrac{1}{2!} + \dfrac{2}{3!} + \dfrac{3}{4!} + \cdots + \dfrac{99}{100!}$ 的值为( )．

(A) $1 - \dfrac{1}{100!}$ (B) $2 - \dfrac{1}{100!}$ (C) $\dfrac{1}{2} - \dfrac{1}{100!}$

(D) $1 - \dfrac{1}{99!}$ (E) $1 - \dfrac{99}{100!}$

[例8] $S_{99} = 1 \times 1! + 2 \times 2! + 3 \times 3! + \cdots + 99 \times 99!$ 的值为( )

(A) $100! - 2$ (B) $100! + 1$ (C) $100! - 1$

(D) $99! - 1$ (E) $99! + 2$

模块 5-02 等差数列

考点 5-02-01   等差数列

一、考点讲解

1. 定义

如果在数列 $\{a_n\}$ 中，$a_{n+1} - a_n = d$（常数）（$n \in \mathbf{N}_+$），则称数列 $\{a_n\}$ 为等差数列，d 为公差．

2. 通项 a_n

$$a_n = a_1 + (n-1)d = a_k + (n-k)d = nd + a_1 - d$$

评 注 若已知两个元素，要会求公差 $d = \dfrac{a_n - a_m}{n - m}$．

3. 前 n 项和 S_n

$$S_n = \dfrac{a_1 + a_n}{2} \times n = na_1 + \dfrac{n(n-1)}{2}d = \dfrac{d}{2} \cdot n^2 + \left(a_1 - \dfrac{d}{2}\right)n$$

4. 重要性质

（1）若 $m + n = k + t$，则 $a_m + a_n = a_k + a_t$；

(2) S_n 为等差数列前 n 项和，则 S_n，$S_{2n} - S_n$，$S_{3n} - S_{2n}$，$\cdots$ 仍是等差数列，公差为 $n^2 d$；

(3) 等差数列 $\{a_n\}$ 和 $\{b_n\}$ 的前 n 项和分别用 S_n，T_n 表示，则 $\dfrac{a_k}{b_k} = \dfrac{S_{2k-1}}{T_{2k-1}}$.

二、考试解读

(1) 掌握等差数列的通项和前 n 项和的特征.

(2) 掌握等差数列的性质，会灵活应用性质化简求值.

(3) 等差数列涉及五个参数：a_1，a_n，d，n，S_n，其关系是知三求二，核心参数是 d.

(4) 考试频率级别：高.

三、命题方向

考向 1　数列的判断及定义

• **思　路**　若三个数 a，b，c 成等差数列，则 b 称为 a 和 c 的等差中项，即 $a + c = 2b$.

[例 9] 设 $3^a = 4$，$3^b = 8$，$3^c = 16$，则 a，b，c（　　　）.

(A) 是等比数列，但不是等差数列　　　(B) 是等差数列，但不是等比数列

(C) 既是等比数列，也是等差数列　　　(D) 既不是等比数列，也不是等差数列

(E) 无法确定

考向 2　等差数列的通项

• **思　路**　根据公式 $a_n = a_1 + (n-1)d = a_k + (n-k)d = nd + a_1 - d$ 分析.

[例 10] 下列可以作为等差数列通项的有（　　　）个.

(1) $a_n = \dfrac{1}{n}$；　(2) $a_n = \dfrac{1}{3}$；　(3) $a_n = 2n$；　(4) $a_n = \dfrac{n^2 - 1}{n + 1}$.

(A) 0　　　(B) 1　　　(C) 2　　　(D) 3　　　(E) 4

[例 11] 在等差数列中，若 $a_1 = 3$，$a_n = 21$，$d = 2$，则 $n = $（　　　）.

(A) 10　　　(B) 6　　　(C) 12　　　(D) 15　　　(E) 20

[例 12] 若 $\lg 2$，$\lg(x - 1)$，$\lg(x + 3)$ 成等差数列，则 $x = $（　　　）.

(A) 2　　　(B) 6　　　(C) -1 或 5　　　(D) 2 或 6　　　(E) 5

[例 13] 已知 $\{a_n\}$ 为等差数列，$a_1 + a_5 = 14$，$a_3 + a_7 = 26$，则 $a_3 + a_5 = $（　　　）.

(A) 30　　　(B) 27　　　(C) 23　　　(D) 20　　　(E) 15

[例 14] 一等差数列中，$a_1 = 2$，$a_4 + a_5 = -3$，该等差数列的公差是（　　　）.

(A) -2　　　(B) -1　　　(C) 1　　　(D) 2　　　(E) 3

[例 15] 数列 $\{a_n\}$ 的前 n 项和是 $S_n = 4n^2 + n - 2$，则它的通项 $a_n = $（　　　）.

(A) $8n - 3$　　　　　(B) $4n + 1$　　　　　(C) $8n - 2$

(D) $8n - 5$　　　　　(E) $\begin{cases} 3 & n = 1 \\ 8n - 3 & n \geqslant 2 \end{cases}$

考向 3　等差数列的求和

• **思　路**　根据公式 $S_n = \dfrac{a_1 + a_n}{2} \times n = n a_1 + \dfrac{n(n-1)}{2} d = \dfrac{d}{2} \cdot n^2 + \left(a_1 - \dfrac{d}{2}\right) n$ 分析.

[例16] 下列可以作为等差数列前 n 项和的有(　　)个.

(1) $S_n = \dfrac{1}{n}$, (2) $S_n = \dfrac{1}{3}$, (3) $S_n = 2n$, (4) $S_n = 2n - 1$,

(5) $S_n = 2n^2 - n$, (6) $S_n = n^2$, (7) $S_n = n^2 - 1$.

(A) 2 　　(B) 3 　　(C) 4 　　(D) 5 　　(E) 6

[例17] 在 -12 和 6 之间插入 n 个数, 使这 $n+2$ 个数组成和为 -21 的等差数列, 则 n 为(　　).

(A) 4 　　(B) 5 　　(C) 6 　　(D) 7 　　(E) 8

[例18] 在等差数列 $\{a_n\}$ 中, $a_4 = 9$, $a_9 = -6$, 则 $S_n = 54$ 满足的所有 n 的值为(　　).

(A) 4 或 9 　(B) 4 　(C) 9 　(D) 3 或 8 　(E) 8

[例19] 在等差数列 $\{a_n\}$ 中, S_n 表示前 n 项和, 若 $a_1 = 13$, $S_3 = S_{11}$, 则 S_n 的最大值是(　　).

(A) 42 　　(B) 49 　　(C) 59 　　(D) 133 　　(E) 不存在

[例20] 等差数列 $\{a_n\}$ 中, $a_5 < 0$, $a_6 > 0$, 且 $a_6 > |a_5|$, S_n 是前 n 项之和, 则(　　).

(A) S_1, S_2, S_3 均小于 0, 而 S_4, S_5, $\cdots$, 均大于 0

(B) S_1, S_2, $\cdots$, S_5 均小于 0, 而 S_6, S_7, $\cdots$, 均大于 0

(C) S_1, S_2, $\cdots$, S_9 均小于 0, 而 S_{10}, S_{11}, $\cdots$, 均大于 0

(D) S_1, S_2, $\cdots$, S_{10} 均小于 0, 而 S_{11}, S_{12}, $\cdots$, 均大于 0

(E) 无法确定

考向 4　非常规方法求和

● 思　路　数列的项的序号本应取正整数, 但有时可虚拟一个小数 0.5, 求解会更简便. 将公式 $S_n = \dfrac{a_1 + a_n}{2} \cdot n$ 转化为 $S_n = n a_{\frac{n+1}{2}}$ (n 为偶数时, 可虚拟小数), 比如 $S_{10} = 10 a_{5.5}$. 同样, 有 $a_m + a_n = 2 a_{\frac{m+n}{2}}$, 比如 $a_3 + a_8 = 2 a_{5.5}$. 尤其是做选择题时, 不需要参考解题过程评分, 利用这样的方式来处理更准、更快.

[例21] 等差数列 $\{a_n\}$ 的前 n 项和为 S_n, 且 $S_{14} = 70$, $S_{16} = 144$, 则这个数列 $\{a_n\}$ 的公差是(　　).

(A) 1 　　(B) 2 　　(C) 4 　　(D) 5 　　(E) 6

[例22] 等差数列 $\{a_n\}$ 的前 n 项和为 S_n, 且 $a_5 + a_8 = 16$, $S_{18} = 90$, 则 $S_{32} = ($　　$)$.

(A) -16 　(B) -32 　(C) -54 　(D) -58 　(E) -64

考向 5　等差数列元素的性质

● 思　路　若 $k \in \mathbf{Z}_+$, $m + n = k + t$, 则 $a_m + a_n = a_k + a_t$.

[例23] 已知等差数列 $\{a_n\}$ 中, a_1 和 a_{10} 是方程 $x^2 - 3x - 5 = 0$ 的两根, 那么 $a_3 + a_8 = ($　　$)$.

(A) 3 或 -3 　(B) 4 　(C) 3 　(D) -3 　(E) -4

[例24] 在等差数列 $\{a_n\}$ 中, 若 $a_2 + a_3 + a_{10} + a_{11} = 48$, 则 $S_{12} = ($　　$)$.

(A) 96 　(B) 48 　(C) 144 　(D) 160 　(E) 240

[例25] 在等差数列 $\{a_n\}$ 中, 已知 $a_7 + a_8 = 21$, 则 $S_{14} = ($　　$)$.

(A) 132 　(B) 144 　(C) 147 　(D) 154 　(E) 157

考向 6　等差数列求和的性质

● **思　路**　对于等差数列，S_n，$S_{2n} - S_n$，$S_{3n} - S_{2n}$，…仍为等差数列，其公差为 $n^2 d$.

[例 26]　若在等差数列 $\{a_n\}$ 中，前 5 项和 $S_5 = 15$，前 15 项和 $S_{15} = 120$，则前 10 项和 S_{10}

为(　　).

(A) 40　　　　(B) 45　　　　(C) 50　　　　(D) 55　　　　(E) 60

[例 27]　已知 S_n 为等差数列 $\{a_n\}$ 的前 n 项和，$S_4 = 30$，$S_8 = 90$，则公差 d 为(　　).

(A) $\dfrac{8}{15}$　　　　(B) $\dfrac{15}{2}$　　　　(C) $\dfrac{15}{8}$　　　　(D) $\dfrac{17}{8}$　　　　(E) $\dfrac{15}{4}$

模块 5-03 等比数列

考点 5-03-01　等比数列

一、考点讲解

1. 定义

如果在数列 $\{a_n\}$ 中，$\dfrac{a_{n+1}}{a_n} = q$（常数）（$n \in \mathbf{N}_+$），则称数列 $\{a_n\}$ 为等比数列，q 为公比.

2. 通项

$$a_n = a_1 q^{n-1} = a_k q^{n-k} = \dfrac{a_1}{q} q^n.$$

<u>评　注</u>　若已知两个元素，要会求公比 $\dfrac{a_n}{a_m} = q^{n-m}$.

3. 前 n 项和 S_n

$$S_n = \begin{cases} na_1 & q = 1 \\ \dfrac{a_1(1 - q^n)}{1 - q} = \dfrac{a_1 - a_n q}{1 - q} = \dfrac{a_1 - a_{n+1}}{1 - q} & q \neq 1 \end{cases}.$$

4. 重要性质

（1）若 $m + n = k + t$，则 $a_m a_n = a_k a_t$.

（2）S_n 为等比数列前 n 项和，则 S_n，$S_{2n} - S_n$，$S_{3n} - S_{2n}$，…仍是等比数列，公比为 q^n.

（3）若 $|q| < 1$，则等比数列所有项和 $S = \lim\limits_{n \to \infty} S_n = \dfrac{a_1}{1 - q}$.

二、考试解读

（1）掌握等比数列的通项和前 n 项和的特征.

（2）掌握等比数列的性质，会灵活应用性质化简求值.

（3）等比数列涉及六个参数：a_1，a_n，q，n，S_n，S，其关系是知三求三，核心参数是 q.

（4）等差数列与等比数列性质类似，两者可以对比记忆.

（5）考试频率级别：高.

三、命题方向

考向 1　数列的判断及定义

思　路　若三个数 a，b，c 成等比数列，则 b 称为 a 和 c 的等比中项，即 $ac = b^2$.

[例 28] 若 2，$2^x - 1$，$2^x + 3$ 成等比数列，则 $x = ($　　$)$.

(A) $\log_2 5$　　　(B) $\log_2 6$　　　(C) $\log_2 7$　　　(D) 3　　　　(E) 4

考向 2　等比数列的通项

思　路　$a_n = a_1 q^{n-1} = a_k q^{n-k} = \dfrac{a_1}{q} q^n$

等比数列中任何一个元素都不能为 0，公比也不能为 0.

[例 29] 下列可以作为等比数列通项的有($\quad$)个.

(1) $a_n = n^3$，　　　　(2) $a_n = 3^n$，　　　　(3) $a_n = \dfrac{1}{3}$，　　(4) $a_n = \dfrac{2^n}{3}$，

(5) $a_n = 3^{-n}$，　　　(6) $a_n = (-1)^n$，　　　(7) $a_n = 2^n - 1$.

(A) 2　　　(B) 3　　　(C) 4　　　(D) 5　　　(E) 6

[例 30] 若 $\{a_n\}$ 是等比数列，下面四个命题中正确命题的个数是($\quad$).

① 数列 $\{a_n^2\}$ 也是等比数列；② 数列 $\{a_{2n}\}$ 也是等比数列；

③ 数列 $\left\{\dfrac{1}{a_n}\right\}$ 也是等比数列；④ 数列 $\{|a_n|\}$ 也是等比数列.

(A) 0 个　　　(B) 1 个　　　(C) 2 个　　　(D) 3 个　　　(E) 4 个

[例 31] 等比数列 $\{a_n\}$ 中，若 $a_4 a_7 = -512$，$a_3 + a_8 = 124$，且公比为 $q \in \mathbf{Z}$，则 $a_{10} = ($　　$)$.

(A) 124　　　(B) 64　　　(C) 512　　　(D) -124　　　(E) -512

[例 32] 已知等比数列 $\{a_n\}$ 中，$a_3 + a_9 = 130$，$a_3 - a_9 = -126$，则公比 $q = ($　　$)$.

(A) 2 或 -2　(B) 2　　　(C) 3　　　(D) -3　　　(E) -2

考向 3　等比数列的求和

思　路　根据公式 $S_n = \begin{cases} n a_1 & q = 1 \\ \dfrac{a_1(1 - q^n)}{1 - q} = \dfrac{a_1 - a_n q}{1 - q} = \dfrac{a_1 - a_{n+1}}{1 - q} & q \neq 1 \end{cases}$ 求解.

[注意] 分为 $q = 1$ 和 $q \neq 1$ 两种情况.

[例 33] 下列可以作为等比数列前 n 项和的有($\quad$)个.

(1) $S_n = \dfrac{1}{3}$，　　(2) $S_n = 2n$，　　　(3) $S_n = 2n - 1$，　　(4) $S_n = 2^n$，

(5) $S_n = 2^n - 1$，　(6) $S_n = 2^n + 1$，　(7) $S_n = 3(2^n - 1)$.

(A) 2　　　(B) 3　　　(C) 4　　　(D) 5　　　(E) 6

[例 34] 已知 S_n 为等比数列 $\{a_n\}$ 的前 n 项和，若 $S_2 + S_5 = 2S_8$，则公比 $q = ($　　$)$.

(A) 1 或 -2　　　　(B) 2　　　　(C) 1 或 $-\dfrac{\sqrt[3]{4}}{2}$

(D)　$-\dfrac{\sqrt[3]{4}}{2}$　　　　　　(E)　-2 或 $-\dfrac{\sqrt[3]{4}}{2}$

考向 4　等比数列元素的性质

● **思　路**　若 $k \in \mathbf{Z}_+$，$m+n=k+t$，则 $a_m \cdot a_n = a_k \cdot a_t$．

[例 35] 等比数列 $\{a_n\}$ 中，a_3，a_8 是方程 $3x^2+2x-18=0$ 的两个根，则 $a_4 a_7 = ($ 　　$)$．

(A)　-9　　　(B)　-8　　　(C)　-6　　　(D)　6　　　(E)　8

[例 36] 若等比数列 $\{a_n\}$ 满足 $a_2 a_4 + 2a_3 a_5 + a_2 a_8 = 25$，且 $a_1 > 0$，则 $a_3 + a_5 = ($ 　　$)$．

(A)　8　　　(B)　5　　　(C)　2　　　(D)　2　　　(E)　-5

考向 5　等比数列求和的性质

● **思　路**　若 S_n 为等比数列前 n 项和，则 S_n，$S_{2n}-S_n$，$S_{3n}-S_{2n}$，…仍为等比数列，其公比为 q^n．

[例 37] 在等比数列 $\{a_n\}$ 中，已知 $S_n=36$，$S_{2n}=54$，则 $S_{3n} = ($ 　　$)$．

(A)　63　　　(B)　68　　　(C)　76　　　(D)　89　　　(E)　92

[例 38] 已知 S_n 为等比数列 $\{a_n\}$ 的前 n 项和，$S_4=30$，$S_8=150$，则公比 q 为$($ 　　$)$．

(A)　± 2　　　(B)　$\sqrt{2}$　　　(C)　$\pm\sqrt{2}$　　　(D)　$\pm\dfrac{1}{2}$　　　(E)　$-\sqrt{2}$

第三节　难点考向

模块 5-04 递推公式

考点 5-04-01　递推公式

一、考点讲解

1. 递推公式

a_n 与 a_{n+1} 或 a_{n-1} 的关系式称为递推公式，若已知数列的递推关系式及首项，可以写出其他项，因此递推公式是确定数列的一种重要方式．

2. 递推公式的常用思路

（1）列举法

一般通过递推公式找到前几个元素数值的规律，来判断后面元素的数值．先列举前面若干项，寻找规律，一般是周期循环的规律．

（2）累加法

写出若干项，然后将各项相加．

（3）累乘法

写出若干项，然后将各项相乘．

（4）构造数列

将某部分看成一个新数列，新数列是符合等差或等比数列，求出新数列后，再求原数列.

二、考试解读

（1）递推公式是数列的难点，容易出错，要根据不同形式来选择不同的方法求解.

（2）递推数列的核心是构造新数列求解.

（3）考试频率级别：高.

三、命题方向

考向1 列举找规律法

● **思 路** 先列举前面若干项，寻找规律，一般是周期循环的规律.

[例1] 已知数列 $\{a_n\}$ 满足 $a_1 = -\sqrt{2}$，且 $a_{n+1} = \dfrac{a_n + 2}{a_n + 1}(n = 1, 2, \cdots)$. 则 $a_4 = （\qquad）$.

(A) $\sqrt{2}$　　　(B) $-\sqrt{3}$　　　(C) $\sqrt{3}$　　　(D) $-\sqrt{2}$　　　(E) $\pm\sqrt{2}$

[例2] 设 $a_1 = 1$，$a_2 = 2$，$\cdots$，$a_{n+1} = |a_n - a_{n-1}|(n \geqslant 2)$，则 $a_{100} + a_{101} + a_{102} = （\qquad）$.

(A) 1　　　　(B) $\sqrt{2}$　　　　(C) 2　　　　(D) 3　　　　(E) 4

考向2 类等差数列

● **思 路** 对于形如 $a_{n+1} = a_n + f(n)$ 或 $a_{n+1} - a_n = f(n)$，称为类等差数列，可以写出若干项，再相加求解.

[例3] 设数列 $\{a_n\}$ 满足：$a_1 = 1$，$a_{n+1} = a_n + \dfrac{n}{3}(n \geqslant 1)$，则 $a_{100} = （\qquad）$.

(A) 1650　　　(B) 1651　　　(C) $\dfrac{5050}{3}$　　　(D) 3300　　　(E) 3301

考向3 类等比数列

● **思 路** 对于形如 $a_{n+1} = a_n \cdot f(n)$ 或 $\dfrac{a_{n+1}}{a_n} = f(n)$，称为类等比数列，可以写出若干项，再相乘求解.

[例4] 设数列 $\{a_n\}$ 满足：$a_1 = 1$，$\dfrac{a_{n+1}}{a_n} = e^n(n \geqslant 1)$，则 $a_{101} = （\qquad）$.

(A) e^{2050}　　(B) e^{3050}　　(C) e^{4050}　　(D) e^{5050}　　(E) e^{6050}

[例5] 已知 $a_1 = 1$，$S_n = n^2 a_n$，则 $a_{100} = （\qquad）$.

(A) $\dfrac{1}{5050}$　　(B) $\dfrac{1}{4050}$　　(C) $\dfrac{1}{5025}$　　(D) $\dfrac{1}{5020}$　　(E) $\dfrac{1}{2525}$

考向4 构造等差数列

● **思 路** 将某部分看成整体，构造新数列 $\{b_n\}$，若新数列满足 $b_{n+1} - b_n = $ 常数，则看成等差数列分析.

[例6] 已知 $S_n = 4 - a_n - \dfrac{1}{2^{n-2}}$，则下列叙述正确的有（ ）个.

(1) $a_1 = 1$ (2) $a_{10} = \dfrac{5}{256}$ (3) $S_{10} = 4 - \dfrac{3}{128}$ (4) $a_{100} = \dfrac{25}{2^{95}}$

(A) 0   (B) 1   (C) 2   (D) 3   (E) 4

[例7] 已知 $a_1 = 3$ 且 $a_n = S_{n-1} + 2^n (n \geqslant 2)$，则下列叙述正确的有（ ）个.

(1) $a_3 = 18$ (2) $a_9 = 21 \times 2^7$ (3) $S_9 = 19 \times 2^8$ (4) $a_6 > S_5$

(A) 0   (B) 1   (C) 2   (D) 3   (E) 4

[例8] 若数列 $\{a_n\}$ 中，$a_n \neq 0 (n \geqslant 1)$，$a_1 = \dfrac{1}{2}$，前 n 项和 S_n 满足 $a_n = \dfrac{2S_n^2}{2S_n - 1} (n \geqslant 2)$，则 $\dfrac{1}{S_{100}}$

为（ ）.

(A) 100   (B) 200   (C) 300   (D) 400   (E) 600

考向5   **构造等比数列**

思 路   将某部分看成整体，构造新数列 b_n，若新数列满足 $\dfrac{b_{n+1}}{b_n} =$ 常数，则看成等比数列分析. 尤其形如 $a_{n+1} = qa_n + d$ 形式的数列，通过拆分常数，变成 $a_{n+1} + c = q(a_n + c)$ 的形式，再构造等比数列求解. 其中 $c = \dfrac{d}{q-1}$.

[例9] 已知数列 $\{a_n\}$，$a_1 = 1$，$a_{n+1} = 2a_n + 3$，则数列 $a_{99} = $（ ）.

(A) $2^{101} - 3$ (B) $2^{99} + 3$ (C) $2^{99} - 3$

(D) $2^{100} + 3$ (E) $2^{100} - 3$

[例10] 已知数列 $a_1 = \dfrac{1}{2}$，$a_{n+1} = \dfrac{1}{2}(1 + a_n)(n = 1, 2, \cdots)$，则 $a_{100} = $（ ）.

(A) $1 + \dfrac{1}{2^{100}}$ (B) $2 - \dfrac{1}{2^{100}}$ (C) $1 - \dfrac{1}{2^{100}}$ (D) $\dfrac{1}{2} - \dfrac{1}{2^{100}}$ (E) $\dfrac{1}{2} + \dfrac{1}{2^{100}}$

模块 5-05 数列应用题

考点 5-05-01   数列应用题

一、考点讲解

1. 等差数列应用题

当出现差值为定值的应用题时，采用等差数列分析求解.

2. 等比数列应用题

当出现比值为定值的应用题时，采用等比数列分析求解.

二、考试解读

（1）对于数列应用题，首先确定是等差还是等比特征，再进行数学语言转化，最后套数列公式求解.

（2）数列应用题较难，可以记住常考类型和做题模板，这样能快速分析.

（3）考试频率级别：中.

三、命题方向

考向 1　等差数列应用题

• **思　路**　当出现差值为定值的应用题时，采用等差数列分析求解.

[例 11] 一些学生围成 8 圈或围成 4 圈（一圈套一圈），已知从外向内各圈人数依次少 4 人，围成 8 圈的最外圈人数比围成 4 圈的最外圈人数少 20 人．设学生的人数为 m，则 m 的各个数位之和为（　　）.

(A) 6　　　　(B) 7　　　　(C) 8　　　　(D) 9　　　　(E) 10

[例 12] 一所四年制大学每年的毕业生七月份离校，新生九月份入学，该校 2011 年招生 2000 名，之后每年比上一年多招 200 名，则该校 2017 年九月底的在校学生有（　　）.

(A) 14000 名　　　　(B) 11600 名　　　　(C) 9000 名

(D) 6200 名　　　　(E) 3200 名

[例 13] 某公司以分期付款方式购买一套定价为 1100 万元的设备，首期付款 100 万元，之后每月付款 50 万元，并支付上期余款的利息，月利率 1%，该公司共为此设备支付了（　　）.

(A) 1195 万元　　　　(B) 1200 万元　　　　(C) 1205 万元

(D) 1215 万元　　　　(E) 1300 万元

考向 2　等比数列应用题

• **思　路**　当出现比值为定值的应用题时，采用等比数列分析求解．比如连续变化率、银行利息、细胞分裂等.

[例 14] 某电镀厂两次改进操作方法，使用锌量比原来节约 15%，则平均每次节约（　　）.

(A) 42.5%　　　　(B) 7.5%　　　　(C) $(1 - \sqrt{0.85}) \times 100\%$

(D) $(1 + \sqrt{0.85}) \times 100\%$　　　(E) 10%

[例 15] 一个球从 100 米高处自由落下，每次着地后又跳回前一次高度的一半再落下．当它第 10 次着地时，共经过的路程是（　　）米.（精确到 1 米且不计任何阻力）

(A) 200　　　(B) 260　　　(C) 280　　　(D) 300　　　(E) 400

[例 16] 甲企业一月份的产值为 a，以后每月产值的增长率为 p，甲企业一年的总产值为（　　）.

(A) $\dfrac{a}{p}\left[(1+p)^{11} - 1\right]$　　　　(B) $\dfrac{a}{p}\left[(1+p)^{12} + 1\right]$

(C) $\dfrac{a}{p}\left[(1+p)^{11}+1\right]$ (D) $a\left[(1+p)^{12}-1\right]$

(E) $\dfrac{a}{p}\left[(1+p)^{12}-1\right]$

模块 5-06 数列常见错误

考点 5-06-01   数列常见错误

一、考点讲解

见模块 5-01 至 5-05.

二、考试解读

（1）数列要注意序号 n、正负符号、分母等错误.

（2）考试频率级别：低.

三、命题方向

考向1   数列常见错误

- **思 路**   数列要注意序号 n、正负符号、分母等错误.

[例17] 对于等比数列 $\{a_n\}$，已知 a_4，a_{12} 是方程 $2x^2-11x+6=0$ 的两根，则 $a_8=$（   ）.

(A) $\sqrt{3}$ (B) 3 (C) $\pm\sqrt{3}$ (D) ± 3 (E) -3

[例18] 等比数列 $\{a_n\}$ 中，$a_5+a_1=34$，$a_5-a_1=30$，那么 a_3 等于（   ）.

(A) 5 (B) -5 (C) -8 (D) 8 (E) ± 8

[例19] $1+3+3^2+\cdots+3^n=$（   ）.

(A) $\dfrac{1}{2}(3^n-1)$ (B) $\dfrac{1}{3}(3^n-1)$ (C) $\dfrac{1}{4}(3^n+1)$

(D) $\dfrac{1}{2}(3^{n+1}+1)$ (E) $\dfrac{1}{2}(3^{n+1}-1)$

[例20] 已知数列 $\{a_n\}$ 的前 n 项和 $S_n=3^n+2$，则通项 $a_n=$（   ）.

(A) $a_n=5\times 3^{n-1}$ (B) $a_n=3^n$ (C) $a_n=2\times 3^{n-1}$

(D) $a_n=\begin{cases}5 & n=1\\ 2\times 3^{n-1} & n\geqslant 2\end{cases}$ (E) $a_n=\begin{cases}5 & n=1\\ 5\times 3^{n-1} & n\geqslant 2\end{cases}$

[例21] 设四个实数成等比数列，其积为 2^{10}，中间两项的和为 4，则公比 q 的值为（   ）.

(A) -2 (B) -2 或 $-\dfrac{1}{2}$ (C) $-\dfrac{1}{2}$ (D) 2 或 $-\dfrac{1}{2}$ (E) 不存在

[例22] 已知等比数列 $\{a_n\}$ 中，$a_3=\dfrac{3}{2}$，$S_3=\dfrac{9}{2}$，则 $a_1=$（   ）.

(A) $\dfrac{3}{2}$ 或 6 (B) 6 (C) $\dfrac{3}{2}$ (D) $\dfrac{3}{2}$ 或 3 (E) $-\dfrac{3}{2}$ 或 6

第四节　基础自测题

一、问题求解题

1. 设 $\{a_n\}$ 为等差数列，且 $a_3 + a_7 + a_{11} + a_{15} = 200$. S_{17} 的值为 （　　）.
   （A）580　　　（B）240　　　（C）850　　　（D）200　　　（E）300

2. $\{a_n\}$ 为等差数列，共有 $2n+1$ 项，且 $a_{n+1} \neq 0$，其奇数项之和 $S_奇$ 与偶数项之和 $S_偶$ 之比为（　　）.

   （A）$\dfrac{S_奇}{S_偶} = \dfrac{n+2}{n}$　　　　　（B）$\dfrac{S_奇}{S_偶} = \dfrac{n+1}{n}$　　　　　（C）$\dfrac{S_奇}{S_偶} = 1$

   （D）$\dfrac{S_奇}{S_偶} = n$　　　　　（E）$\dfrac{S_奇}{S_偶} = n+1$

3. 已知等差数列 $a_3 = 2$，$a_{11} = 6$；等比数列 $b_2 = a_3$，$b_3 = \dfrac{1}{a_2}$，则满足 $b_n > \dfrac{1}{a_{26}}$ 的最大 n 值为
   （　　）.
   （A）2　　　（B）3　　　（C）4　　　（D）5　　　（E）6

4. 数列 1，3，7，15，…的通项公式 a_n 等于（　　）.
   （A）2^n　　　（B）$2^n + 1$　　　（C）$2^n - 1$　　　（D）2^{n-1}　　　（E）2^{n+1}

5. 数列 $\{a_n\}$ 中，$a_1 = 1$，对于所有的 $n \geq 2$，$n \in \mathbf{Z}_+$ 都有 $a_1 a_2 a_3 \cdots a_n = n^2$，则有 $a_3 + a_5$
   $=$（　　）.

   （A）$\dfrac{61}{16}$　　　（B）$\dfrac{25}{9}$　　　（C）$\dfrac{25}{16}$　　　（D）$\dfrac{31}{15}$　　　（E）$\dfrac{3}{2}$

6. 已知数列 $\{a_n\}$ 中，$a_1 = 1$，$a_2 = 3$，$a_n = a_{n-1} + \dfrac{1}{a_{n-2}}$（$n \geq 3$），则 $a_5 =$（　　）.

   （A）$\dfrac{55}{12}$　　　（B）$\dfrac{13}{3}$　　　（C）4　　　（D）5　　　（E）$\dfrac{3}{4}$

7. $\sqrt{2}$，$\sqrt{5}$，$2\sqrt{2}$，$\sqrt{11}$，…，则 $4\sqrt{2}$ 是该数列中的（　　）.
   （A）第 9 项　　（B）第 10 项　　（C）第 11 项　　（D）第 12 项　　（E）第 13 项

8. 设 $a_n = -n^2 + 10n + 11$，则数列 $\{a_n\}$ 从首项到第 （　　） 项的和最大.
   （A）10　　　（B）11　　　（C）10 或 11　　　（D）12　　　（E）5

9. 等差数列 $\{a_n\}$ 中，已知 $a_1 = \dfrac{1}{3}$，$a_2 + a_5 = 4$，$a_n = 33$，则 n 为（　　）.
   （A）48　　　（B）49　　　（C）50　　　（D）51　　　（E）52

10. 首项为 -24 的等差数列，从第 10 项开始为正数，则公差 d 的取值范围是 （　　）.
    （A）$d > \dfrac{8}{3}$　（B）$d < 3$　　（C）$\dfrac{8}{3} \leq d < 3$　（D）$\dfrac{8}{3} < d \leq 3$　（E）$\dfrac{8}{3} < d < 3$

11. 等差数列 $\{a_n\}$ 中，$a_{10} < 0$，$a_{11} > 0$ 且 $a_{11} > |a_{10}|$，S_n 为其前 n 项和，则（　　）.
    （A）S_1，S_2，…，S_{10} 都小于 0，S_{11}，S_{12}，…都大于 0
    （B）S_1，S_2，…，S_{19} 都小于 0，S_{20}，S_{21}，…都大于 0
    （C）S_1，S_2，…，S_5 都小于 0，S_6，S_7，…都大于 0
    （D）S_1，S_2，…，S_{20} 都小于 0，S_{21}，S_{22}，…都大于 0
    （E）S_1，S_2，…，S_{21} 都小于 0，S_{22}，S_{23}，…都大于 0

12. 数列 1, 3, …, 82, …是(   ).

(A) 等差数列，而不是等比数列　　　　　(B) 等比数列，而不是等差数列

(C) 等差数列，又是等比数列　　　　　　(D) 既非等差数列，也非等比数列

(E) 公比为 3 的等比数列

13. 在 a 和 $b(a \neq b)$ 两数之间插入 n 个数，使它们与 a，b 成等差数列，则该数列的公差为(   ).

(A) $\dfrac{b-a}{n}$ 　　(B) $\dfrac{b-a}{n+1}$ 　　(C) $\dfrac{a-b}{n+1}$ 　　(D) $\dfrac{b-a}{n+2}$ 　　(E) 不确定

14. 设 $\{a_n\}$ 为等差数列，S_n 为前 n 项和，且 $S_5 < S_6$，$S_6 = S_7 > S_8$，则下列结论错误的是 (   ).

(A) $d < 0$ 　　　　　　　(B) $a_7 = 0$ 　　　　　　　(C) $S_9 > S_5$

(D) S_6 与 S_7 均为 S_n 的最大值　　　　　　　　(E) $S_5 = S_8$

15. 已知方程 $(x^2 - 2x + m)(x^2 - 2x + n) = 0$ 的 4 个根组成一个首项为 $\dfrac{1}{4}$ 的等差数列，则 $|m - n|$ 等于(   ).

(A) 1 　　(B) $\dfrac{3}{4}$ 　　(C) $\dfrac{1}{2}$ 　　(D) $\dfrac{3}{8}$ 　　(E) $\dfrac{3}{2}$

16. 若 $2^a = 3$，$2^b = 6$，$2^c = 12$，则 a，b，c 构成(   ).

(A) 等差数列　　　　　　　　　　(B) 等比数列

(C) 既是等差数列也是等比数列　　(D) 不是等差数列也不是等比数列

(E) 以上结论均不正确

17. 已知数列 $\{a_n\}$ 的前 n 项和 $S_n = P^n(P \in \mathbf{R}, n \in \mathbf{Z}_+)$，那么数列 $\{a_n\}$(   ).

(A) 是等比数列　　　　　　　　　(B) 当 $P \neq 0$ 时是等比数列

(C) 当 $P \neq 0$，$P \neq 1$ 时是等比数列　　(D) 不是等比数列

(E) 是等差数列

18. 若数列 $\{a_n\}$ 是等比数列，下列命题正确的个数为(   ).

①$\{a_n^3\}$，$\{a_{3n}\}$ 是等比数列;　　　　②若 $a_n > 0$，则 $\{\ln a_n\}$ 成等差数列;

③$\{a_{n+1} \cdot a_n\}$，$\left\{\dfrac{a_{n+1}}{a_n}\right\}$ 成等比数列;　　④$\{ca_n\}$，$\{a_n \pm k\}(k \neq 0)$ 成等比数列.

(A) 4 　　(B) 3 　　(C) 2 　　(D) 1 　　(E) 0

19. 公差不为零的等差数列 $\{a_n\}$ 中，a_2，a_3，a_6 成等比数列，则其公比 q 为(   ).

(A) 1 　　(B) 2 　　(C) 3 　　(D) 4 　　(E) -3

20. 在公比为整数的等比数列 $\{a_n\}$ 中，如果 $a_1 + a_4 = 18$，$a_2 + a_3 = 12$，则这个数列前 8 项的和为(   ).

(A) 513 　　(B) 512 　　(C) 510 　　(D) $\dfrac{225}{8}$ 　　(E) 360

21. 三个负数 a，b，c 成等差数列，又 a，d，c 成等比数列，且 $a \neq c$，则 b 与 d 的大小关系为(   ).

(A) $b > d$ 　　(B) $b = d$ 　　(C) $b < d$ 　　(D) $b \geq d$ 　　(E) 不能确定

22. 若正项等比数列 $\{a_n\}$ 的公比 $q \neq 1$，且 a_3，a_5，a_6 成等差数列，则 $\dfrac{a_3 + a_5}{a_4 + a_6} = $ (   ).

(A) $\dfrac{1+\sqrt{5}}{2}$ 　　(B) $\dfrac{\sqrt{5}-1}{2}$ 　　(C) $\dfrac{1}{2}$ 　　(D) $\dfrac{1 \pm \sqrt{5}}{2}$ 　　(E) 不确定

23. 在等比数列 $\{a_n\}$ 中，若前 10 项和 $S_{10}=10$，前 20 项和 $S_{20}=30$，则前 30 项和 S_{30} 等于（   ）.

    (A) 40   (B) 50   (C) 70   (D) 80   (E) 60

24. 等差数列 -6，-1，4，9，$\cdots$ 中的第 20 项为（   ）.

    (A) 89   (B) -101 (C) 101   (D) -89 (E) 90

25. 等差数列 $\{a_n\}$ 中，$a_{15}=33$，$a_{45}=153$，则 217 是这个数列的（   ）.

    (A) 第 60 项   (B) 第 61 项   (C) 第 62 项   (D) 第 63 项   (E) 不在数列中

26. 在 -9 与 3 之间插入 n 个数，使这 $n+2$ 个数组成和为 -21 的等差数列，则 n 为（   ）.

    (A) 4   (B) 5   (C) 6   (D) 7   (E) 8

27. 等差数列 $\{a_n\}$ 中，$a_1+a_7=42$，$a_{10}-a_3=21$，则前 10 项和 S_{10} 等于（   ）.

    (A) 720   (B) 257   (C) 255   (D) 259   (E) 260

28. 等差数列中连续 4 项为 a，x，b，$2x$（a，b 不为 0），那么 $a:b$ 等于（   ）.

    (A) $\dfrac{1}{4}$ (B) $\dfrac{1}{3}$ (C) $\dfrac{1}{3}$ 或 1   (D) $\dfrac{1}{2}$ (E) $\dfrac{1}{2}$ 或 1

29. 已知数列 $\{a_n\}$ 的前 n 项和 $S_n=2n^2-3n$，而 a_1，a_3，a_5，a_7，$\cdots$ 组成一新数列 $\{c_n\}$，其通项公式为（   ）.

    (A) $c_n=4n-3$ (B) $c_n=8n-1$ (C) $c_n=4n-5$

    (D) $c_n=8n-9$ (E) $c_n=4n+1$

30. 设数列 $\{a_n\}$ 和 $\{b_n\}$ 都是等差数列，其中 $a_1=25$，$b_1=75$，且 $a_{100}+b_{100}=100$，则数列 $\{a_n+b_n\}$ 的前 100 项和为（   ）.

    (A) 9000   (B) 9800   (C) 10000   (D) 10500   (E) 15000

31. 若等比数列的前三项依次为 $\sqrt{2}$，$\sqrt[3]{2}$，$\sqrt[6]{2}$，$\cdots$，则第四项为（   ）.

    (A) 1   (B) $\sqrt[6]{2}$ (C) $\sqrt[9]{2}$ (D) $\sqrt[8]{2}$ (E) $\sqrt[7]{2}$

32. 公比为 $\dfrac{1}{5}$ 的等比数列一定是（   ）.

    (A) 递增数列   (B) 摆动数列   (C) 递减数列

    (D) 各项同号   (E) 各项为正

33. 已知 1，$\sqrt{2}$，2，$\cdots$ 为等比数列，当 $a_n=8\sqrt{2}$ 时，则 $n=$（   ）.

    (A) 6   (B) 7   (C) 8   (D) 9   (E) 10

34. 已知等比数列的公比为 2，前 4 项的和为 1，则前 8 项的和等于（   ）.

    (A) 15   (B) 17   (C) 19   (D) 21   (E) 23

35. 设 A，G 分别是正数 a，b 的等差中项和等比中项，则有（   ）.

    (A) $ab \geqslant AG$ (B) $ab < AG$ (C) $ab \leqslant AG$

    (D) AG 与 ab 的大小无法确定   (E) $ab=AG$

36. 一个等比数列前 n 项和 $S_n=ab^n+c$，$a \neq 0$，$b \neq 0$ 且 $b \neq 1$，a，b，c 为常数，那么 a，b，c 必须满足（   ）.

    (A) $a+b=0$ (B) $c+b=0$ (C) $a+c=0$

    (D) $a+b+c=0$ (E) $b+c=0$

37. 若 a，b，c 成等比数列，a，x，b 和 b，y，c 都成等差数列，且 $xy \neq 0$，则 $\dfrac{a}{x}+\dfrac{c}{y}$ 的值为（   ）.

    (A) 1   (B) 2   (C) 3   (D) 4   (E) 5

38. $11 + 22\dfrac{1}{2} + 33\dfrac{1}{4} + 44\dfrac{1}{8} + 55\dfrac{1}{16} + 66\dfrac{1}{32} + 77\dfrac{1}{64} = ($　　$)$.

（A）$308\dfrac{15}{16}$　　　　　　（B）$308\dfrac{31}{32}$　　　　　　（C）$308\dfrac{63}{64}$

（D）$308\dfrac{127}{128}$　　　　　（E）$308\dfrac{7}{8}$

39. 设 $S_n = \displaystyle\sum_{k=0}^{n}(-1)^k(2k+1)$，则 $S_{100} + S_{101} = ($　　$)$.

（A）1　　　　（B）-1　　　　（C）2　　　　（D）-2　　　　（E）0

40. 无限数列求和 $1 + \dfrac{1}{\sqrt{2}} + \dfrac{1}{2} + \dfrac{1}{2\sqrt{2}} + \cdots = ($　　$)$.

（A）$2 - \sqrt{2}$　　（B）$2 + \sqrt{2}$　　（C）$\dfrac{\sqrt{2}}{1 - \sqrt{2}}$　　（D）$\dfrac{\sqrt{2}}{1 + \sqrt{2}}$　　（E）$\sqrt{2} - 2$

二、条件充分性判断题

1. 方程组 $\begin{cases} x + y = a \\ y + z = 4 \\ z + x = 2 \end{cases}$，得 x，y，z 等差.

　（1）$a = 1$.　　　　　　　　　　　　　（2）$a = 0$.

2. 方程 $(a^2 + c^2)x^2 - 2c(a + b)x + b^2 + c^2 = 0\,(a, b, c \neq 0)$ 有实根.

　（1）a，b，c 成等差数列.　　　　　　（2）a，c，b 成等比数列.

3. 数列 6，x，y，16，则前三项成等差数列，后三项成等比数列.

　（1）$4x + y = 0$.　　　　　　　　　　　（2）x，y 是 $x^2 + 3x - 4 = 0$ 的两个解.

4. 可以确定递增等比数列 $\{a_n\}$ 中 a_{11} 的值.

　（1）$a_1 a_9 = 64$.　　　　　　　　　　（2）$a_3 + a_7 = 20$.

5. 在数列 $\{d_n\}$ 中 $d_1 = 1$，$d_2 = 2$，前 n 项和 $S_n = a + bn + cn^2$，可以确定 $b < c$.

　（1）$a = 3$.　　　　　　　　　　　　　（2）$a = \dfrac{1}{5}$.

6. 等比数列 $\{a_n\}$ 的公比是 $\dfrac{1}{2}$.

　（1）$a_3 + a_4 + a_5 = 14$.　　　　　　（2）$a_4 + a_5 + a_6 = 7$.

7. 对于数列 $\{a_n\}\,(n = 1, 2, 3, \cdots)$，$S_{100} = a_1 + a_2 + a_3 + \cdots + a_{100}$ 的值可确定.

　（1）$a_1 + a_2 + a_{99} + a_{100} = 10$.　　（2）$a_1 + a_2 + a_{97} + a_{98} = 12$.

8. 等差数列 $\{a_n\}$ 的前 13 项和为 $S_{13} = 91$.

　（1）$a_4 + a_9 = 13$.　　　　　　　　　（2）$a_2 + 2a_8 - a_4 = 14$.

9. $\dfrac{a}{b} = \dfrac{1}{2}$.

　（1）非零实数 a，x，b，$2x$ 是等差数列中相邻的四项.

　（2）非零实数 a，x，b，$2x$ 是等比数列中相邻的四项.

10. 等差数列 $\{a_n\}$ 的公差为 $d\,(d \neq 0)$，$a_3 + a_6 + a_{10} + a_{13} = 32$，则 $a_m = 8$.

　（1）$m = 10$.　　　　　　　　　　　　（2）$m = 8$.

11. 等比数列 $\{a_n\}$ 的公比为 q，则 $q > 1$.

　（1）对于任意正整数 n，都有 $a_{n+1} > a_n$.　　（2）$a_1 > 0$.

第五节　综合提高题

一、问题求解题

1. 已知等差数列 $\{a_n\}$ 的公差不为 0，但第三、第四、第七项构成等比数列，则 $\dfrac{a_2 + a_6}{a_3 + a_7} = ($ 　　$)$.

　　(A) $\dfrac{3}{5}$ 　　(B) $\dfrac{2}{3}$ 　　(C) $\dfrac{3}{4}$ 　　(D) $\dfrac{4}{5}$ 　　(E) 1

2. 若 a, b, c 成等比数列，那么函数 $f(x) = ax^2 + bx + c\,(b \neq 0)$ 的图像与 x 轴交点的个数为($\quad$).
　　(A) 0 　　(B) 1 　　(C) 2 　　(D) 1 或 2 　　(E) 0 或 1

3. 已知 a, b, c 成等差数列，则二次函数 $y = ax^2 + 2bx + c$ 的图像与 x 轴的交点个数为($\quad$).
　　(A) 0 　　(B) 1 　　(C) 2 　　(D) 1 或 2 　　(E) 0 或 1

4. 已知等差数列 $\{a_n\}$ 中 $a_m + a_{m+10} = a$, $a_{m+50} + a_{m+60} = b\,(a \neq b)$, m 为常数，且 $m \in \mathbf{Z}_+$, 则 $a_{m+125} + a_{m+135} = ($ 　　$)$.

　　(A) $2b - a$ 　　(B) $\dfrac{b-a}{2}$ 　　(C) $\dfrac{5b-3a}{2}$ 　　(D) $3b - 2a$ 　　(E) $3b + 2a$

5. 若无穷等比数列 $\{a_n\}$ 的前 n 项和为 S_n, 且整个数列的和 $S = S_n + 2a_n$, 则 $\{a_n\}$ 的公比为($\quad$).

　　(A) $-\dfrac{2}{3}$ 　　(B) $\dfrac{2}{3}$ 　　(C) $-\dfrac{1}{3}$ 　　(D) $\dfrac{1}{3}$ 　　(E) $\dfrac{1}{2}$

6. 在等差数列 $\{b_n\}$ 中，$b_1 - b_4 - b_8 - b_{12} + b_{15} = 2$, 则 $b_3 + b_{13} = ($ 　　$)$.
　　(A) 16 　　(B) 4 　　(C) -16 　　(D) -4 　　(E) -2

7. 设各项为实数的等比数列 $\{c_n\}$ 的前 n 项和为 S_n, $S_{10} = 10$, $S_{30} = 70$, 则 $S_{40} = ($ 　　$)$.
　　(A) 150 　　(B) -200 　　(C) 150 或 -200 　　(D) 400 或 -50 　　(E) -150

8. 等差数列 $\{a_n\}$, $\{b_n\}$ 的前 n 项和分别为 S_n, T_n, 若 $\dfrac{S_n}{T_n} = \dfrac{7n+1}{4n+27}\,(n \in \mathbf{Z}_+)$, 则 $\dfrac{a_6}{b_6}$ 的值为($\quad$).

　　(A) $\dfrac{7}{4}$ 　　(B) $\dfrac{3}{2}$ 　　(C) $\dfrac{4}{3}$ 　　(D) $\dfrac{78}{71}$ 　　(E) $\dfrac{5}{4}$

9. 若关于 x 的方程 $x^2 - x + a = 0$ 和 $x^2 - x + b = 0\,(a \neq b)$ 的 4 个根组成首项为 $\dfrac{1}{4}$ 的等差数列，则 $a + b$ 的值是($\quad$).

　　(A) $\dfrac{3}{8}$ 　　(B) $\dfrac{11}{24}$ 　　(C) $\dfrac{13}{24}$ 　　(D) $\dfrac{31}{72}$ 　　(E) $\dfrac{7}{8}$

10. 等差数列前 n 项和为 210，其中前 4 项的和为 40，后 4 项的和为 80，则 n 值为($\quad$).
　　(A) 12 　　(B) 14 　　(C) 16 　　(D) 18 　　(E) 20

11. 设数列 1, 1+2, 1+2+3, … 的前 n 项和为 S_n, 则 $S_{10} = ($ 　　$)$.
　　(A) 220 　　(B) 240 　　(C) 260 　　(D) 280 　　(E) 320

12. 在等差数列 $\{a_n\}$ 中，已知 $S_4 = 1$, $S_8 = 4$. 设 $S = a_{17} + a_{18} + a_{19} + a_{20}$, 则 $S = ($ 　　$)$.
　　(A) 8 　　(B) 9 　　(C) 10 　　(D) 11 　　(E) 12

13. 已知首项为 1 的无穷等比数列的所有项之和为 3，q 为其公比，则 $q = ($　　$)$.

(A) $\dfrac{2}{3}$　　(B) $-\dfrac{2}{3}$　　(C) $\dfrac{1}{3}$　　(D) $-\dfrac{1}{3}$　　(E) $\dfrac{3}{2}$

14. 设无穷等比数列所有奇数项之和为 15，所有偶数项之和为 -3，a_1 为其首项，则 $a_1 = ($　　$)$.

(A) $\dfrac{68}{5}$　　(B) $\dfrac{72}{5}$　　(C) $\dfrac{78}{5}$　　(D) $\dfrac{84}{5}$　　(E) $\dfrac{73}{5}$

15. 设数列 $\{a_n\}$ 的前 n 项和 $S_n = n^2$，如果 $P_n = \dfrac{1}{a_1 a_2} + \dfrac{1}{a_2 a_3} + \cdots + \dfrac{1}{a_n a_{n+1}}$，则 $\lim\limits_{n\to\infty} P_n = ($　　$)$.

(A) $\dfrac{1}{3}$　　(B) $-\dfrac{1}{3}$　　(C) 1　　(D) $\dfrac{1}{2}$　　(E) $\dfrac{3}{2}$

16. 已知 $\{a_n\}$ 是等差数列，且 $a_2 + a_5 + a_8 = 39$，则 $a_1 + a_2 + \cdots + a_8 + a_9$ 的值是($　　$).

(A) 117　　(B) 114　　(C) 111　　(D) 108　　(E) 110

17. 等比数列 $\{a_n\}$ 中，各项和 $a_1 + a_2 + \cdots + a_n + \cdots = \dfrac{1}{2}$，则 a_1 的取值范围是($　　$).

(A) $(0, +\infty)$　　　　(B) $(-\infty, 1)$　　　　(C) $(0, 1)$

(D) $\left(0, \dfrac{1}{2}\right) \cup \left(\dfrac{1}{2}, 1\right)$　　(E) $(1, 2)$

18. 统计某工厂 4 年来的产量，第一年到第三年增长的数量相同，这三年的总产量为 1500 件．第二年到第 4 年每年增长的百分比相同，这三年的总产量为 1820 件，则这 4 年的总产量为（　　）.

(A) 3000 件　(B) 2280 件　(C) 2260 件　(D) 2240 件　(E) 2220 件

19. 已知数列 1×3，2×4，3×5，$\cdots$，则 255 是它的($　　$).

(A) 第 14 项　(B) 第 15 项　(C) 第 16 项　(D) 第 18 项　(E) 第 20 项

20. 在等差数列 $\{a_n\}$ 中，若 $a_4 + a_7 + a_{10} + a_{13} = 20$，则 $S_{16} = ($　　$)$.

(A) 60　　(B) 70　　(C) 80　　(D) 90　　(E) 100

21. 方程 $\dfrac{2+4+6+8+\cdots+2n}{1+3+5+7+\cdots+(2n-1)} = \dfrac{2020}{2019}$ 的正整数解是（　　）.

(A) 2018　(B) 2019　(C) 2020　　(D) 2021　　(E) 2022

22. 设 n 为正整数，在 1 与 $n+1$ 之间插入 n 个正数，使这 $n+2$ 个数成等比数列，则所插入的 n 个正数之积等于($　　$).

(A) $(1+n)^{\frac{n}{2}}$　　　　(B) $(1+n)^n$　　　　(C) $(1+n)^{2n}$

(D) $(1+n)^{3n}$　　　(E) $(1+n^2)^{\frac{n}{2}}$

23. $S = \dfrac{1^2 - 2^2 + 3^2 - 4^2 + 5^2 - 6^2 + 7^2 - 8^2 + 9^2 - 10^2}{2^0 + 2^1 + 2^2 + 2^3 + 2^4 + 2^5 + 2^6 + 2^7}$，则 S 的数值为($　　$).

(A) $\dfrac{11}{51}$　　(B) $-\dfrac{22}{51}$　　(C) $\dfrac{22}{51}$　　(D) $-\dfrac{11}{51}$　　(E) $-\dfrac{22}{255}$

24. $\left(\dfrac{1}{1+\sqrt{2}} + \dfrac{1}{\sqrt{2}+\sqrt{3}} + \cdots + \dfrac{1}{\sqrt{2016}+\sqrt{2017}} + \dfrac{1}{\sqrt{2017}+\sqrt{2018}}\right) \cdot (1+\sqrt{2018}) = ($　　$)$.

(A) 2013　(B) 2014　(C) 2015　　(D) 2016　　(E) 2017

25. 在数列 $\{a_n\}$ 中，若 $a_n = \dfrac{2n-3}{3^n}$，数列前 n 项和为（　　）.

(A) $S_n = -\dfrac{n}{3^n}$　　　　(B) $S_n = 1 - \dfrac{n}{3^n}$　　　　(C) $S_n = -\dfrac{n}{3^{n-1}}$

(D) $S_n = -\dfrac{n}{3^{n+1}}$　　　(E) $S_n = -\dfrac{n+1}{3^{n+1}}$

26. $\dfrac{(1+3)(1+3^2)(1+3^4)(1+3^8)\cdots(1+3^{32})+\dfrac{1}{2}}{3\times3^2\times3^3\times3^4\times\cdots\times3^{10}}=(\qquad)$.

    (A) $\dfrac{1}{2}\times3^{10}+3^{19}$ (B) $\dfrac{1}{2}+3^{19}$ (C) $\dfrac{1}{2}\times3^{19}$

    (D) $\dfrac{1}{2}\times3^9$ (E) 3^9

27. 已知某等差数列共有 10 项，其奇数项之和为 15，偶数项之和为 30，则其公差为(   ).
    (A) 5   (B) 4   (C) 3   (D) 2   (E) 1

28. 若互不相等的实数 a, b, c 成等差数列，c, a, b 成等比数列，且 $a+3b+c=10$，则 $a=(\qquad)$.
    (A) 4   (B) 2   (C) -2 (D) -4 (E) 0

29. 设 $\{a_n\}$ 是公差为正数的等差数列，若 $a_1+a_2+a_3=15$，$a_1a_2a_3=80$，则 $a_{11}+a_{12}+a_{13}=(\qquad)$.
    (A) 120   (B) 105   (C) 90   (D) 75   (E) 70

30. 设 S_n 是等差数列 $\{a_n\}$ 的前 n 项和，若 $\dfrac{S_3}{S_6}=\dfrac{1}{3}$，则 $\dfrac{S_6}{S_{12}}=(\qquad)$.

    (A) $\dfrac{3}{10}$ (B) $\dfrac{1}{3}$ (C) $\dfrac{1}{8}$ (D) $\dfrac{1}{9}$ (E) $\dfrac{1}{6}$

31. 已知等差数列 $\{a_n\}$ 中，$a_2=7$，$a_4=15$，则前 10 项的和 $S_{10}=(\qquad)$.
    (A) 100   (B) 210   (C) 380   (D) 400   (E) 420

32. 已知等差数列 $\{a_n\}$ 中，$a_2+a_8=8$，则该数列前 9 项和 S_9 等于(   ).
    (A) 18   (B) 27   (C) 36   (D) 45   (E) 46

33. 已知数列 $\{a_n\}$，$\{b_n\}$ 都是公差为 1 的等差数列，其首项分别为 a_1，b_1，且 $a_1+b_1=5$，a_1，$b_1\in\mathbf{Z}_+$. 设 $c_n=a_{b_n}(n\in\mathbf{Z}_+)$，则数列 $\{c_n\}$ 的前 10 项和等于(   ).
    (A) 55   (B) 70   (C) 85   (D) 100   (E) 110

34. 设 $\{a_n\}$ 是等差数列，$a_1+a_3+a_5=9$，$a_6=9$，则这个数列的前 6 项和等于(   ).
    (A) 12   (B) 24   (C) 36   (D) 48   (E) 50

35. 设 $f(n)=2+2^4+2^7+2^{10}+\cdots+2^{3n+10}$，则 $f(n)$ 等于(   ).

    (A) $\dfrac{2}{7}(8^n-1)$ (B) $\dfrac{2}{7}(8^{n+1}-1)$ (C) $\dfrac{2}{7}(8^{n+3}-1)$

    (D) $\dfrac{2}{7}(8^{n+4}-1)$ (E) $\dfrac{2}{7}(8^n+1)$

36. 如果 -1, a, b, c, -9 成等比数列，那么(   ).
    (A) $b=3$，$ac=9$ (B) $b=-3$，$ac=9$ (C) $b=3$，$ac=-9$
    (D) $b=-3$，$ac=-9$ (E) $b=\pm3$，$ac=9$

37. 在等比数列 $\{a_n\}$ 中，$a_1=1$，$a_{10}=3$，则 $a_2a_3a_4a_5a_6a_7a_8a_9=(\qquad)$.
    (A) 81   (B) $27\sqrt[5]{27}$ (C) $\sqrt{3}$ (D) 243   (E) 9

38. 在等比数列 $\{a_n\}$ 中，$a_1=2$，前 n 项和为 S_n，若数列 $\{a_n+1\}$ 也是等比数列，则 S_n 等于(   ).
    (A) $2^{n+1}-2$ (B) $3n$ (C) $2n$ (D) 3^n-1 (E) 2^n-1

二、条件充分性判断题

1. a_1b_2 的值为 -15.
    (1) -9，a_1，-1 成等差数列.   (2) -9，b_1，b_2，b_3，-1 成等比数列.

2. 已知数列 $\{c_n\}$，其中 $c_n = 2^n + 3^n$，则 $\{c_{n+1} - pc_n\}$ 为等比数列.

（1）$p = 2$. （2）$p = 3$.

3. 等差数列 $\{a_n\}$ 中，已知 $a_1 = 1$，则 $a_n = 33$.

（1）$a_2 + a_5 = 4$，$n = 50$. （2）$a_8 - a_2 = 14$，$n = 15$.

4. $\{a_n\}$ 为等差数列，其中 $a_{10} = 210$，$a_{31} = -280$，则前 n 项和 S_n 取得最大值.

（1）$n = 19$. （2）$n = 18$.

5. a，b，c 成等比数列.

（1）方程 $\frac{a}{4}x^2 + bx + c = 0$ 有两个相等实根，且 $b \neq 0$，$c \neq 0$.

（2）正整数 a，c 互质，且最小公倍数为 b^2.

6. 设等差数列 $\{a_n\}$ 的公差 $d \neq 0$，$a_1 = 9d$，则 a_k 是 a_1 和 a_{2k} 的等比中项.

（1）$k = 2$. （2）$k = 4$.

7. 等比数列 $\{a_n\}$ 的前 n 项和为 S_n，则此数列的首项为 6.

（1）$a_3 = \dfrac{3}{2}$. （2）$S_3 = \dfrac{9}{2}$.

8. 在等差数列 $\{a_n\}$ 中，其前 n 项和为 S_n，则 $S_{2008} = -2008$.

（1）$S_1 = -2008$. （2）$\dfrac{S_{12}}{12} - \dfrac{S_{10}}{10} = 2$.

9. 若 $\{a_n\}$ 是等差数列，则能确定数列 $\{b_n\}$ 也一定是等差数列.

（1）$b_n = a_n + a_{n+1}$. （2）$b_n = n + a_n$.

10. 等差数列 $\{a_n\}$ 的前 n 项和为 S_n，$a_m \neq 0$，$a_{m-1} + a_{m+1} - a_m^2 = 0$，则 $S_{2m-1} = 38$.

（1）$m = 10$. （2）$m = 20$.

11. 已知 $\{a_n\}$ 为等差数列，其公差为 -2，S_n 为 $\{a_n\}$ 的前 n 项和，则 $S_{10} = 520$.

（1）$a_4 = 55$. （2）a_7 是 a_3 与 a_9 的等比中项.

12. 已知 $\{a_n\}$ 是等比数列，则公比为 4.

（1）数列 $\{a_n a_{n+1}\}$ 的公比为 16. （2）$a_{n+2} = 16 a_n$.

13. $a_1 + a_2 + \cdots + a_{10} = 15$.

（1）数列 $\{a_n\}$ 的通项公式是 $a_n = (-1)^n (3n - 2)$.

（2）数列 $\{a_n\}$ 的通项公式是 $a_n = (-1)^n (3n - 1)$.

答案速查

第二节	1～3 ACE 5 D	6～10 BACBD	11～15 AEDBE	16～20 BBABC
	21～25 CECCC	26～30 DCADE	31～35 CABDC	36～38 BAC
第三节	1～5 DCBDA	6～10 EEBEC	11～15 CBCCD	16～20 EADED
	21～22 BA			
第四节	一、1～5 CBCCA	6～10 ACCCD	11～15 BDBCC	16～20 ADBCC
	21～25 CBCAB	26～30 BCBDC	31～35 ADCBD	36～40 CBCBB
	二、1～5 BBCCD	6～10 CEBBB	11 C	
第五节	一、1～5 AADCB	6～10 DADDB	11～15 ABABD	16～20 ADEBC
	21～25 BADEA	26～30 DCDBA	31～35 BCCBD	36～38 BAC
	二、1～5 EDEDD	6～10 BECDA	11～13 AED	

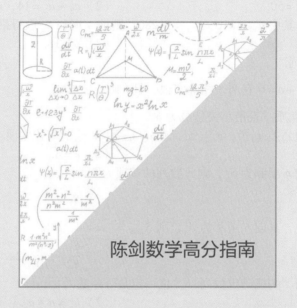

陈剑数学高分指南

第三部分　几　何

首次　计划完成日期：_____年_____月_____日

实际完成日期：_____年_____月_____日

再次　计划完成日期：_____年_____月_____日

实际完成日期：_____年_____月_____日

第六章　平面几何

第一节　考试解读

一、大纲考点

平面图形
(1) 三角形
(2) 四边形（矩形、平行四边形、梯形）
(3) 圆与扇形

二、大纲解读

根据历年的考试情况来看，本章所占的比重较大，难点主要在于图形的变换．由于本章与图形相关，所以解题时采用"数形结合"来寻找捷径．另外，本章的公式比较多，知识点比较散，解题技巧性比较强，比如阴影面积的求解技巧等，所以在学习本章内容时，多归纳总结，寻求做题的突破口．

三、历年真题考试情况

考试年份	考题	分值	题型	考点分布
2013 年	2	6	问题求解 1 个 条件充分性判断 1 个	相似求长度，三角形形状判断
2014 年	3	9	问题求解 2 个 条件充分性判断 1 个	求三角形面积，求阴影面积，相似求长度
2015 年	2	6	问题求解 2 个	相似求长度，求阴影面积
2016 年	3	9	问题求解 1 个 条件充分性判断 2 个	求梯形面积，求正方形面积，三角形外心
2017 年	3	9	问题求解 3 个	圆弧求面积，求阴影面积，相似求面积
2018 年	3	9	问题求解 2 个 条件充分性判断 1 个	求内切圆面积，求四边形面积和，图形拼接
2019 年	2	6	问题求解 1 个 条件充分性判断 1 个	求长度，求面积
2020 年	3	9	问题求解 2 个 条件充分性判断 1 个	面积，外接圆，边与角

（续）

考试年份	考题	分值	题型	考点分布
2021 年	3	9	问题求解 2 个 条件充分性判断 1 个	圆弧求面积，求四边形面积，相似求比例
2023 年预测	2	6	问题求解 1 个 条件充分性判断 1 个	求面积，求长度

四、考试地位及预测

平面几何主要侧重考查图形的角度、长度和面积．本章的重要考点为：常见阴影面积的求解．

本章每年考 2 ~ 3 个考题，占 6 ~ 9 分．主要考查三个方面：

（1）求各种图形的面积；

（2）求线段的长度；

（3）三角形形状的判定．

五、数字化导图

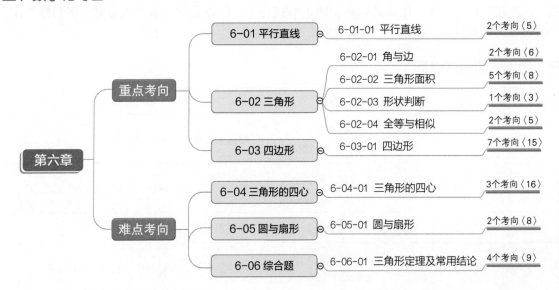

六、备考建议

平面几何的核心是三角形，三角形的考点是最多的，而且三角形是必考图形，三角形也是构成其他多边形的基础，因此要熟练掌握三角形的考点和解题方法．

第二节 重点考向

模块 6-01 平行直线

考点6-01-01 / 平行直线

一、考点讲解

（1）一直线和平行线夹的角

如图6-1，∠1与∠4是同位角，同位角相等；

∠2与∠4是内错角，内错角相等；

∠3与∠4是同旁内角，同旁内角互补.

（2）直线被一组平行线截得的线段成比例

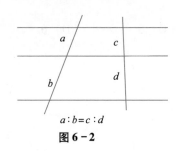

图6-2

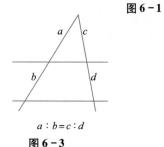

图6-3

图6-1

二、考试解读

（1）平行关系在其他图形中经常出现，要掌握平行直线的角度关系和线段比例.

（2）本考点一般不直接命题，往往结合其他图形考查.

（3）考试频率级别：低.

三、命题方向

> **考向1** 求角度
>
> ● **思 路** 注意平行线与其他特殊图形结合所形成的角，不仅具有平行线角的关系，同时也要考虑到特殊图形角的关系.

[例1] 如图6-4，$l_1 /\!/ l_2$，∠1 = 105°，∠2 = 140°，则∠α = (   ).

　（A）50°　　　（B）55°　　　（C）60°　　　（D）65°　　　（E）70°

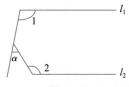

图6-4

[例2] 如图6-5，$AB /\!/ CD$，$\angle\alpha = ($ 　　　)．

(A) 70°　　　(B) 80°　　　(C) 85°　　　(D) 90°　　　(E) 95°

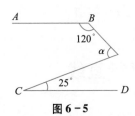
图6-5

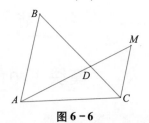
图6-6

[例3] 如图6-6，$AB = AC$，$\angle BAC = 80°$，$AD = BD$，$CM /\!/ AB$ 交 AD 延长线于点 M，则 $\angle M$ = (　　　)．

(A) 30°　　　(B) 40°　　　(C) 50°　　　(D) 60°　　　(E) 70°

考向2　求长度

● **思　路**　根据平行直线的线段比例公式进行分析．

[例4] 如图6-7，如果 AB，BC，DE，EF 四条线段成比例，且 $AB = 2$，$BC = 3$，$DE = 4$，那么 $EF = ($ 　　　)．

(A) 3　　　(B) 4　　　(C) 5　　　(D) 6　　　(E) 8

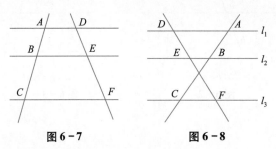
图6-7　　　　　　　图6-8

[例5] 如图6-8，已知直线 $l_1 /\!/ l_2 /\!/ l_3$，$DE = 6$，$EF = 9$，$AB = 5$，则 $AC = ($ 　　　)．

(A) 10　　　(B) 12　　　(C) 12.5　　　(D) 14　　　(E) 16

模块 6-02 三角形

考点6-02-01 　角与边

一、考点讲解

1. 三角形内角之和

$\angle 1 + \angle 2 + \angle 3 = \pi$，三角形的外角等于不相邻的两个内角之和．

2. 三角形三边关系

任意两边之和大于第三边，即 $a + b > c$．

任意两边之差小于第三边，即 $a - b < c$．

二、考试解读

（1）三角形是平面几何的核心，也是构成其他多边形的基础，三角形的考点和概念较多，需要灵活掌握．

（2）常考的命题方向是三角形的面积、相似求长度、形状判断．

（3）三角形可以与其他图形结合考查综合题目，比如跟圆或圆弧结合出题．

（4）考试频率级别：高．

三、命题方向

考向 1　求角度

- **思　路**　注意平行线与其他特殊图形结合时所形成的角，不仅具有平行线角的关系，同时也要考虑到特殊图形角的关系．

[例 6] 如图 6−9，若 $AB /\!/ CE$，$CE = DE$，且 $y = 45°$，则 $x = ($　　$)$．

（A）45°　　　　（B）60°　　　　（C）67.5°　　　　（D）112.5°　　　　（E）135°

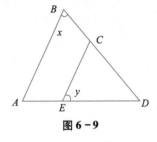
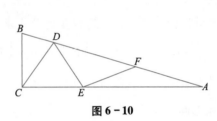

图 6−9　　　　　　　　　　　　图 6−10

[例 7] 如图 6−10，直角 △ABC 中 ∠C 为直角，点 E，D，F 分别在直角边 AC 和斜边 AB 上，且 $AF = FE = ED = DC = CB$，则 ∠A = （　　）．

（A）$\dfrac{\pi}{8}$　　　　（B）$\dfrac{\pi}{9}$　　　　（C）$\dfrac{\pi}{10}$　　　　（D）$\dfrac{\pi}{11}$　　　　（E）$\dfrac{\pi}{12}$

考向 2　三边关系

- **思　路**　根据三角形三边的关系来分析三角形的要求，任意两边之和大于第三边，任意两边之差小于第三边，只要满足其中一个就可以构成三角形．

[例 8] 有长度分别为 1，2，3，4，5，6，7 的七根木棒，任取三根，可以组成（　　）个三角形．

（A）13　　　　（B）14　　　　（C）15　　　　（D）16　　　　（E）17

[例 9] 若三角形的三边长度为整数，且周长为 11，其中一条边长为 3，则在所有可组成的三角形中，最大的边长为（　　）．

（A）3　　　　（B）4　　　　（C）5　　　　（D）6　　　　（E）7

[例 10] 要使三条线段 $3a-1$，$4a+1$，$12-a$ 能组成一个三角形，则 a 的取值范围是（　　）．

（A）$1 < a < 4$　　　　　（B）$\dfrac{3}{2} < a < 5$　　　　　（C）$\dfrac{3}{2} < a < 4$

（D）$0 < a < 5$　　　　　（E）$a > 5$

[例11] △ABC 中，$AB=5$，$AC=3$，当 $\angle A$ 在 $(0,\pi)$ 中变化时，该三角形 BC 边上的中线长取值的范围是（   ）.

(A) $(0,5)$　　(B) $(1,4)$　　(C) $(3,4)$　　(D) $(2,5)$　　(E) $(3,5)$

考点 6-02-02　三角形面积

一、考点讲解

1. 基本面积公式

(1) $S=\dfrac{1}{2}ah$，其中 h 是 a 边上的高.

应用 当已知底和高时，可以用此公式求面积.

(2) $S=\dfrac{1}{2}ab\sin C$，其中 C 是 a，b 边所夹的角.

C	30°或150°	45°或135°	60°或120°	90°
$\sin C$	$\dfrac{1}{2}$	$\dfrac{\sqrt{2}}{2}$	$\dfrac{\sqrt{3}}{2}$	1

应用 当已知两边和夹角时，可以用此公式求面积.

(3) $S=\sqrt{p(p-a)(p-b)(p-c)}$，其中 $p=\dfrac{1}{2}(a+b+c)$.

应用 当已知三角形的三边时，可以用此公式求面积.

2. 特殊三角形面积

(1) 直角三角形
勾股定理：$a^2+b^2=c^2$；
常用的勾股数：$(3,4,5)$；$(6,8,10)$；$(5,12,13)$；$(7,24,25)$；$(8,15,17)$；$(9,12,15)$.

等腰直角三角形的三边之比为 $1:1:\sqrt{2}$.

等腰直角三角形的面积为 $S=\dfrac{1}{2}a^2=\dfrac{1}{4}c^2$，其中 a 为直角边长，c 为斜边长.

内角为 30°、60°、90°的直角三角形三边之比为 $1:\sqrt{3}:2$.
(2) 等边三角形

等边三角形高与边的比为 $\sqrt{3}:2=\dfrac{\sqrt{3}}{2}:1$.

等边三角形的面积为 $S=\dfrac{\sqrt{3}}{4}a^2$，其中 a 为边长.

3. 鸟头定理

两个三角形中有一个角相等或互补，这两个三角形叫作共角三角形.
共角三角形的面积比等于对应角（相等角或互补角）两夹边的乘积之比.
如图 6-11，在 △ABC 和 △ADE 中，$\angle A$ 的正弦值相同，所以 $S_{\triangle ABC}:S_{\triangle ADE}=(AB\cdot AC):(AD\cdot AE)$.

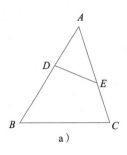 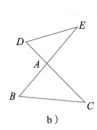 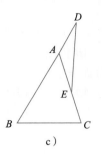

　　a)　　　　　　　　b)　　　　　　　　c)

图 6−11

4. 燕尾定理

如图 6-12，在三角形 ABC 中，AD，BE，CF 相交于同一点 O，那么 $S_{\triangle ABO} : S_{\triangle ACO} = BD : DC$.

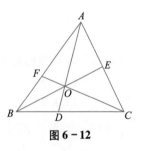

上述定理给出了一个新的转化面积比与线段比的手段，因为 $\triangle ABO$ 和 $\triangle ACO$ 的形状很像燕子的尾巴，所以这个定理被称为燕尾定理．该定理在许多几何题目中都有着广泛的运用，它的特殊性在于，它可以存在于任何一个三角形之中，为三角形中的三角形面积对应底边之间提供互相联系的途径．

图 6−12

<u>评注</u>　推导过程：因为 $\triangle ABD$ 与 $\triangle ACD$ 等高，

故 $S_{\triangle ABD} : S_{\triangle ACD} = BD : CD$，因为 $\triangle BOD$ 与 $\triangle COD$ 也等高，

故 $S_{\triangle BOD} : S_{\triangle COD} = BD : CD$，从而有 $(S_{\triangle ABD} - S_{\triangle BOD}) : (S_{\triangle ACD} - S_{\triangle COD}) = BD : CD$，

即 $S_{\triangle ABO} : S_{\triangle ACO} = BD : DC$.

二、考试解读

（1）三角形面积非常重要，属于必考知识点，在分析多边形及复杂的圆弧面积都要用到三角形分析．

（2）三角形面积求解方法较多，使用较灵活，学会根据不同图形选择合适的计算公式．

（3）三角形面积考试频率较高的是同底或等高的情况．

（4）考试频率级别：高．

三、命题方向

考向 1　**利用底高关系计算面积**

● **思　路**　当两个三角形等高时，面积之比等于底之比；当两个三角形同底时，面积之比等于高之比；当两个三角形同底等高时，面积相等．

［例 12］ 如图 6 - 13，若 $\triangle ABC$ 的面积为 1，$\triangle AEC$，$\triangle DEC$，$\triangle BED$ 的面积相等，则 $\triangle AED$ 的面积为（　　）.

(A) $\dfrac{1}{3}$　　(B) $\dfrac{1}{6}$　　(C) $\dfrac{1}{5}$

(D) $\dfrac{1}{4}$　　(E) $\dfrac{2}{5}$

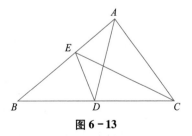

图 6−13

[例13] 如图 6-14，已知 $CD=5$，$DE=7$，$EF=15$，$FG=6$，线段 AB 将图形分成两部分，左边部分面积是 38，右边部分面积是 65，那么三角形 ADG 的面积是(　　).

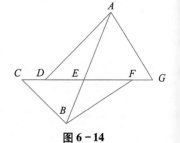

(A) 40　　　　(B) 35　　　　(C) 33

(D) 32　　　　(E) 31

图 6-14

考向 2　利用夹角求面积

● **思　路**　已知三角形两边及夹角，可以套公式求面积：$S=\dfrac{1}{2}ab\sin C$. 要记住常用角度的三角函数值.

[例14] 若三角形有两边长为 4 与 6，三角形的面积为 $6\sqrt{2}$，则这两边的夹角为(　　).

　　(A) 30°　　　　　　(B) 45°或135°　　　　　　(C) 60°或120°

　　(D) 75°　　　　　　(E) 90°

[例15] 如果三角形有两边长为 4 和 6，第三边长度在变化，则三角形面积的最大值为(　　).

　　(A) 18　　　　(B) 16　　　　(C) 14　　　　(D) 12　　　　(E) 10

考向 3　利用三边计算面积

● **思　路**　当已知三角形的三条边时，可以套公式求面积：$S=\sqrt{p(p-a)(p-b)(p-c)}$，其中 $p=\dfrac{1}{2}(a+b+c)$.

[例16] 若三角形的三边长为 7，8，9，则三角形的面积为 (　　).

　　(A) $16\sqrt{2}$　　(B) $12\sqrt{3}$　　(C) $18\sqrt{3}$　　(D) $12\sqrt{5}$　　(E) $18\sqrt{5}$

考向 4　利用鸟头定理计算面积

● **思　路**　如果出现共角或等角的三角形，可以利用鸟头定理求解：共角三角形的面积比等于对应角（相等角或互补角）两夹边的乘积之比.

[例17] 如图 6-15，在 △ABC 中，D，E 分别是 AB，AC 上的点，且 $AD:AB=2:5$，$AE:AC=4:7$，$S_{\triangle ADE}=16$，则 △ABC 的面积是(　　).

　　(A) 56　　　　(B) 65　　　　(C) 66　　　　(D) 70　　　　(E) 72

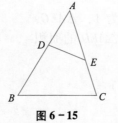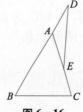

图 6-15　　　　图 6-16

[例18] 如图 6-16，在 △ABC 中，D 在 BA 的延长线上，E 在 AC 上，且 $AB:AD=5:2$，

$AE{:}EC = 3{:}2$，$S_{\triangle ADE} = 12$，则 $\triangle ABC$ 的面积是（   ）.

(A) 30   (B) 35   (C) 43   (D) 48   (E) 50

考向 5 **利用燕尾定理计算面积**

● **思 路** 如果出现三角形内一点与各顶点的连线，则采用燕尾定理分析.

[例 19] 如图 6 - 17，三角形 ABC 中，$BD{:}DC = 4{:}9$，$CE{:}EA = 4{:}3$，
则 $AF{:}FB = ($ $)$.

(A) 27:17   (B) 27:14   (C) 25:16

(D) 28:15   (E) 27:16

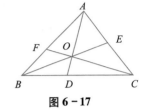

图 6 - 17

考点 6- 02- 03 形状判断

一、考点讲解

1. 直角三角形

可以通过勾股定理 $a^2 + b^2 = c^2$ 或有一个角为 $90°$ 来判断.

2. 等腰直角三角形

三边之比满足 $1{:}1{:}\sqrt{2}$ 或者有两边相等的直角三角形.

3. 等边三角形

三边相等或者三个内角相等或者四心合一.

4. 等腰三角形

有两边相等的三角形.

二、考试解读

（1）三角形形状判断的考试命题比较固定，一般给出边长满足的关系式来判断形状，其解法是先对表达式进行化简，然后再判断形状.

（2）掌握常见的三角形，比如等腰三角形、直角三角形、等腰直角三角形、等边三角形的特征.

（3）本知识点不难，有时也可以取特值分析三角形的形状.

（4）考试频率级别：低.

三、命题方向

考向 1 **三角形的判断**

● **思 路** 主要借助三角形的内角关系以及三边关系所满足的条件，结合三角形的性质判断三角形的形状. 重点掌握等边三角形、等腰三角形、直角三角形、等腰直角三角形的特征. 题目已知条件是三角形的边长，要判断三角形的形状，关键就是利用恒等变形，找到 a，b，c 的关系.

[例 20] $\triangle ABC$ 的三边 a，b，c 满足 $1 + \dfrac{b}{c} = \dfrac{b+c}{b+c-a}$，则此三角形是（   ）.

　　(A) 以 a 为腰的等腰三角形　　(B) 以 a 为底的等腰三角形
　　(C) 等边三角形　　　　　　　　(D) 直角三角形　　　　(E) 钝角三角形

[例21] $\triangle ABC$ 的三边为 a，b，c，且满足 $4a^2 + 4b^2 + 13c^2 - 8ac - 12bc = 0$，则 $\triangle ABC$ 是(　　).
　　(A) 直角三角形　　　　　　(B) 等腰三角形　　　　(C) 等边三角形
　　(D) 等腰直角三角形　　　　(E) 锐角三角形

[例22] $\triangle ABC$ 的三边分别是 a，b，c，若 $a^2 + 2bc = b^2 + 2ac = c^2 + 2ab = 27$，那么 $\triangle ABC$ 是(　　).
　　(A) 等腰三角形　　　　　　(B) 等腰直角三角形　　　　(C) 钝角三角形
　　(D) 直角三角形　　　　　　(E) 等边三角形

考点6-02-04　全等与相似

一、考点讲解

1. 三角形的全等

（1）定义
两个三角形形状相同，大小相同，则称两者全等.

（2）判别
可以通过边边边（SSS），边角边（SAS），角边角（ASA），角角边（AAS）来判断.

（3）性质
如果两个三角形全等，则对应边、对应角、面积均相等. 用数学语言表达就是两个三角形等价，这样的两个三角形具有相同的边长、角、面积等.

（4）应用
当出现折叠、对称、旋转时，可以用全等分析.

2. 三角形的相似

（1）定义
两个三角形形状相同，大小成比例，则称两者相似.

（2）判断
只要有两组内角对应相等即可.

（3）性质

①相似三角形（相似图形）对应边的比相等（即为相似比），$\dfrac{a_1}{a_2} = \dfrac{b_1}{b_2} = \dfrac{c_1}{c_2} = k$.

②相似三角形（相似图形）的高、中线、角平分线的比也等于相似比.

③相似三角形（相似图形）的周长比等于相似比，即 $\dfrac{C_1}{C_2} = k$.

④相似三角形（相似图形）的面积比等于相似比的平方，即 $\dfrac{S_1}{S_2} = k^2$.

（4）应用
出现平行时，要用相似分析.

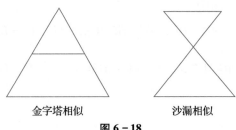

金字塔相似　　　　沙漏相似

图 6 - 18

评 注　相似三角形的性质完全可以延伸到其他的相似图形，如四边形等.

二、考试解读

（1）全等和相似是两个三角形的重要关系，尤其相似图形考试频率较高，应重点掌握.

（2）要掌握相似图形的特征，根据相似图形可以求长度关系和面积关系.

（3）相似的难点在于平行四边形和梯形中的相似关系.

（4）考试频率级别：高.

三、命题方向

考向 1　三角形全等

● **思　路**　遇到折叠、对称或翻转时，采用全等分析.

[例23] 如图 6 - 19，在 $\triangle ABC$ 中，$AD \perp BC$ 于 D，$CE \perp AB$ 于 E，AD 与 CE 交于点 H，若 $EH = EB = 3$，$AE = 4$，那么 $CH = ($　　$)$.

(A) 1　　　(B) $\dfrac{4}{3}$　　　(C) $\dfrac{5}{3}$　　　(D) $\sqrt{3}$　　　(E) 2

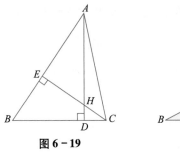

图 6 - 19

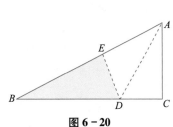

图 6 - 20

[例24] 直角三角形 ABC 的斜边 $AB = 13$，直角边 $AC = 5$，把 AC 对折到 AB 上与斜边相重合，点 C 与点 E 重合，折痕为 AD（如图 6 - 20），则图中阴影部分的面积为（　　）.

(A) 20　　　(B) $\dfrac{40}{3}$　　　(C) $\dfrac{38}{3}$　　　(D) 14　　　(E) 12

考向 2　三角形相似

● **思　路**　当出现平行时，采用相似分析. 对于相似图形，面积比等于相似比的平方.

[例25] 下列命题中正确的是(　　).

　　(A) 所有的直角三角形都相似　　　　　　(B) 所有的等腰三角形都相似

（C）所有的平行四边形都相似　　　　　　（D）所有的等边三角形都相似

（E）所有的梯形都相似

[例 26] 如图 6-21，$\triangle ABC$ 中，DE，FG，BC 互相平行，$AD = DF = FB$，则 $S_{\triangle ADE} : S_{四边形DEGF}$: $S_{四边形FGCB} = （　　）.$

（A）1:3:5　　　（B）1:2:5　　　（C）1:3:4　　　（D）1:3:6　　　（E）2:3:5

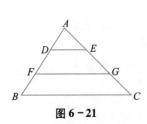
图 6-21

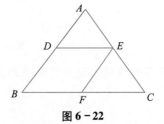
图 6-22

[例 27] 如图 6-22，在 $\triangle ABC$ 中，D，E，F 分别是 AB，AC，BC 上的点，且 $DE \parallel BC$，$EF \parallel AB$，$AD:DB = 2:3$，$BC = 20$，则 $CF = （　　）.$

（A）15　　　（B）$\dfrac{40}{3}$　　　（C）$\dfrac{38}{3}$　　　（D）14　　　（E）12

模块 6-03 四边形

考点 6-03-01　四边形

一、考点讲解

1. 平行四边形

平行四边形两边长是 a，b，以 b 为底边的高为 h，面积为 $S = bh$，周长 $C = 2(a + b)$.

2. 矩形

矩形两边长为 a，b，面积为 $S = ab$，周长 $C = 2(a + b)$，对角线 $l = \sqrt{a^2 + b^2}$.

3. 菱形

菱形四边边长均为 a，以 a 为底边的高为 h，面积为 $S = ah = \dfrac{1}{2}l_1 l_2$，其中 l_1，l_2 分别为对角线的长，周长为 $C = 4a$.

4. 正方形

正方形四边边长均为 a，四个内角都是 $90°$，面积为 $S = a^2$，周长为 $C = 4a$.

5. 梯形

梯形上底为 a，下底为 b，高为 h，中位线 $l = \dfrac{1}{2}(a + b)$，面积为 $S = \dfrac{1}{2}(a + b)h$.

注意 两个特殊梯形：等腰梯形和直角梯形.

6. 蝶形定理

蝶形定理为我们提供了解决不规则四边形的面积问题的一个途径. 通过构造模型，一方面可以使不规则四边形的面积关系与四边形内的三角形相联系；另一方面，也可以得到与面积对应的对角线的比例关系．

（1）任意四边形中的比例关系（"蝶形定理"，如图 $6-23$）：

① $\dfrac{S_1}{S_2}=\dfrac{S_4}{S_3}=\dfrac{OD}{OB}$（根据等高三角形面积之比等于底之比），

从而 $S_1\times S_3=S_2\times S_4$．

② 根据等比定理，$\dfrac{S_1}{S_2}=\dfrac{S_4}{S_3}=\dfrac{OD}{OB}=\dfrac{S_1+S_4}{S_2+S_3}$．

同理：$\dfrac{S_1+S_2}{S_4+S_3}=\dfrac{AO}{OC}$

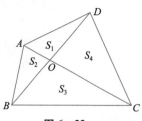

图 6 - 23

（2）梯形的蝶形定理及相似比例（如图 $6-24$）

① $\dfrac{S_1}{S_2}=\dfrac{S_4}{S_3}=\dfrac{OD}{OB}=\dfrac{a}{b}$．

② $S_1\times S_3=S_2\times S_4$．

③ $\dfrac{S_1}{S_3}=\dfrac{a^2}{b^2}$（相似）．

④ $S_2+S_3=S_4+S_3\Rightarrow S_2=S_4$．

综合以上四个，统一比例得到：$S_1:S_3:S_2:S_4=a^2:b^2:ab:ab$．

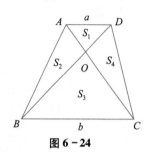

图 6 - 24

二、考试解读

（1）四边形比三角形简单，四边形常考的是对角线，对角线可以将四边形分成若干三角形分析．

（2）要掌握平行四边形，菱形，矩形和梯形的特征及隐含条件，借助相关性质解题．

（3）四边形经常与三角形的相似结合考察，此外，难点是做辅助线来解题．

（4）考试频率级别：中．

三、命题方向

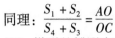

考向 1 正方形

● **思 路** 四边边长均为 a，四个内角都是 $90°$，面积为 $S=a^2$，周长为 $C=4a$．

[例28] 如图 $6-25$，已知正方形 $ABCD$ 四条边与圆 O 内切，而正方形 $EFGH$ 是圆 O 的内接正方形．已知正方形 $ABCD$ 的面积为 1，则正方形 $EFGH$ 的面积是（　　）．

（A）$\dfrac{2}{3}$　　（B）$\dfrac{1}{2}$　　（C）$\dfrac{\sqrt{2}}{2}$　　（D）$\dfrac{\sqrt{2}}{3}$　　（E）$\dfrac{1}{4}$

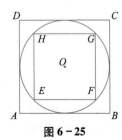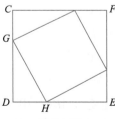

图 6 - 25　　　　**图 6 - 26**

[例29] 如图 $6-26$，一个周长为 20 的正方形内接于一个周长为 28 的正方形，小正方形的一个顶点与大正方形的一个顶点的最大距离为（　　）．

（A）3　　（B）4　　（C）5　　（D）$\sqrt{58}$　　（E）$\sqrt{65}$

[例30] 如图 6-27，四边形 $ABCD$ 是正方形，l_1，l_2，l_3 分别经过 A，B，C 三点，且 $l_1 /\!/ l_2 /\!/ l_3$，$BM \perp l_1$ 于 M，$BN \perp l_3$ 于 N，若 l_1 与 l_2 距离为 5，l_2 与 l_3 距离为 7，则正方形 $ABCD$ 的面积为(   )．

(A) 70　　　　(B) 74　　　　(C) 140
(D) 144　　　(E) 148

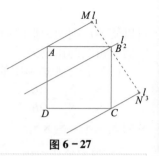

图 6-27

考向 2　长方形

● 思　路　长方形两组对边互相垂直，对角线互相平分．注意矩形中出现直线将其分割为若干三角形的命题．

[例31] 如图 6-28，长方形 $ABCD$ 的两条边长分别为 8 和 6，四边形 $OEFG$ 的面积是 4，则阴影部分的面积为(   )．

(A) 32　　　(B) 28　　　(C) 24　　　(D) 20　　　(E) 16

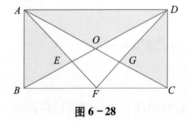

图 6-28

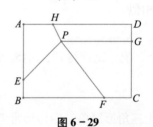

图 6-29

[例32] 如图 6-29，在矩形 $ABCD$ 中，点 E，F，G，H 分别在 AB，BC，CD，DA 上，点 P 在矩形 $ABCD$ 内，若 $AB = 4$，$BC = 6$，$AE = CG = 3$，$BF = DH = 4$，四边形 $AEPH$ 的面积为 5，则四边形 $PFCG$ 的面积为(   )．

(A) 5　　　(B) 6　　　(C) 8　　　(D) 9　　　(E) 10

[例33] 某用户要建一个长方形的羊栏，羊栏的周长为 120，羊栏对角线的长不超过 50，则羊栏的面积最小值为(   )．

(A) 450　　(B) 500　　(C) 520　　(D) 540　　(E) 550

考向 3　菱形

● 思　路　菱形两对角线互相垂直平分，面积等于对角线之积的一半．

[例34] 已知菱形两条对角线长分别为 10 和 24，则菱形的面积为(   )．

(A) 110　　(B) 120　　(C) 130　　(D) 140　　(E) 160

[例35] 已知菱形的周长为 52，一条对角线长为 24，则菱形的面积为(   )．

(A) 110　　(B) 120　　(C) 130
(D) 140　　(E) 160

[例36] 如图 6-30，在菱形 $ABCD$ 中，两条对角线长分别是 6 和 8，点 P 是 AC 上一动点，M，N 分别是 AB，BC 的中点，则 $PM + PN$ 的最小值为(   )．

(A) 3　　　(B) 4　　　(C) 5
(D) 6　　　(E) 7

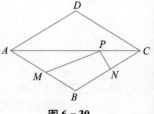

图 6-30

考向 4 平行四边形

● **思 路** 平行四边形两组对边平行且相等，平行四边形的核心点是对角线．此外，如果没有其他要求，可以将平行四边形特殊成矩形或正方形来找答案．

[例37] 如图 6-31，已知 P 是平行四边形 $ABCD$ 内一点，且
$S_{\triangle PAB}=5$，$S_{\triangle PAD}=2$，则 $S_{\triangle PAC}=($)．
(A) 2 (B) 3 (C) 3.5
(D) 4 (E) 5

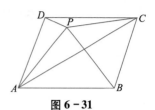

图 6-31

考向 5 梯形

● **思 路** 根据梯形的面积公式和性质进行分析，注意直角梯形和等腰梯形这两个特殊梯形．

[例38] 如图 6-32，$AB \perp BC$ 于 B，$CD \perp BC$ 于 C，$\angle BAD$ 与 $\angle CDA$ 的角平分线恰好交于 BC 上的点 E，$AD=8$，$BC=6$，则四边形 $ABCD$ 的面积为( )．
(A) 12 (B) 24 (C) 36 (D) 48 (E) 96

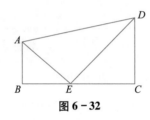

图 6-32

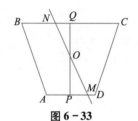

图 6-33

[例39] 如图 6-33，在梯形 $ABCD$ 中，$AD /\!/ BC$，点 P，Q 分别平分 AD，BC，点 O 平分 PQ，过点 O 作直线与 AD 相交于 M，与 BC 相交与 N，则四边形 $AMNB$ 和 $MDCN$ 的面积比是( )．
(A) $\dfrac{1}{2}$ (B) 1 (C) $\dfrac{2}{3}$ (D) $\dfrac{3}{2}$ (E) 2

考向 6 其他四边形

● **思 路** 遇到其他四边形，可以分割为三角形来求解，或者利用特殊四边形分析．

[例40] 如图 6-34，已知 $ABCD$ 是平行四边形，$BC:CE=3:2$，三角形 ODE 的面积为 6. 则阴影部分的面积是( )．
(A) 20 (B) 21 (C) 22 (D) 24 (E) 26

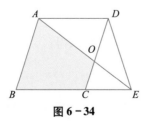

图 6-34

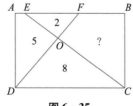

图 6-35

[例41] 如图 6-35，长方形 $ABCD$ 被 CE，DF 分成四块，已知其中 3 块的面积分别为 2、5、8，那么余下的四边形 $OFBC$ 的面积为( )．
(A) 10 (B) 9 (C) 8 (D) 7 (E) 6

考向7　多边形

● **思 路**　遇到多边形，可以做辅助线（一般连接对角线），将其分割为若干三角形来求解.

[例42] 边长为2的正六边形面积为(　　).

(A) $2\sqrt{3}$　　　(B) $3\sqrt{3}$　　　(C) $4\sqrt{3}$　　　(D) $6\sqrt{3}$　　　(E) $8\sqrt{3}$

第三节　难点考向

模块 6-04 三角形的四心

考点6-04-01　三角形的四心

一、考点讲解

1. 三角形的四心

四心	定义	位置	特征
内心	内切圆的圆心	角平分线的交点	内心到三边距离相等 $S = \dfrac{r}{2}(a+b+c)$，S 为面积，r 为内切圆半径
外心	外接圆的圆心	三边的中垂线的交点	外心到三个顶点距离相等，直角三角形外心在斜边的中点，$S = \dfrac{abc}{4r}$，S 为面积，r 为外接圆半径
重心	—	三条中线的交点	重心将三角形分成三个面积相等的三角形，重心将中线分成 $2{:}1$ 两段
垂心	—	三条高的交点	—

2. 内切圆半径推导

根据面积关系：$S = \dfrac{1}{2}ar + \dfrac{1}{2}br + \dfrac{1}{2}cr = \dfrac{r}{2}(a+b+c)$.

3. 外接圆半径推导

由正弦定理：$r = \dfrac{a}{2\sin A}$ 及 $S = \dfrac{1}{2}bc\sin A$，将 $\sin A = \dfrac{2S}{bc}$ 代入得：

$r = \dfrac{abc}{4S}$.

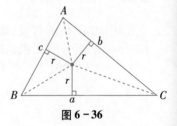

图 6-36

二、考试解读

（1）三角形的四心要注意性质的应用和公式.

（2）比较重要的是内心、外心和重心.

（3）考试频率级别：中.

三、命题方向

考向 1　内心

● **思　路**　内心是内切圆的圆心，是三条角平分线的交点，内心到三边的距离相等．对于一般三角形，内切圆半径 $r = \dfrac{2S}{a+b+c}$；对于直角三角形，内切圆半径 $r = \dfrac{a+b-c}{2}$，c 为斜边长；对于等边三角形，内切圆半径 $r = \dfrac{\sqrt{3}a}{6}$．

[例1] 三边长为 5，6，7 的三角形的内切圆面积为（　　）．

(A) $\dfrac{4}{3}\pi$　　　(B) $\dfrac{7}{3}\pi$　　　(C) $\dfrac{8}{3}\pi$　　　(D) $\dfrac{10}{3}\pi$　　　(E) $\dfrac{13}{3}\pi$

[例2] 有一个角是 30° 的直角三角形的小直角边长为 a，它的内切圆的半径为（　　）．

(A) $\dfrac{1}{2}a$　　　(B) $\dfrac{\sqrt{3}}{2}$　　　(C) a　　　(D) $\dfrac{\sqrt{3}+1}{2}a$　　　(E) $\dfrac{\sqrt{3}-1}{2}a$

[例3] 若等边三角形的面积为 $9\sqrt{3}$，则内切圆面积为（　　）．

(A) $\dfrac{4}{3}\pi$　　　(B) $\dfrac{7}{3}\pi$　　　(C) 3π　　　(D) 4π　　　(E) 6π

考向 2　外心

● **思　路**　外心表示外接圆的圆心，是三边的中垂线交点，外心到三个顶点的距离相等．对于直角三角形，外心在斜边的中点，斜边是外接圆的直径，外接圆半径 $r = \dfrac{c}{2}$（c 表示斜边长），等边三角形外接圆半径 $r = \dfrac{\sqrt{3}a}{3}$（a 为边长）．锐角三角形的外心在三角形内；钝角三角形的外心在三角形外；直角三角形的外心与斜边的中点重合．

[例4] 等腰直角三角形的内切圆面积与外接圆面积之比为（　　）．

(A) $6-3\sqrt{2}$　　(B) $2-\sqrt{2}$　　(C) $2\sqrt{2}-1$　　(D) $3-\sqrt{2}$　　(E) $3-2\sqrt{2}$

[例5] $\triangle ABC$ 中，$A(-1,5)$，$B(5,5)$，$C(6,-2)$，则这个三角形的外心坐标为（　　）．

(A) $(1,2)$　　(B) $(2,1)$　　(C) $(-1,2)$　　(D) $(2,-1)$　　(E) $(1,-2)$

考向 3　重心

● **思　路**　重心表示三条中线的交点．重要结论：（1）重心将中线分成长度为 2:1 的两段；（2）重心到顶点的距离与重心到对边中点的距离之比为 2:1；（3）重心和三角形 3 个顶点组成的 3 个三角形面积相等；（4）在平面直角坐标系中，重心的坐标是顶点坐标的算术平均值，即其坐标为 $\left(\dfrac{x_A+x_B+x_C}{3}, \dfrac{y_A+y_B+y_C}{3}\right)$；（5）重心到三角形 3 个顶点距离的平方和最小；（6）重心是三角形内到三边距离之积最大的点．

[例6] 三角形 ABC 内有一点 P，若三角形面积 $S_{\triangle ABP} = S_{\triangle ACP} = S_{\triangle BCP}$，则 P 点为（　　）.

（A）内心　　　（B）外心　　　（C）重心　　　（D）垂心　　　（E）无法确定

[例7] 三角形 ABC 内有一点 P，若 P 点到三边的距离与边长成反比，则 P 点为（　　）.

（A）内心　　　（B）外心　　　（C）重心　　　（D）垂心　　　（E）无法确定

[例8] $\triangle ABC$ 的三个顶点坐标为 $A(-1, 5)$，$B(4, 3)$，$C(6, -2)$，则重心坐标为（　　）.

（A）$(1, 2)$　　　　　（B）$(3, 2)$　　　　　（C）$(-1, 2)$

（D）$(2, 3)$　　　　　（E）$(1, -2)$

[例9] 已知 O 是 $\triangle ABC$ 的重心，若 $\triangle AOC$ 的面积为 4，则 $\triangle ABC$ 的面积为（　　）.

（A）8　　　（B）9　　　（C）10　　　（D）12　　　（E）16

[例10] 在直角三角形 ABC 中，$\angle A = 90°$，$AB = 4$，$AC = 3$，则重心 D 到斜边的距离是（　　）.

（A）0.5　　　（B）0.6　　　（C）0.8　　　（D）1　　　（E）1.2

[例11] 已知 G 是 $\triangle ABC$ 的重心，过 G 作 $GD \perp BC$，且 $GD = 3$，则 BC 边上的高是（　　）.

（A）8　　　（B）9　　　（C）10　　　（D）12　　　（E）16

[例12] 在直角三角形 ABC 中，$\angle A = 90°$，$BC = 6$，则重心 G 到斜边上的中点的距离是（　　）.

（A）0.5　　　（B）1　　　（C）1.2　　　（D）1.4　　　（E）1.5

[例13] 等腰三角形 ABC 中，若 $AB = AC = 15$，$BC = 18$，则重心到底边的距离是（　　）.

（A）3　　　（B）4　　　（C）5　　　（D）6　　　（E）8

[例14] 已知 G 是 $\triangle ABC$ 的重心，若 $GE // AB$，$GF // AC$，若 $S_{\triangle GEF} = 4$，则 $\triangle ABC$ 的面积为（　　）.

（A）28　　　（B）30　　　（C）32　　　（D）34　　　（E）36

[例15] 如图 6-37，已知 G 是 $\triangle ABC$ 的重心，过 G 作 $EG // BC$，若 $S_{\triangle AEG} = 8$，则 $\triangle ABC$ 的面积为（　　）.

（A）24　　　（B）28　　　（C）30　　　（D）32　　　（E）36

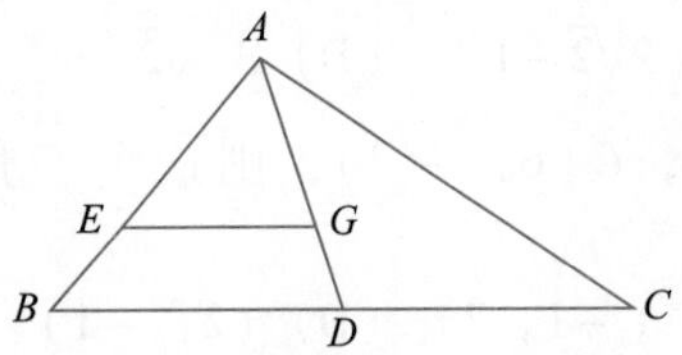

图 6-37 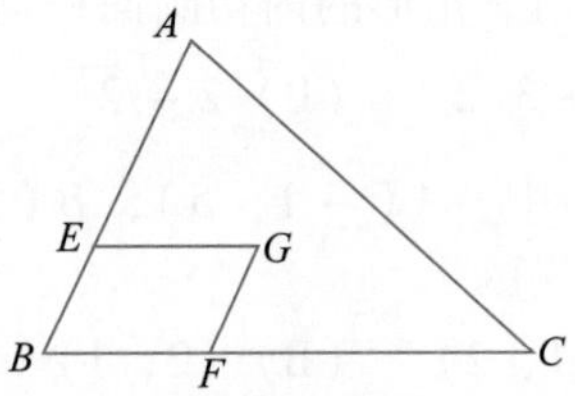　　　　　　　　　图 6-38

[例16] 如图 6-38，已知 G 是 $\triangle ABC$ 的重心，过 G 作 $EG // BC$，作 $GF // AB$，若 $\triangle ABC$ 的面积为 72，则四边形 $GEBF$ 的面积为（　　）.

（A）14　　　（B）16　　　（C）18　　　（D）20　　　（E）22

模块 6-05 圆与扇形

考点 6-05-01 / 圆与扇形

一、考点讲解

1. 角的弧度

把圆弧长度和半径的比值称为一个圆周角的弧度.

度与弧度的换算关系: 1 弧度 $=\dfrac{180°}{\pi}$, $1°=\dfrac{\pi}{180}$ 弧度.

常用的角度与弧度对应关系:

角度	30°	45°	60°	90°	180°	360°
弧度	$\dfrac{\pi}{6}$	$\dfrac{\pi}{4}$	$\dfrac{\pi}{3}$	$\dfrac{\pi}{2}$	π	2π

2. 圆

圆的圆心为 O, 半径为 r, 直径为 d, 则

周长 $C=2\pi r=\pi d$, 面积 $S=\pi r^2=\dfrac{1}{4}\pi d^2$.

3. 扇形

（1）扇形弧长

$l=r\theta=\dfrac{\alpha}{360}\times 2\pi r$, 其中 θ 为扇形角的弧度数, α 为扇形角的角度, r 为扇形半径.

（2）扇形面积

$S=\dfrac{\alpha}{360°}\times\pi r^2=\dfrac{1}{2}lr$, 其中 α 为扇形角的角度, r 为扇形半径.

二、考试解读

（1）首先要掌握角度与弧度的换算关系, 不要出现计算错误.
（2）圆的面积和周长公式较简单, 扇形可以看成是圆的一部分, 掌握扇形的面积和弧长公式.
（3）圆与扇形经常与三角形结合考查, 结合三角形的性质分析面积或长度.
（4）考试频率级别: 高.

三、命题方向

> **考向 1　求弧长**
>
> ● **思　路**　先求圆心角, 再根据半径求弧长.

[例 17] 把半径分别为 3 和 2 的两个半圆放成如图 6-39 的位置, 则阴影部分的周长是 (　　).

（A）$5\pi+7$　　　（B）$5\pi+6$　　　（C）$5\pi+4$

（D）$6\pi+5$　　　（E）$6\pi+3$

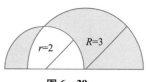

图 6-39

[例18] 如图6-40，有四根底面半径都是0.5米的圆形管子，被一根铁丝紧紧地捆在一起，则铁丝的长度为(　　)．(打结处的铁丝长度不计)

(A) $2\pi - 2$　　(B) $2\pi + 6$　　(C) $\pi + 4$　　(D) $\pi + 5$　　(E) $2\pi + 3$

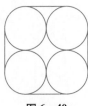　　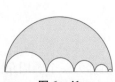

图6-40　　　　　　　图6-41

[例19] 如图6-41是由一个直径为20的大的半圆和若干个直径未知的小的半圆组成的图形，那么阴影部分的周长等于(　　)．

(A) $18\pi + 20$　(B) $20\pi + 20$　(C) 16π　　(D) 18π　　(E) 20π

考向2　求面积

• **思　路**　对于面积，一般用割补法、反面减法、对称法等思路求解．

[例20] 如图6-42，已知 PA，PB 切 $\odot O$ 于 A，B 点，$PO = 4$，$\angle APB = 60°$，则阴影部分的面积为(　　)．

(A) $\dfrac{4\pi}{3} - 2\sqrt{3}$　　　　(B) $4\sqrt{3} - \dfrac{\pi}{3}$　　　　(C) $4\sqrt{3} - \dfrac{2\pi}{3}$

(D) $3\sqrt{3} - \dfrac{4\pi}{3}$　　　　(E) $4\sqrt{3} - \dfrac{4\pi}{3}$

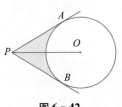　　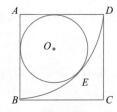

图6-42　　　　　　　图6-43

[例21] 如图6-43，已知正方形 $ABCD$ 的边长为10，若以 A 为圆心，10为半径作扇形 ABD，在扇形 ABD 内作 $\odot O$ 与 AD、AB、弧都相切，则 $\odot O$ 的面积为(　　)．

(A) $100(3 - \sqrt{2})\pi$　　　(B) $100(2 - \sqrt{2})\pi$　　　(C) $100(3 - 2\sqrt{2})\pi$

(D) $100(3 + 2\sqrt{2})\pi$　　　(E) $100(3 + \sqrt{2})\pi$

[例22] 如图6-44，长方形 $ABCD$ 中的 $AB = 10$，$BC = 5$，以 AB 和 AD 分别为半径作 $\dfrac{1}{4}$ 圆，则图中阴影部分的面积为(　　)．

(A) $25 - \dfrac{25}{2}\pi$　　　　(B) $25 + \dfrac{125}{2}\pi$

(C) $50 + \dfrac{25}{4}\pi$　　　　(D) $\dfrac{125}{4}\pi - 50$

(E) $25 + \dfrac{25}{2}\pi$

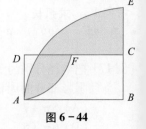

图6-44

[例23] 如图 6-45，阴影部分的面积为(　　).

(A) 6　　　(B) 8　　　(C) 9　　　(D) 12　　　(E) 18

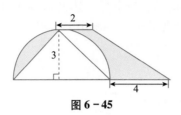

图 6-45 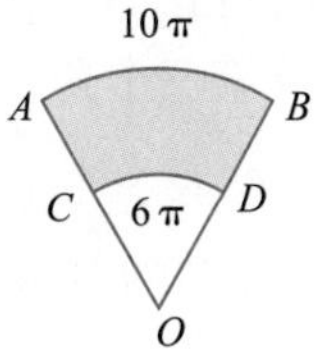　　　　　　图 6-46

[例24] 如图 6-46，两个同心圆被两条半径截得的 $\overset{\frown}{AB}=10\pi$，$\overset{\frown}{CD}=6\pi$，又 $AC=12$，则阴影部分面积为(　　).

(A) 66π　　(B) 86π　　(C) 96π　　(D) 98π　　(E) 102π

模块 6-06 综合题

考点 6-06-01　三角形定理及常用结论

一、考点讲解

1. 直角三角形

（1）勾股定理

如果直角三角形的两条直角边分别为 a，b，斜边为 c，那么 $a^2+b^2=c^2$.

①记住常见的勾股数可以提高解题速度，如 3，4，5；6，8，10；5，12，13；7，24，25；8，15，17 等.

②用含字母的代数式表示 n 组勾股数：n^2-1，$2n$，n^2+1（$n\geqslant2$，n 为正整数）；$2n+1$，$2n^2+2n$，$2n^2+2n+1$（n 为正整数）；m^2-n^2，$2mn$，m^2+n^2（$m>n$，m 与 n 均为正整数）.

（2）射影定理

如图 6-47，$CD\perp AB$，则 $CD^2=AD\cdot BD$；$AC^2=AD\cdot AB$；$BC^2=BD\cdot AB$.

（3）斜高关系

a 和 b 表示直角边，c 表示斜边，h 表示斜边上的高，则 $h=\dfrac{ab}{c}$.

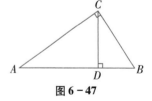

图 6-47

2. 一般三角形

（1）正弦定理

$\dfrac{a}{\sin A}=\dfrac{b}{\sin B}=\dfrac{c}{\sin C}=2R$，其中 R 为 $\triangle ABC$ 的外接圆半径.

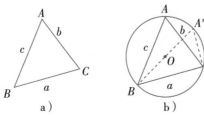

a)　　　　　b)

图 6-48

正弦定理适用于两类解三角形问题：

① 已知三角形的任意两角和一边，先求第三个角，再根据正弦定理求出另外两边；

② 已知三角形的两边与其中一边所对的角，先求另一边所对的角（注意此角有两解、一解、无解的可能），再计算第三个角，最后根据正弦定理求出第三边.

（2）余弦定理

在 $\triangle ABC$ 中，角 A，B，C 的对边分别为 a，b，c，则有

$$\begin{cases} a^2 = b^2 + c^2 - 2bc\cos A \\ b^2 = a^2 + c^2 - 2ac\cos B \\ c^2 = a^2 + b^2 - 2ab\cos C \end{cases} ，其变式为：\begin{cases} \cos A = \dfrac{b^2 + c^2 - a^2}{2bc} \\ \cos B = \dfrac{a^2 + c^2 - b^2}{2ac} \\ \cos C = \dfrac{a^2 + b^2 - c^2}{2ab} \end{cases}$$

余弦定理及其变式可用来解决以下两类三角形问题：

① 已知三角形的两边及其夹角，先由余弦定理求出第三边，再由正弦定理求较短边所对的角（或由余弦定理求第二个角），最后根据"内角和定理"求得第三个角；

② 已知三角形的三条边，先由余弦定理求出一个角，再由正弦定理求较短边所对的角（或由余弦定理求第二个角），最后根据"内角和定理"求得第三个角.

常用角度的正弦、余弦值：

A	$30°$	$45°$	$60°$	$90°$
$\sin A$	$\dfrac{1}{2}$	$\dfrac{\sqrt{2}}{2}$	$\dfrac{\sqrt{3}}{2}$	1
$\cos A$	$\dfrac{\sqrt{3}}{2}$	$\dfrac{\sqrt{2}}{2}$	$\dfrac{1}{2}$	0

注意 两角互补时，正弦值相同，余弦值互为相反数.

（3）中线定理

如图 6-49，AD 为 BC 边上的中线，$AB^2 + AC^2 = 2(AD^2 + BD^2)$.

（4）角平分线定理

如图 6-50，AD 为 $\angle BAC$ 的角平分线，$\dfrac{AB}{AC} = \dfrac{BD}{DC}$.

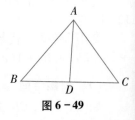

图 6-49

证明：过点 B 作 AC 的平行线用相似法或用等面积法.

斯库顿定理：$AD^2 = AB \cdot AC - BD \cdot DC$.

$\left(可根据余弦定理推导：\cos\angle BAD = \dfrac{AB^2 + AD^2 - BD^2}{2AB \cdot AD} = \cos\angle CAD = \dfrac{AC^2 + AD^2 - CD^2}{2AC \cdot AD} \right)$

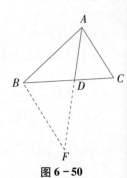

图 6-50

二、考试解读

（1）要理解这些定理，并结合特征记忆.

（2）能够灵活应用定理，根据图形特点选择合适的定理进行分析.

（3）考试频率级别：低.

三、命题方向

考向 1　直角三角形

- **思　路**　先画图，结合勾股定理、射影定理、斜高关系求解.

[例 25] 已知直角三角形 ABC 中，斜边 $AB = 5$，$BC = 2$，D 为 AC 上的一点，$DE \perp AB$ 交 AB 于 E，且 $AD = 3.2$，则 $DE = $ （　　）.
(A) 1.24　　(B) 1.26　　(C) 1.28　　(D) 1.3　　(E) 1.32

[例 26] 在 Rt$\triangle ABC$ 中，$\angle BAC = 90°$，$AD \perp BC$ 于点 D，若 $\dfrac{AC}{AB} = \dfrac{3}{4}$，则 $\dfrac{BD}{CD} = $ （　　）.

(A) $\dfrac{3}{4}$　　(B) $\dfrac{4}{3}$　　(C) $\dfrac{16}{9}$　　(D) $\dfrac{9}{16}$　　(E) $\dfrac{25}{16}$

[例 27] 在 Rt$\triangle ABC$ 中，$\angle ACB = 90°$，$CD \perp AB$，$AC = 6$，$AD = 3.6$，则 $BC = $ （　　）.
(A) 6.4　　(B) 6.8　　(C) 7　　(D) 7.2　　(E) 8

考向 2　正弦定理及余弦定理

- **思　路**　先画图，找到边与角的关系，利用正弦定理及余弦定理分析.

[例 28] 若三角形的三个内角之比为 $1:2:3$，则他们所对的边长之比为 （　　）.
(A) $1:2:3$　　(B) $1:4:9$　　(C) $1:\sqrt{2}:\sqrt{3}$　　(D) $1:\sqrt{3}:2$　　(E) $1:\sqrt{3}:\sqrt{5}$

[例 29] 若在 $\triangle ABC$ 中，$\angle A = 60°$，$b = 1$，$S_{\triangle ABC} = \sqrt{3}$，则 $\dfrac{a+b+c}{\sin A + \sin B + \sin C} = $ （　　）.

(A) $\dfrac{2\sqrt{29}}{3}$　　(B) $\dfrac{2\sqrt{35}}{3}$　　(C) $\dfrac{2\sqrt{33}}{3}$　　(D) $\dfrac{2\sqrt{39}}{3}$　　(E) $\dfrac{4\sqrt{13}}{3}$

[例 30] 边长为 5，7，8 的三角形的最大角与最小角的和是 （　　）.
(A) $90°$　　(B) $120°$　　(C) $135°$　　(D) $150°$　　(E) $160°$

[例 31] 在 $\triangle ABC$ 中，若 $(a+b+c)(b+c-a) = 3bc$，则 $\angle A = $ （　　）
(A) $60°$　　(B) $90°$　　(C) $120°$　　(D) $135°$　　(E) $150°$

考向 3　中线定理

- **思　路**　如果已知三边，求中线长度，可利用中线定理分析.

[例 32] 在三角形 ABC 中，$AB = 5$，$AC = 7$，$BC = 8$，D 为 BC 的中点，则 $AD = $ （　　）.
(A) 5　　(B) $\sqrt{21}$　　(C) $3\sqrt{3}$　　(D) $4\sqrt{2}$　　(E) $2\sqrt{7}$

考向 4　角平分线定理

- **思　路**　如果已知三边，求角平分线长度，可利用角平分线定理分析.

[例 33] 在三角形 ABC 中，$AB = 4$，$AC = 6$，$BC = 8$，AD 为 $\angle BAC$ 的角平分线，则 $AD = $ （　　）.
(A) $\dfrac{6\sqrt{5}}{5}$　　(B) $\dfrac{7\sqrt{6}}{5}$　　(C) $\sqrt{6}$　　(D) $\dfrac{4\sqrt{6}}{5}$　　(E) $\dfrac{6\sqrt{6}}{5}$

关注作者新浪微博
获取更多复习指导

第四节　基础自测题

一、问题求解题

1. 如图 6–51，$AB /\!/ CD$，直线 EF 分别交 AB、CD 于 E、F，EG 平分 $\angle BEF$，若 $\angle 1 = 72°$，则 $\angle 2$ 为（　　）.
   （A）36°　　　（B）48°　　　（C）54°　　　（D）60°　　　（E）72°

2. 如图 6–52，点 A 是圆的圆心，且 $AB = BC = CD$，则角 x 的值是（　　）.
   （A）15°　　　（B）30°　　　（C）45°　　　（D）60°　　　（E）75°

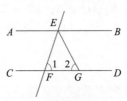

图 6–51

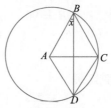

图 6–52

3. 如图 6–53，长方形纸片沿 EF 折叠后，若 $\angle EFB = 65°$，则 $\angle AED'$ 为（　　）.
   （A）50°　　　（B）55°　　　（C）60°
   （D）65°　　　（E）70°

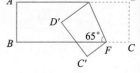

图 6–53

4. 若圆 C 的面积值是周长的 2 倍，则该圆的面积是（　　）.
   （A）4　　　（B）8　　　（C）4π　　　（D）8π　　　（E）16π

5. 如图 6–54，正方形 $ABCD$ 的边长为 a，以 AB、BC、CD、DA 分别为直径画半圆，这四个半圆弧所围成的阴影部分的面积为（　　）.

   （A）$(\pi - 2)a^2$　　　（B）$(\pi - 1)a^2$　　　（C）$\dfrac{\pi - 2}{2}a^2$　　　（D）$\dfrac{\pi - 1}{2}a^2$　　　（E）$\dfrac{\pi - 2}{4}a^2$

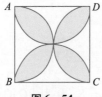

图 6–54

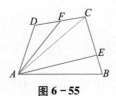

图 6–55

6. 如图 6–55，四边形 $ABCD$ 中，点 E、F 分别在 BC、CD 上，$DF = FC$，$CE = 2EB$，已知 $S_{\triangle ADF} = m$，$S_{四边形 AECF} = n\,(n > m)$，则 $S_{四边形 ABCD}$ 等于（　　）.
   （A）$\dfrac{3n - m}{2}$　　　（B）$\dfrac{3n + m}{2}$　　　（C）$\dfrac{3n + 3m}{2}$　　　（D）$\dfrac{3n - 3m}{2}$　　　（E）$\dfrac{3n + 2m}{2}$

7. 已知 a，b，c 是 $\triangle ABC$ 的三条边，且有如下关系：$-c^2 + a^2 + 2ab - 2bc = 0$，则此三角形的形状为（　　）.
   （A）等腰三角形　　　　　　　　　　　（B）等边三角形
   （C）等腰直角三角形　　　　　　　　　（D）直角三角形
   （E）无法确定

8. 如图 6-56，在边长为 2 的菱形 $ABCD$ 中，$\angle B = 45°$，AE 为 BC 边上的高，将 $\triangle ABE$ 沿 AE 翻折后得 $\triangle AB'E$，则 $\triangle AB'E$ 与四边形 $AECD$ 重叠部分的面积为 （　　）．
   (A) $\sqrt{2} - 1$　　(B) $2 - \sqrt{2}$　　(C) $2\sqrt{2} - 2$　　(D) $2\sqrt{2} - 1$　　(E) $2 + \sqrt{2}$

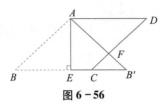
图 6-56

图 6-57

9. 如图 6-57，在 $\triangle ABC$ 中，$\angle BAC = 90°$，$AC > AB$，AD 是 BC 边上的高，M 是 BC 的中点，$BC = 8$，$DM = \sqrt{3}$，则 AD 的长度为 （　　）．
   (A) $\sqrt{11}$　　(B) $\sqrt{12}$　　(C) $\sqrt{13}$　　(D) $\sqrt{14}$　　(E) 3

10. 如图 6-58，大三角形分成 5 个小三角形，面积分别为 40、30、35、x、y，则 $x = $ （　　）．
   (A) 72　　(B) 70　　(C) 68　　(D) 66　　(E) 64

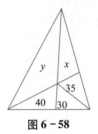
图 6-58

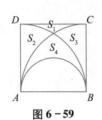
图 6-59

11. 如图 6-59，$ABCD$ 是边长为 2 的正方形，以 AB 为直径的半圆以及以 AB 为半径的两个 $\frac{1}{4}$ 圆在正方形中划分出小面积 S_1，S_2，S_3，S_4，则 $S_4 - S_1 = $ （　　）．
   (A) $\frac{4}{3}\pi - 2$　　(B) $3\pi - 2$　　(C) $\frac{8}{3}\pi - 4$　　(D) $\frac{3}{2}\pi - 4$　　(E) $\pi + 2$

12. 如图 6-60，由四个相同的直角三角形与中间的小正方形拼成的一个大正方形．若大正方形的面积是 13，小正方形的面积是 1，直角三角形的较长直角边为 a，较短直角边为 b，则 $a^3 + b^4$ 的值为 （　　）．
   (A) 35　　(B) 43　　(C) 89
   (D) 97　　(E) 90

图 6-60

13. 半径分别为 2，4，6 的三个圆两两外切，则以这三个圆的圆心为顶点的三角形是 （　　）．
   (A) 锐角三角形　　　　　(B) 直角三角形　　　　　(C) 等腰三角形
   (D) 钝角三角形　　　　　(E) 等边三角形

14. 小明测量一条河水的深度，他把一根竹竿插到离岸边 1.5 米远的水底，竹竿高出水面 0.5 米，把竹竿的顶端拉向岸边，竿顶和岸边的水面刚好相齐，河水的深度为 （　　）米．
   (A) 2　　(B) 4　　(C) 6　　(D) 8　　(E) 5

15. 如图 6-61，BD，CF 将长方形 $ABCD$ 分成 4 块，$\triangle DEF$ 的面积是 4，$\triangle CED$ 的面积是 6，则四边形 $ABEF$ 的面积是 （　　）．
   (A) 9　　(B) 10　　(C) 11
   (D) 12　　(E) 14

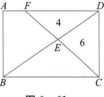
图 6-61

二、条件充分性判断题

1. 如图 6－62，设计一个商标图案（图中阴影部分），在长方形 $ABCD$ 中，$AB=2BC$，以点 A 为圆心，AD 为半径作半圆，则商标图案面积为 $\pi+2$.
   （1）图案面积比空白面积小 $4-\pi$.   （2）图案面积比矩形面积小 $4-\pi$.

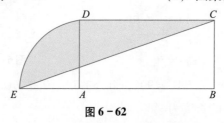

图 6－62

2. 梯形 $ABCD$ 被对角线分为 4 个小三角形，O 为对角线 AC、BD 的交点，且 $AD\parallel BC$，已知 $\triangle AOD$ 和 $\triangle COD$ 的面积分别为 25 和 35，那么梯形的面积是 144.
   （1）梯形为等腰梯形.   （2）梯形为直角梯形.

3. 如图 6－63，矩形 $ABCD$ 中，$\angle EFC=90°$，CF 平分 $\angle DCE$，则矩形的面积为 96.
   （1）$S_{\triangle CDF}:S_{\triangle FAE}=16:9$.   （2）$CD=8$.

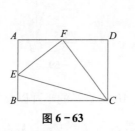

图 6－63   图 6－64

4. 如图 6－64，在 $\square ABCD$ 中，$AB=10$，$AD=6$，在 AB 上取一点 F，使 $\triangle CBF\backsim\triangle CDE$.
   （1）E 是 AD 的中点.   （2）$BF=1.8$.

5. 若 $\triangle ABC$ 的边长均为整数，周长为 11，在所有可组成的三角形中，最大的边长为 5.
   （1）其中一边长为 4.   （2）其中一边长为 3.

6. 如图 6－65，线段 RS 和 TU 表示一个斜靠在墙 SV 上的梯子的两个不同位置. 有 $TV-RV$ $=5(\sqrt{2}-1)$.
   （1）TU 的长为 10.   （2）RV 的长为 5.

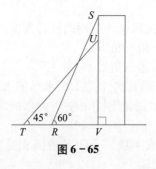
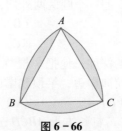

图 6－65   图 6－66

7. 如图 6－66，$\triangle ABC$ 为正三角形，边长为 a，$\overset{\frown}{AB}$、$\overset{\frown}{BC}$、$\overset{\frown}{CA}$ 分别是以 C、A、B 为圆心，a 为半径的弧，则图中阴影部分的面积为 $\dfrac{\pi}{2}-\dfrac{3\sqrt{3}}{4}$.

（1）$a = 2$.　　　　　　　　　　　　（2）$a = 1$.

8. 如图 6-67，在矩形 $ABCD$ 中，$BE = DF$，能确定原矩形面积与四边形 $AECF$ 的面积之比为 3:2.

　　（1）$BE:EA = 1:2$.　　　　　　（2）$AB = 6$，$BC = 3$，$CE = \sqrt{13}$.

9. 菱形的一边和等腰直角三角形的直角边相等，则菱形和三角形的面积之比是 $\sqrt{3}:1$.

　　（1）菱形的一角为 60°.　　　　（2）菱形的一角为 120°.

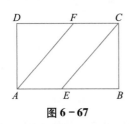

图 6-67

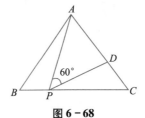

图 6-68

10. 如图 6-68 所示，在等边三角形 ABC 中，P 为 BC 上一点，D 为 AC 上一点，且 $\angle APD = 60°$，则三角形 ABC 的边长为 3.

　　（1）$BP = 1$，$CD = \dfrac{2}{3}$.　　　（2）$BP = 2$，$CD = \dfrac{4}{3}$.

11. 如图 6-69 所示，在长方形 $ABCD$ 中，E，F 分别为 AD，CD 的中点，$EG = 2FG$，则阴影部分的面积为 12.

　　（1）$AB = 6$，$BC = 12$.

　　（2）$AB = 5$，$BC = 10$.

图 6-69

12. △ABC 与 △$A'B'C'$ 面积之比为 2:3.

　　（1）△$ABC \backsim$ △$A'B'C'$ 且它们的周长之比为 $\sqrt{2}:\sqrt{3}$.

　　（2）在 △ABC 和 △$A'B'C'$ 中，$AB:A'B' = AC:A'C' = \sqrt{2}:\sqrt{3}$ 且 $\angle A$ 与 $\angle A'$ 互补.

13. 如图 6-70 所示，有一段楼梯，在楼梯上铺地毯，至少需要 $(2 + 2\sqrt{3})$ 长度的地毯.

　　（1）$BC = 2$，$AB = 4$.

　　（2）$AC = 2\sqrt{3}$，$AB = 4$.

图 6-70

14. △ABC 中，M 是 △ABC 的重心，则 $AM = 10$.

　　（1）$AB = AC = 17$，$BC = 16$.

　　（2）△ABC 是边长为 20 的等边三角形.

加入高分备考群
与名师零距离互动

第五节　综合提高题

一、问题求解题

1. 如图 6-71，已知正方形纸片 $ABCD$，M、N 分别是 AD、BC 的中点，把 BC 边向上翻折，使点 C 恰好落在 MN 上的点 P 处，BQ 为折痕，则 $\angle PBQ$ 等于（　　　）.

　　（A）15°　　　（B）30°　　　（C）45°

　　（D）60°　　　（E）75°

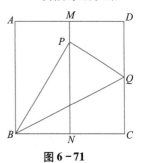

图 6-71

2. 如图 6−72 的图形中，所有的四边形都是正方形，所有的三角形都是直角三角形，其中最大的正方形的边长为 7，则正方形 A、B、C、D 的面积和是（　　）.

(A) 48　　　　(B) 49　　　　(C) 50　　　　(D) 51　　　　(E) 52

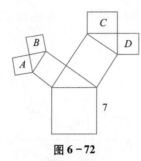
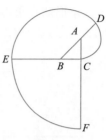

图 6−72　　　　　　　　　图 6−73

3. 如图 6−73，$\triangle ABC$ 是等腰直角三角形，且 $\angle ACB = 90°$，曲线 $CDEF$ 叫作"等腰直角三角形的渐开线"，其中 $\overset{\frown}{CD}$，$\overset{\frown}{DE}$，$\overset{\frown}{EF}$ 的圆心依次按 A，B，C 循环. 如果 $AC = 1$，那么由曲线 $CDEF$ 和线段 CF 围成图形的面积为（　　）.

(A) $\dfrac{(12+7\sqrt{2})\pi}{4}$　　　　(B) $\dfrac{(9+5\sqrt{2})\pi+2}{4}$　　　　(C) $\dfrac{(12+7\sqrt{2})\pi+2}{4}$

(D) $\dfrac{(9+5\sqrt{2})\pi}{4}$　　　　(E) $\dfrac{(12+5\sqrt{2})\pi}{4}$

4. 如图 6−74，在 Rt$\triangle ABC$ 中，$\angle C = 90°$，$AC = BC = 2$，分别以 A、B、C 为圆心，以 $\dfrac{1}{2}AC$ 为半径画弧，三条弧与边 AB 所围成的阴影部分的面积是（　　）.

(A) $\dfrac{4-\pi}{2}$　　　　(B) $\pi-2$　　　　(C) $4-\pi$　　　　(D) $\dfrac{6-\pi}{2}$　　　　(E) $\dfrac{8-\pi}{2}$

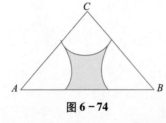

图 6−74　　　　　　　　　图 6−75

5. 如图 6−75，四边形 $ABCD$ 是边长为 2 厘米的正方形，动点 P 在 $ABCD$ 的边上沿 $A \to B \to C \to D$ 的路径以 1 厘米/秒的速度运动（点 P 不与 A、D 重合）. 在这个运动过程中，$\triangle APD$ 的面积 S（平方厘米）随时间 t（秒）的变化关系用图像表示，正确的为（　　）.

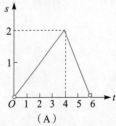
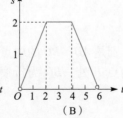
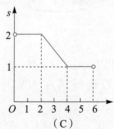
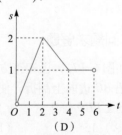

(A)　　　　　　　(B)　　　　　　　(C)　　　　　　　(D)

(E) 以上结论均不正确

6. 已知 $k \geq 0$，且 $a - b = 2k$，$a^2 + b^2 + c^2 = 2k^2$，$a^2c^2 + b^2c^2 = k^4 + 2k^2$，则以 a，b，c 为边的三角形是（　　）.
  （A）直角三角形　　　　　　（B）等边三角形　　　　　（C）等腰三角形
  （D）等腰直角三角形　　　　（E）不存在

7. 已知三角形的三边 a，b，c 满足等式 $a^3 + b^3 + c^3 = 3abc$，这个三角形的外接圆面积与内切圆面积之比为（　　）.
  （A）2　　　　　（B）3　　　　　（C）4　　　　　（D）6　　　　　（E）8

8. 如图 6 - 76，△ABC 为等边三角形，$BD = 2DA$，$CE = 2EB$，$AF = 2FC$，那么 △ABC 的面积是阴影三角形面积的（　　）倍.
  （A）5　　　　　（B）6　　　　　（C）7　　　　　（D）8　　　　　（E）9

图 6 - 76　　　　　　　　　　図 6 - 77

9. 如图 6 - 77，长方形 ABCD 的面积是 36，$AE = 2ED$，则阴影部分的面积为（　　）.
  （A）1.8　　　　（B）2　　　　（C）2.2　　　　（D）2.5　　　　（E）2.7

10. 如图 6 - 78，三角形 ABC 中，AB 是 AD 的 5 倍，AC 是 AE 的 3 倍，如果三角形 ADE 的面积等于 1，则三角形 ABC 的面积是（　　）.
  （A）10　　　　　（B）12　　　　　（C）14　　　　　（D）15　　　　　（E）25

图 6 - 78　　　　　　　　　　図 6 - 79

11. 如图 6 - 79，三角形 ABC 被分成了甲、乙两部分，$BD = DC = 4$，$BE = 3$，$AE = 6$，乙部分面积是甲部分面积的（　　）倍.
  （A）2　　　　　（B）3　　　　　（C）4　　　　　（D）4.5　　　　　（E）5

12. 如图 6 - 80，ABCD 是梯形，ABED 是平行四边形，已知三角形面积如图所示（单位：平方厘米），阴影部分的面积是（　　）平方厘米.
  （A）2　　　　（B）2.5　　　　（C）3　　　　（D）4　　　　（E）4.5

图 6 - 80　　　　　　　　　　図 6 - 81

13. 如图 6 - 81 所示，在 Rt△ABC 中，$AC = CD = 2$，$CB = 3$，$AM = BM$，则 △AMN（阴影部分）的面积是（　　）.

(A) $\dfrac{1}{10}$ (B) $\dfrac{1}{5}$ (C) $\dfrac{3}{10}$ (D) $\dfrac{2}{5}$ (E) $\dfrac{1}{2}$

14. 如图 6-82 所示，等边 $\triangle ABC$ 的边长为 1，$BD = CD$，$\angle BDC = 120°$，$\angle MDN = 60°$，则 $\triangle AMN$ 的周长为（   ）.

(A) 1   (B) 2   (C) 3   (D) 4   (E) 5

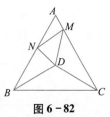

图 6-82   图 6-83

15. 如图 6-83 所示，E 是边长为 1 的正方形 $ABCD$ 的对角线 BD 上的一点，且 $BE = BC$，P 为 CE 上任意一点，$PQ \perp BC$ 于点 Q，$PF \perp BE$ 于点 F. 则 $PQ + PF$ 的值为（   ）.

(A) $\dfrac{\sqrt{2}}{2}$ (B) $\dfrac{\sqrt{3}}{2}$ (C) $\sqrt{2}$ (D) 1   (E) $\dfrac{1}{2}$

16. 如图 6-84 所示，已知正方形 $ABCD$，E 是 CF 上一点，四边形 $BEFD$ 是菱形. 则 $\angle BEF =$（   ）.

(A) $120°$ (B) $135°$ (C) $140°$ (D) $150°$ (E) $160°$

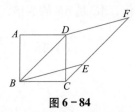   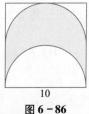

图 6-84   图 6-85

17. 如图 6-85 所示，同心圆中的阴影部分面积为（   ）.

(A) $\dfrac{25\pi}{4}$ (B) 6π (C) 8π (D) 7π (E) 9π

18. 如图 6-86 所示，已知正方形的边长为 10，则图中由两个半圆弧所围绕的阴影部分的面积为（   ）.

(A) 25   (B) 30   (C) 40   (D) 50   (E) 60

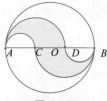

10

图 6-86   图 6-87

19. 如图 6-87 所示，AB 是圆 O 的直径，其长为 1，它的三等分点分别为 C 与 D，在 AB 的两侧以 AC，AD，CB，DB 为直径分别画圆. 这四个半圆将原来的圆分成三部分，则其中阴影部分的面积为（   ）.

(A) $\dfrac{\sqrt{2}}{2}\pi$ (B) $\dfrac{\sqrt{3}}{2}\pi$ (C) $\sqrt{2}\pi$ (D) π (E) $\dfrac{\pi}{12}$

20. 如图 6-88 所示，$\angle BAC = 45°$，$CA = 10$，则阴影部分的面积为（　　）.

(A) 25π　　　(B) $25(\pi - 1)$　(C) $50\left(\dfrac{\pi}{2} - 1\right)$　(D) $25\left(\dfrac{\pi}{2} + 1\right)$　(E) $25\left(\dfrac{\pi}{2} - 1\right)$

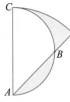 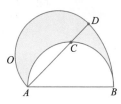

图 6-88　　　　　　　图 6-89

21. 如图 6-89 所示，已知 $\angle BAD = 45°$，$AB = 20$，则阴影部分的面积为（　　）.
(A) 100π　　　(B) 50π　　　(C) 30π　　　(D) 25π　　　(E) 400π

22. 如图 6-90 所示，四边形 $ABCD$ 是平行四边形，圆 O 的半径 $r = 3$. 则阴影部分的面积为（　　）.
(A) 2　　　　(B) 3　　　　(C) 4　　　　(D) 5　　　　(E) 9

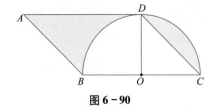 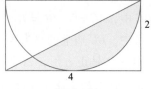

图 6-90　　　　　　　图 6-91

23. 如图 6-91 所示，长方形的长为 4，宽为 2，则阴影部分的面积为（　　）.
(A) π　　　　(B) 2π　　　(C) $3\pi - 4$　　(D) 5　　　　(E) 2

24. 一机械零件的横截面如图 6-92 所示，作圆 O_1 的弦 AB 与圆 O_2 相切，且 $AB /\!/ O_1O_2$，如果 $AB = 10$，则下列说法中正确的是（　　）.
(A) 阴影面积为 100π　　　　(B) 阴影面积为 50π
(C) 阴影面积为 25π　　　　(D) 阴影面积为 80π
(E) 因缺少数据，阴影面积无法计算

 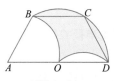

图 6-92　　　　　　　图 6-93

25. 如图 6-93 所示，等腰梯形 $ABCD$ 的上底 BC 长为 1，弧 OB、弧 OD、弧 BD 的半径相等，弧 OB、弧 BD 所在圆的圆心分别为 A、O. 则图中阴影部分的面积是（　　）.

(A) $\dfrac{\sqrt{3}}{4}$　　　(B) $\dfrac{\sqrt{3}}{2}$　　　(C) $\dfrac{3\sqrt{3}}{4}$　　　(D) $\sqrt{3}$　　　(E) 1

二、条件充分性判断题

1. 如图 6‑94，在直角三角形中，$AB = BC$，点 D 是 BC 边上的一点，有 $\angle DAC = 15°$.

   （1）$AB + BD = AD + CD$. （2）$BD = CD$.

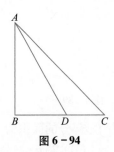
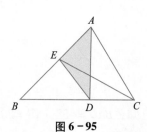

图 6‑94　　　　　　　　　　图 6‑95

2. 如图 6‑95，若 $S_{\triangle ABC} = 1$，则 $S_{\triangle ADE} = \dfrac{1}{6}$.

   （1）$S_{\triangle BDE} = S_{\triangle DEC}$. （2）$S_{\triangle DEC} = S_{\triangle ACE}$.

3. 在 $\triangle ABC$ 中，能确定 AC 边上的高为 $\dfrac{28}{5}$.

   （1）在 $\triangle ABC$ 中，$AC = 5$，$BC = 7$.

   （2）在 $\triangle ABC$ 中，BC 边上的高为 4.

4. 如图 6‑96，$ABCD$ 是正方形，$\triangle ABA_1$，$\triangle BCB_1$，$\triangle CDC_1$，$\triangle DAD_1$ 是四个全等的直角三角形，能确定正方形 $A_1B_1C_1D_1$ 的面积是 $4 - 2\sqrt{3}$.

   （1）正方形 $ABCD$ 的边长为 2.

   （2）$\angle ABA_1 = 30°$.

5. 如图 6‑97，矩形 $ABCD$ 面积为 6，$BE = DF$，能确定 $S_{\triangle BEC} = 1$.

   （1）$BE : EA = 1 : 2$. （2）$AB = 3$，$CE = \sqrt{5}$.

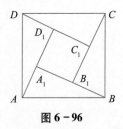
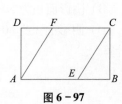
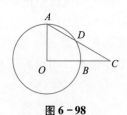

图 6‑96　　　　　　　图 6‑97　　　　　　　图 6‑98

6. 如图 6‑98，圆 O 的两条半径 $OA \perp OB$，AD 与 OB 的延长线交于点 C，AC 与圆 O 交于点 D，可以确定 $CD = 7.5$.

   （1）圆 O 的直径为 15，$\angle OAC = 60°$.

   （2）$\angle OAC = 2\angle OCA$，$AC = 15$.

7. 如图 6‑99 所示，$\triangle ABC$ 是等腰直角三角形，分别以 A，B 为圆心画弧，两弧相交于 D，且 $AD = BD$. 则图中阴影部分的面积为 $50(\pi - 1)$.

   （1）AB 长为 20.

   （2）AC 长为 20.

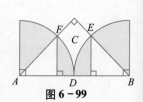

图 6‑99

8. 如图 6-100 所示，已知 △ABC 为正三角形，D，E，F 分别为 AB，AC，BC 的中点，则图中阴影部分的面积为 $64\sqrt{3} - 32\pi$.

（1）BC = 16. （2）AE = 8.

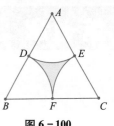

图 6-100

9. 图中阴影部分面积为 $4\pi + 4$.

（1）图形为 . （2）图形为 .

10. 如图 6-101 所示，AB 为半圆 O 的直径，C，D 是半圆上的三等分点，若圆 O 的半径为 1，则图中阴影部分的面积为 $\dfrac{\pi}{6}$.

（1）BE = 0.25. （2）BE = 0.3.

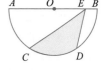

图 6-101

11. 如图 6-102 所示，两个同心圆，大圆的弦 AB 与小圆相切于点 P，大圆的弦 CD 经过点 P，则两圆组成的圆环的面积为 36π.

（1）CD = 13. （2）PD = 4.

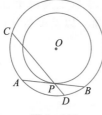

图 6-102

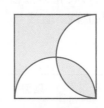

图 6-103

12. 如图 6-103 所示，在正方形中，分别以边长为直径做半圆，则阴影部分面积是 32.

（1）正方形边长为 8. （2）正方形面积为 64.

答案速查

第二节	1~5　DCCDC	6~10　CCACB	11~15　BBABD	16~20　DDEEA
	21~25　BEABD	26~30　AEBEB	31~35　BCEBB	36~40　CBBBB
	41~42　BD			
第三节	1~5　CECEB	6~10　CCBDC	11~15　BBBEE	16~20　BCCEE
	21~25　CDCCC	26~30　CEDDB	31~33　ABE	
第四节	一、1~5　CBAEC	6~10　BACCB	11~15　DBBAC	
	二、1~5　ADCCD	6~10　DBDDA	11~14　EDDA	
第五节	一、1~5　BBCAB	6~10　ECCED	11~15　EDCAA	16~20　DEDEE
	21~25　BEACB			
	二、1~5　ACCCD	6~10　DADAD	11~12　CD	

第七章　解析几何

第一节　考试解读

一、大纲考点

平面解析几何
（1）平面直角坐标系
（2）直线方程与圆的方程
（3）两点间距离公式与点到直线的距离公式

二、大纲解读

本章主要涉及高中相关考点，解析几何相当于平面几何的延伸，将平面图形放在坐标系中研究，比如圆，如果没有坐标系就是平面几何内容，如果放在坐标系就变成了解析几何．此外，解析几何将所有平面图形转化为方程来分析．本章主要侧重在坐标系中的位置关系与对称，三种位置关系（直线与直线、直线与圆、圆与圆）以及解析几何的最值．

三、历年真题考试情况

考试年份	考题	分值	题型	考点分布
2013 年	2	6	问题求解 1 个 条件充分性判断 1 个	点关于直线对称，两圆构成的弧长
2014 年	2	6	问题求解 1 个 条件充分性判断 1 个	切线，范围及最值
2015 年	3	9	问题求解 2 个 条件充分性判断 1 个	切线，面积最值，直线分割圆面积
2016 年	2	6	问题求解 2 个	距离最值，截距最值
2017 年	1	3	条件充分性判断 1 个	圆与坐标轴相切
2018 年	2	6	问题求解 1 个 条件充分性判断 1 个	切线，最值
2019 年	3	9	问题求解 1 个 条件充分性判断 2 个	对称，直线与圆位置关系，最值
2020 年	2	6	问题求解 1 个 条件充分性判断 1 个	最值，距离
2021 年	1	3	条件充分性判断 1 个	直线与圆相切
2023 年预测	2	6	问题求解 1 个 条件充分性判断 1 个	位置关系，最值

四、考试地位及预测

通过以上真题分布发现，本章一般在考试中有 2 个考题，占 6 分，根据历年的考试情况来看，主要考查三个方面：图形对称及应用；图形的位置关系；解析几何的最值．难点主要在于解析几何的最值．

五、数字化导图

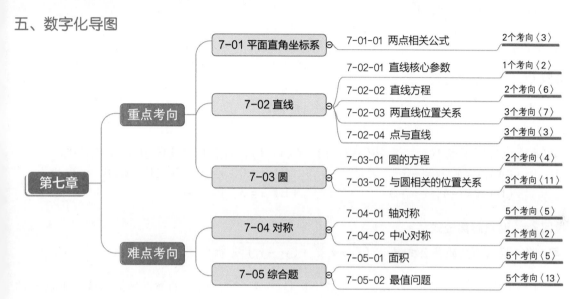

六、备考建议

本章核心在于坐标系，所以根据所给方程来画图分析是解题的关键．此外，本章公式较多，所以要理解公式，活学活用，掌握不同条件下的公式应用．

第二节　重点考向

模块 7-01　平面直角坐标系

考点 7-01-01　两点相关公式

一、考点讲解

1. 两点中点坐标

两点 $P_1(x_1, y_1)$ 与 $P_2(x_2, y_2)$ 的中点坐标为 $\left(\dfrac{x_1 + x_2}{2}, \dfrac{y_1 + y_2}{2}\right)$．

2. 两点距离公式

两点 $A(x_1, y_1)$ 与 $B(x_2, y_2)$ 之间的距离 $d = \sqrt{(x_2 - x_1)^2 + (y_2 - y_1)^2}$．

二、考试解读

（1）两点中点坐标公式可以看成是两点坐标的算术平均值．

（2）两点距离公式是根据平面几何的勾股定理推导出来的．

（3）这两个公式较简单，真题没有直接考查，而是结合其他知识点考查，故此处不再举例．

（4）考试频率级别：低．

三、命题方向

考向 1　两点中点公式

思　路　根据两点中点公式 $\left(\dfrac{x_1+x_2}{2},\ \dfrac{y_1+y_2}{2}\right)$ 分析．

[例 1] 已知三个点 $A(x,\ 5)$，$B(-2,\ y)$，$C(1,\ 1)$，若点 C 是线段 AB 的中点，则（　　）．

(A) $x=4$，$y=-3$　　　　(B) $x=0$，$y=3$　　　(C) $x=0$，$y=-3$

(D) $x=-4$，$y=-3$　　　(E) $x=3$，$y=-4$

考向 2　两点距离公式

思　路　根据两点距离公式 $d=\sqrt{(x_2-x_1)^2+(y_2-y_1)^2}$ 分析．

[例 2] 已知线段 AB 的长为 12，点 A 的坐标是 $(-4,\ 8)$，点 B 的横纵坐标相等，则点 B 的坐标为（　　）．

(A) $(-4,\ -4)$　　　　　　(B) $(8,\ 8)$

(C) $(4,\ 4)$或$(8,\ 8)$　　　　(D) $(-4,\ -4)$或$(8,\ 8)$

(E) $(4,\ 4)$或$(-8,\ -8)$

[例 3] 等边三角形 ABC 的两个顶点为 $A(2,\ 0)$，$B(5,\ 3\sqrt{3})$，则另一个顶点的坐标是（　　）．

(A) $(8,\ 0)$　　　　　　(B) $(-8,\ 0)$　　　　　(C) $(1,\ -3\sqrt{3})$

(D) $(8,\ 0)$或$(-1,\ 3\sqrt{3})$　　(E) $(6,\ 0)$或$(-1,\ 3\sqrt{3})$

模块 7-02 直线

考点 7-02-01　直线核心参数

一、考点讲解

1. 倾斜角

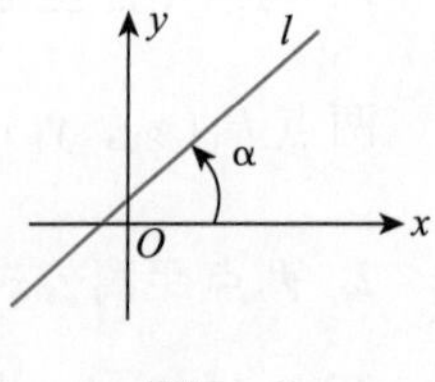

直线与 x 轴正方向所成的夹角，称为倾斜角，记为 α. 其中要求 $\alpha\in[0,\ \pi)$.

图 7-1

注意 当直线水平时，倾斜角为 0. 当直线竖直时，倾斜角为 90°.

2. 斜率的定义

倾斜角的正切值为斜率，记为 $k = \tan\alpha$，$\alpha \neq \dfrac{\pi}{2}$.

<u>评　注</u>　$\alpha = 0$ 时，$k = 0$；

$0 < \alpha < 90°$时，$k > 0$；

$\alpha = 90°$时，k 不存在；

$90° < \alpha < 180°$时，$k < 0$.

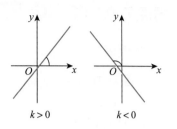

图 7 - 2

3. 常见倾斜角斜率

α	0	$\dfrac{\pi}{6}$	$\dfrac{\pi}{4}$	$\dfrac{\pi}{3}$	$\dfrac{\pi}{2}$
$k = \tan\alpha$	0	$\dfrac{\sqrt{3}}{3}$	1	$\sqrt{3}$	∞

4. 两点斜率公式

设直线 l 上有两个点 $P_1(x_1, y_1)$，$P_2(x_2, y_2)$，则 $k = \dfrac{y_2 - y_1}{x_2 - x_1}$，$x_1 \neq x_2$.

二、考试解读

（1）倾斜角和斜率是直线的核心参数，是决定直线的重要条件.

（2）要掌握不同倾斜角范围时，斜率的正负和大小的变化情况.

（3）要掌握特殊直线的斜率，如水平直线和竖线.

（4）考试频率级别：高.

三、命题方向

考向 1　**倾斜角及斜率**

● **思　路**　注意特殊的倾斜角，比如 $90°$，注意斜率的正负及大小变化情况.

[例 4]关于倾斜角及斜率，下列说法有(　　)个正确.

（1）倾斜角越大，斜率越大；

（2）当倾斜角为 $135°$时，斜率为 1；

（3）当倾斜角小于 $90°$时，倾斜角越大，斜率越大；

（4）当倾斜角大于 $90°$时，倾斜角越大，斜率越小.

(A) 0　　　　(B) 1　　　　(C) 2　　　　(D) 3　　　　(E) 4

[例 5]若直线 l 与直线 $y = 1$，$x = 7$ 分别交于点 P，Q，且线段 PQ 的中点坐标为$(1，-1)$，则直线 l 的斜率为(　　).

(A) $\dfrac{1}{3}$　　　(B) $-\dfrac{1}{3}$　　　(C) $\dfrac{2}{3}$　　　(D) $-\dfrac{2}{3}$　　　(E) $\dfrac{3}{2}$

考点 7-02-02 | 直线方程

一、考点讲解

1. 直线方程

（1）斜截式

若已知斜率 k 和 y 轴截距 b，直线可表示为 $y = kx + b$.

（2）点斜式

若已知斜率 k 和某点 (x_0, y_0)，直线可表示为 $y = y_0 + k(x - x_0)$ 或 $\dfrac{y - y_0}{x - x_0} = k$.

（3）截距式

若已知 x 轴和 y 轴截距分别为 a，b，直线可表示为 $\dfrac{x}{a} + \dfrac{y}{b} = 1$.

（4）两点式

若已知两点坐标 (x_1, y_1)，(x_2, y_2)，直线可表示为 $\dfrac{x - x_1}{x_2 - x_1} = \dfrac{y - y_1}{y_2 - y_1}$.

（5）一般式

上述方程都可以化为一次函数 $ax + by + c = 0$，它称为直线方程的一般式.

评注 一般式非常重要，要能很快地口算斜率 $k = -\dfrac{a}{b}$.

二、考试解读

（1）要理解 5 个直线方程的表达式含义及决定直线的基本要素.
（2）要掌握直线方程的陷阱，比如截距式方程无法表达水平直线和竖线.
（3）最重要的是一般式，使用较多，而且在距离公式中，要化为一般式才能用距离公式.
（4）考试频率级别：高.

三、命题方向

考向 1 **直线方程**

● **思 路** 掌握直线方程的各种形式及适用情况，理解不同方程形式的差异.

[例 6] 下列说法正确的有（　　）个.
   （1）过原点的直线可以用截距式表示.
   （2）水平的直线不可以用截距式表示.
   （3）竖直的直线可以用点斜式表示.
   （4）所有的直线都可以用一般式表示.
   （A）0　　　　（B）1　　　　（C）2　　　　（D）3　　　　（E）4

[例 7] 已知 $A(-1, 2)$，$B(2, 4)$，$C(x, 3)$，且 A，B，C 三点共线，则 $x = ($　　$)$.
   （A）$\dfrac{1}{5}$　　　（B）$\dfrac{1}{4}$　　　（C）$\dfrac{1}{3}$　　　（D）$\dfrac{1}{2}$　　　（E）1

[例8] 过点$(5, 8)$且截距互为相反数的直线方程为(　　).

    (A) $x - y + 3 = 0$ (B) $x + y + 3 = 0$ (C) $-x - y + 3 = 0$

    (D) $x - y - 3 = 0$ (E) $x - y + 3 = 0$ 或 $8x - 5y = 0$

[例9] 过$(1, -3)$和$(3, 1)$两个点的直线在y轴上的截距为 (　　).

    (A) 5 (B) -2 (C) -3 (D) -4 (E) -5

[例10] 直线$2x - 3y + 12 = 0$在两个坐标轴的截距之积为 (　　).

    (A) -48 (B) -24 (C) 24 (D) -12 (E) 12

考向2　直线过象限

● **思　路**　根据直线的斜率和截距情况，画图分析．记住结论：$k > 0$ 时，直线必过一、三象限；$k < 0$ 时，直线必过二、四象限．

[例11]（条件充分性判断）直线l：$ax + by + c = 0$ 必不通过第三象限．

    (1) $ac \leqslant 0$，$bc < 0$.   (2) $ab > 0$，$c < 0$.

考点7-02-03　两直线位置关系

一、考点讲解

两条直线的位置关系	斜截式 l_1：$y = k_1 x + b_1$ l_2：$y = k_2 x + b_2$	一般式 l_1：$a_1 x + b_1 y + c_1 = 0$ l_2：$a_2 x + b_2 y + c_2 = 0$
平行	$l_1 /\!/ l_2 \Leftrightarrow k_1 = k_2$，$b_1 \neq b_2$	$l_1 /\!/ l_2 \Leftrightarrow \dfrac{a_1}{a_2} = \dfrac{b_1}{b_2} \neq \dfrac{c_1}{c_2}$
相交	$k_1 \neq k_2$	$\dfrac{a_1}{a_2} \neq \dfrac{b_1}{b_2}$
垂直	$l_1 \perp l_2 \Leftrightarrow k_1 k_2 = -1$	$l_1 \perp l_2 \Leftrightarrow \dfrac{a_1}{b_1} \cdot \dfrac{a_2}{b_2} = -1 \Leftrightarrow a_1 a_2 + b_1 b_2 = 0$

二、考试解读

    (1) 两条直线位置关系中比较重要的是垂直，尤其对称问题也要用到垂直．

    (2) 注意斜率为0和斜率不存在的情况．

    (3) 考试频率级别：中．

三、命题方向

考向1　两直线平行

● **思　路**　根据斜率相等来分析平行，注意斜率为0和斜率不存在的情况．

[例12] 已知直线l_1：$(k-3)x + (4-k)y + 1 = 0$ 与直线l_2：$2(k-3)x - 2y + 3 = 0$ 平行，则k的值是(　　).

    (A) 3 (B) 5 (C) 1 (D) -1 (E) 3 或 5

考向 2　两直线垂直

- **思　路**　当两直线的斜率之积为 -1，或者斜率互为负倒数时，两直线垂直．注意斜率为 0 或斜率不存在的情况．

[例13]（条件充分性判断）$(m+2)x + 3my + 1 = 0$ 与 $(m-2)x + (m+2)y - 3 = 0$ 互相垂直．

(1) $m = \dfrac{1}{2}$.　　　　　　　(2) $m = -2$.

[例14] 若直线 $mx + 3y + 5 = 0$ 与直线 $nx - 2y + 1 = 0$ 互相垂直，那么符合条件的正整数解有（　　）组．

(A) 1　　　　(B) 2　　　　(C) 3　　　　(D) 4　　　　(E) 5

[例15] 已知点 $A(1, -2)$，$B(m, 2)$，且线段 AB 的垂直平分线的方程是 $x + 2y - 2 = 0$，则实数 m 的值为（　　）．

(A) 3　　　　(B) 4　　　　(C) 5　　　　(D) 6　　　　(E) 7

[例16] 已知直线 l 的方程为 $x + 2y - 4 = 0$，点 A 的坐标为 $(5, 7)$，过 A 点作直线垂直于 l，则垂足的横坐标为（　　）．

(A) 6　　　　(B) 5　　　　(C) 2　　　　(D) -2　　　　(E) -1

考向 3　两直线相交

- **思　路**　当两条直线的斜率不相等时，两直线相交．另外，要会求两直线的交点坐标．

[例17]（条件充分性判断）$(m+1)x + 3y + 1 = 0$ 与 $2x + my - 3 = 0$ 相交．

(1) $m > \dfrac{1}{2}$.　　　　　　　(2) $m < -4$.

[例18] $2x + 3y + 4 = 0$ 与 $3x + y - 1 = 0$ 的交点到原点的距离为（　　）．

(A) $\sqrt{2}$　　　(B) $\sqrt{3}$　　　(C) 2　　　(D) $\sqrt{5}$　　　(E) $\sqrt{7}$

考点 7-02-04　点与直线

一、考点讲解

1. 点与直线的位置关系

点 (x_0, y_0)，直线 l：$y = kx + b$，

$$y_0 \begin{cases} > kx_0 + b, & \text{点在直线上方} \\ = kx_0 + b, & \text{点在直线上} \\ < kx_0 + b, & \text{点在直线下方} \end{cases}.$$

2. 点到直线的距离

l：$ax + by + c = 0$，点 (x_0, y_0) 到 l 的距离为 $d = \dfrac{|ax_0 + by_0 + c|}{\sqrt{a^2 + b^2}}$．

3. 两平行直线的距离

l_1：$ax + by + c_1 = 0$；l_2：$ax + by + c_2 = 0$，

那么 l_1 与 l_2 之间的距离为 $d = \dfrac{|c_1 - c_2|}{\sqrt{a^2 + b^2}}$.

<u>评注</u> 其推导过程是，在其中一条直线上任取一点，然后根据点到直线距离公式来求两平行直线的距离.

二、考试解读

(1) 直线是解析几何的核心，看似简单，其实考点很多，出题非常灵活.

(2) 要掌握直线的基本参数及直线方程表达式，尤其点与直线位置关系.

(3) 点到直线距离公式非常重要，是判断直线与圆位置关系的必用公式.

(4) 考试频率级别：高.

三、命题方向

考向1 **点与直线的位置关系**

• **思 路** 先把直线化为 $y = kx + b$，再将点代入直线进行判断.

[例19] 已知直线 l 的方程为 $x + 2y - 4 = 0$，点 A 的坐标为 $(5 - m, m)$，若 A 点在直线 l 的上方，则 m 的取值范围为(   ).

(A) $m > 1$ (B) $m > -1$ (C) $m > -2$ (D) $m > -\dfrac{1}{2}$ (E) $m < -1$

考向2 **点到直线的距离**

• **思 路** 先把直线方程化为一般式，再套用点到直线的距离公式.

[例20] 已知点 $C(2, -3)$，$M(5, 5)$，$N(-3, -1)$，则点 C 到直线 MN 的距离等于(   ).

(A) $\dfrac{23}{5}$ (B) $\dfrac{22}{5}$ (C) $\dfrac{21}{5}$ (D) $\dfrac{19}{5}$ (E) $\dfrac{18}{5}$

考向3 **平行直线的距离**

• **思 路** 套用两平行直线的距离公式求解. 注意要先统一两条直线的 x 和 y 的系数后，再进行求解.

[例21] $l_1: 3x - 4y + 2 = 0$，$l_2: 6x - 8y + 9 = 0$，那么 l_1 与 l_2 之间的距离为(   ).

(A) $\dfrac{7}{10}$ (B) $\dfrac{1}{4}$ (C) $\dfrac{1}{3}$ (D) $\dfrac{1}{2}$ (E) $\dfrac{7}{5}$

模块 7-03 圆

考点 7-03-01 圆的方程

一、考点讲解

1. 圆的方程

（1）标准式

圆心为 (x_0, y_0)，半径为 r 的圆可表示为 $(x - x_0)^2 + (y - y_0)^2 = r^2$.

（2）一般式

$$x^2 + y^2 + ax + by + c = 0.$$

可将其配方变成标准式：$\left(x + \dfrac{a}{2}\right)^2 + \left(y + \dfrac{b}{2}\right)^2 = \dfrac{a^2 + b^2 - 4c}{4}.$

评 注 一般式成立的条件为 $a^2 + b^2 - 4c > 0.$

2. 特殊的圆

特殊的圆	方程	图像	特征
$x_0 = 0$	$x^2 + (y - y_0)^2 = r^2$		圆心在 y 轴
$y_0 = 0$	$(x - x_0)^2 + y^2 = r^2$		圆心在 x 轴
$x_0 = y_0 = 0$	$x^2 + y^2 = r^2$		圆心在原点上
$|y_0| = r$	$(x - x_0)^2 + (y - y_0)^2 = r^2$		与 x 轴相切
$|x_0| = r$	$(x - x_0)^2 + (y - y_0)^2 = r^2$		与 y 轴相切
$|x_0| = |y_0| = r$	$(x - x_0)^2 + (y - y_0)^2 = r^2$		与两轴相切

二、考试解读

（1）圆是曲线中的特殊图形，也是考试中出题频率极高的考点.

（2）要掌握圆的基本要素及圆的方程特征，抓住圆心和半径来解题.

（3）解题时多数需要画图，故准确画图是做题的基本功．

（4）考试频率级别：高．

三、命题方向

考向 1　圆的方程

• **思　路**　注意圆的方程要求，以及半圆的方程形式．

[例22] 已知 $x^2 + y^2 - 4x + 6y + m = 0$ 表示一个圆，那么 m 的取值范围是(　　)．

(A) $m < 12$　　(B) $m < 13$　　(C) $m \leqslant 12$　　(D) $m \leqslant 13$　　(E) $m > 13$

[例23] 若圆的方程是 $x^2 + y^2 = 1$，则它的右半圆（在第一象限和第四象限内的部分）的方程是(　　)．

(A) $y - \sqrt{1 - x^2} = 0$　　　(B) $x - \sqrt{1 - y^2} = 0$　　(C) $y + \sqrt{1 - x^2} = 0$

(D) $x + \sqrt{1 - y^2} = 0$　　　(E) $x^2 + y^2 = \dfrac{1}{2}$

考向 2　圆与坐标轴的交点

• **思　路**　令 $y = 0$，可求出圆与 x 轴的交点；令 $x = 0$，可求出圆与 y 轴的交点．当圆与坐标轴只有一个交点时，圆与坐标轴相切．

[例24] 圆 $x^2 + (y - 1)^2 = 4$ 与 x 轴的两个交点是(　　)．

(A) $(-\sqrt{5}, 0)$，$(\sqrt{5}, 0)$　　　　(B) $(-2, 0)$，$(2, 0)$

(C) $(0, -\sqrt{5})$，$(0, \sqrt{5})$　　　　(D) $(-\sqrt{3}, 0)$，$(\sqrt{3}, 0)$

(E) $(-\sqrt{2}, -\sqrt{3})$，$(\sqrt{2}, \sqrt{3})$

[例25] 以 $P(-2, 3)$ 为圆心，且与 y 轴相切的圆的方程是(　　)．

(A) $(x - 2)^2 + (y + 3)^2 = 4$　　　(B) $(x + 2)^2 + (y - 3)^2 = 4$

(C) $(x - 2) + (y + 3)^2 = 9$　　　　(D) $(x + 2)^2 + (y - 3)^2 = 9$

(E) $(x - 3)^2 + (y + 2)^2 = 9$

考点 7-03-02　与圆相关的位置关系

一、考点讲解

1. 点与圆的位置关系

点 $P(x_p, y_p)$，圆 $(x - x_0)^2 + (y - y_0)^2 = r^2$，

将点代入圆的方程：$(x_p - x_0)^2 + (y_p - y_0)^2 \begin{cases} < r^2 \ \text{点在圆内} \\ = r^2 \ \text{点在圆上} \\ > r^2 \ \text{点在圆外} \end{cases}$．

2. 直线与圆的关系

直线 l：$y = kx + b$；圆 O：$(x - x_0)^2 + (y - y_0)^2 = r^2$，$d$ 为圆心 (x_0, y_0) 到直线 l 的距离．

直线与圆位置关系	图形	成立条件（几何表示）
直线与圆 相离		$d > r$
直线与圆 相切		$d = r$
直线与圆 相交		$d < r$

3. 圆与圆的关系

圆 O_1：$(x - x_1)^2 + (y - y_1)^2 = r_1^2$，圆 O_2：$(x - x_2)^2 + (y - y_2)^2 = r_2^2$（不妨设 $r_1 > r_2$），d 为圆心 (x_1, y_1) 与 (x_2, y_2) 的圆心距.

两圆 位置关系	图形	成立条件 （几何表示）	公共内切线 条数	公共外切线 条数
外离		$d > r_1 + r_2$	2	2
外切		$d = r_1 + r_2$	1	2
相交		$\mid r_1 - r_2 \mid < d < r_1 + r_2$	0	2
内切		$d = \mid r_1 - r_2 \mid$	0	1
内含		$d < \mid r_1 - r_2 \mid$	0	0

二、考试解读

（1）直线与圆的位置关系是考试的重点，尤其相切的考试频率最高.
（2）两圆的位置关系有五种，重点掌握内切和外切，这是关键的分界线.
（3）与圆相关的最值，一般在相切时产生.
（4）考试频率级别：高.

三、命题方向

考向1　点与圆的位置关系

● **思　路**　先将点代入圆的方程，再进行判断

[例26] 若点 $P(2m,\ m)$ 在圆 $x^2+y^2-4x+2y+1=0$ 内，则 m 的取值范围为（　　）.

(A) $\dfrac{1}{5}<m<1$　　　　(B) $-\dfrac{1}{5}<m<1$　　(C) $m<\dfrac{1}{5}$ 或 $m>1$

(D) $-1<m<\dfrac{1}{5}$　　　(E) $-1<m<-\dfrac{1}{5}$

考向2　直线与圆的位置关系

● **思　路**　先求圆心到直线的距离 d，然后比较 d 和 r 的大小进行判断．比较重要的位置关系是相切，此外，当直线与圆相交时，要会用勾股定理求弦长，弦长 $=2\sqrt{r^2-d^2}$．

[例27] 直线 $y=k(x+2)$ 是圆 $x^2+y^2=1$ 的一条切线，则 k 的值为（　　）.

(A) $\pm\dfrac{\sqrt{3}}{2}$　　(B) $\dfrac{\sqrt{3}}{3}$　　(C) $-\dfrac{\sqrt{3}}{3}$　　(D) $\pm\dfrac{\sqrt{3}}{3}$　　(E) $\pm\sqrt{3}$

[例28] 已知圆 C 的圆心是直线 $x-y+1=0$ 与 x 轴的交点，且圆 C 与直线 $x+y+3=0$ 相切，则圆 C 的方程为（　　）.

(A) $(x-1)^2+y^2=2$　　　　(B) $(x+1)^2+y^2=2$

(C) $(x+1)^2+y^2=4$　　　　(D) $x^2+(y+1)^2=2$

(E) $x^2+(y-1)^2=4$

[例29] 直线 $x+2y-5+\sqrt{5}=0$ 被圆 $x^2+y^2-2x-4y=0$ 截得的弦长为（　　）.

(A) 1　　　(B) 2　　　(C) 4　　　(D) 6　　　(E) $4\sqrt{6}$

[例30] 若直线 $x-y+1=0$ 与圆 $(x-a)^2+y^2=2$ 有公共点，则实数 a 的取值范围是（　　）.

(A) $[-4,\ 1]$　　　　(B) $[-3,\ 1]$　　　　(C) $(-3,\ 1)$

(D) $[1,\ 4]$　　　　(E) $[-3,\ 3]$

考向3　圆与圆的位置关系

● **思　路**　先求出两圆的圆心距 d，再与 r_1+r_2 和 $|r_1-r_2|$ 比较来判断．比较重要的位置关系是内切和外切，此外注意位置关系和公切线情况的对应．

[例31] 两圆的半径分别是方程 $x^2-3x+2=0$ 的两根且两圆的圆心距等于3，则两圆的位置关系是（　　）.

(A) 外离　　(B) 外切　　(C) 内切　　(D) 相交　　(E) 内含

[例32] 两圆 $(x-a)^2+(y-b)^2=r^2$ 和 $(x-b)^2+(y-a)^2=r^2$ 相切，则（　　）.

(A) $(a-b)^2=r^2$　　　(B) $(a-b)^2=2r^2$　　　(C) $(a+b)^2=r^2$

(D) $(a+b)^2=2r^2$　　　(E) $(a-b)^2=3r^2$

[例33] 圆 $C_1:x^2+y^2+2x+2y-2=0$ 与圆 $C_2:x^2+y^2-4x-2y+1=0$ 的公切线有（　　）条.

(A) 0　　　(B) 1　　　(C) 2　　　(D) 3　　　(E) 4

[例34] 圆 C_1：$(x-2)^2 + (y-1)^2 = r^2(r>0)$ 与圆 C_2：$x^2 - 6x + y^2 - 8y = 0$ 有交点，那么 r 的取值范围是（　　）．

(A) $5 - \sqrt{10} < r < 5$　　　　　　(B) $5 - \sqrt{10} < r < 5 + \sqrt{10}$

(C) $5 - \sqrt{10} \leqslant r \leqslant 5 + \sqrt{10}$　　　　(D) $5 - \sqrt{10} \leqslant r \leqslant 5$

(E) $5 \leqslant r \leqslant 5 + \sqrt{10}$

[例35] 两圆 $x^2 + y^2 - 4x + 2y + 1 = 0$ 与 $x^2 + y^2 + 4x - 4y - 1 = 0$ 的公切线有（　　）条．

(A) 1　　　　(B) 2　　　　(C) 3　　　　(D) 4　　　　(E) 5

[例36] 若圆 $x^2 + y^2 = 4$ 与圆 $x^2 + y^2 - 2ax + a^2 - 1 = 0$ 内切，则 a 的值是（　　）．

(A) -1　　　　(B) 1　　　　(C) 2　　　　(D) ± 1　　　　(E) ± 2

第三节　难点考向

模块 7-04　对称

考点 7-04-01　轴对称

一、考点讲解

1. 点关于直线的对称

点 $P(x_0, y_0)$ 关于直线 l：$ax + by + c = 0$ 的对称点 Q 的坐标为 (x_1, y_1)，满足两个条件：

线段 PQ 与直线 l 垂直，即线段 PQ 的斜率与直线 l 的斜率之积为 -1；线段 PQ 的中点在直线 l 上．因此 Q 的坐标可由以下方程组求得：

$$\begin{cases} \dfrac{y_1 - y_0}{x_1 - x_0} \times \left(-\dfrac{a}{b} \right) = -1 \\ a \times \dfrac{x_0 + x_1}{2} + b \times \dfrac{y_0 + y_1}{2} + c = 0 \end{cases}$$

2. 直线关于直线的对称

（1）平行直线的对称

$l_1 \parallel l$，因为 l_1 与 l_2 关于 l 对称，由对称的性质易知 $l_1 \parallel l_2$，且 l 到 l_1 与 l_2 的距离 d_1 与 d_2 相等．

若 l_1 的方程为 $ax + by + c_1 = 0$，l 的方程为 $ax + by + c = 0$，

则可设 l_2 的方程为 $ax + by + c_2 = 0$，根据距离相等得到

l_2 的方程为：$ax + by + (2c - c_1) = 0$.

图 7-3

（2）相交直线的对称

方法一：由 $l_1 \cap l = P$，可求出交点坐标．再找出 l_1 上任意一点（点 P 除外）关于 l 对称的点的坐标（用点关于直线对称的方法），再根据两点式求出直线 l_2 的方程．

方法二：由对称性可知 l_1 到 l 的角与 l 到 l_2 的角相等，且 l_2 过 l_1 与 l 的交点 P，由到角公式求出 l_2 的斜率，再求出交点 P 的坐标后，可由点斜式求得直线 l_2 的方程．

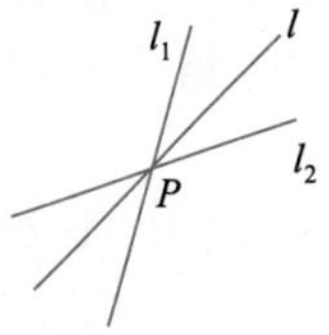

图 7-4

3. 圆关于直线的对称

只需求出圆心关于直线的对称点，再由半径不变求出圆的方程．

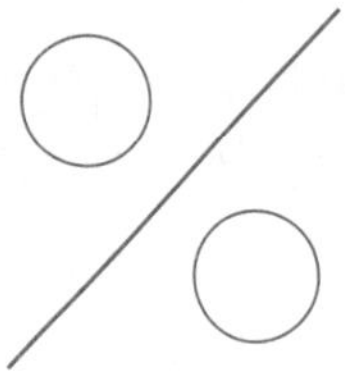

图 7-5

4. 特殊的对称

对称方式	点 $p(x_0,\ y_0)$	直线 l: $ax + by + c = 0$	规律
关于 x 轴对称	$p'(x_0,\ -y_0)$	l': $ax - by + c = 0$	将 y 换成 $-y$
关于 y 轴对称	$p'(-x_0,\ y_0)$	l': $-ax + by + c = 0$	将 x 换成 $-x$
关于原点对称	$p'(-x_0,\ -y_0)$	l': $ax + by - c = 0$	将 x 换成 $-x$，将 y 换成 $-y$
关于 $y = x$ 对称	$p'(y_0,\ x_0)$	l': $ay + bx + c = 0$	将 x 与 y 交换
关于 $y = -x$ 对称	$p'(-y_0,\ -x_0)$	l': $ay + bx - c = 0$	将 x 换成 $-y$，将 y 换成 $-x$

二、考试解读

（1）对称问题难度较大，不过规律和方法比较固定，只要记住套路即可．

（2）对称的核心是点关于直线的对称，因为其他的对称都可以转化为点关于直线的对称．

（3）考试频率级别：中．

三、命题方向

考向 1　点关于直线的对称

● **思　路**　根据中点坐标和垂直关系列方程组求解．

[例 1] 点 $P(-3,\ -1)$ 关于直线 $3x + 4y - 12 = 0$ 的对称点 P' 是（　　）．

　　（A）$(2, 8)$　　　（B）$(1, 3)$　　　（C）$(8, 2)$　　　（D）$(3, 7)$　　　（E）$(7, 3)$

考向 2　平行直线的对称

● **思　路**　根据斜率相等和距离相等列方程组求解．

[例 2] 直线 l_1: $2x - y - 3 = 0$ 关于 l: $4x - 2y + 5 = 0$ 对称的直线 l_2 与两个坐标轴围成的三角形面积为（　　）．

　　（A）12　　　　（B）14　　　　（C）16　　　　（D）18　　　　（E）20

考向 3　相交直线的对称

思　路　先求出直线的交点，然后再取一个点对称或者利用到角公式求出斜率来分析．

[例 3] 直线 l_1：$2x + y - 4 = 0$ 关于直线 l：$3x + 4y - 1 = 0$ 对称的直线 l_2 的方程为(　　)．

(A) $11x + 2y + 16 = 0$　　　(B) $2x - 11y - 16 = 0$　　　(C) $2x + 11y - 16 = 0$

(D) $2x - 11y + 16 = 0$　　　(E) $2x + 11y + 16 = 0$

考向 4　圆关于直线的对称

思　路　先利用点关于直线的对称方法，求出圆心关于直线对称的点，再根据半径不变求出圆的方程．

[例 4] 圆 $x^2 + y^2 + 4x - 8y + 19 = 0$ 关于直线 $2x - y - 7 = 0$ 对称的圆的方程为(　　)．

(A) $x^2 + y^2 + 20x - 4y + 103 = 0$　　　　(B) $x^2 + y^2 - 20x + 4y + 103 = 0$

(C) $x^2 + y^2 + 20x - 4y - 103 = 0$　　　　(D) $x^2 + y^2 - 20x - 4y + 103 = 0$

(E) $x^2 + y^2 + 20x + 4y + 103 = 0$

考向 5　对称的应用

思　路　遇到光线反射问题，可以采用对称来分析．

[例 5] 有一条光线从点 $A(-2，4)$ 射到直线 $2x - y - 7 = 0$ 后再反射到点 $B(5，8)$，则这条光线从 A 到 B 的长度为(　　)．

(A) $4\sqrt{5}$　　　　(B) $3\sqrt{5}$　　　　(C) $6\sqrt{5}$　　　　(D) $5\sqrt{5}$　　　　(E) $5\sqrt{3}$

考点 7-04-02　／中心对称

一、考点讲解

1. 点关于点的对称

点 $P(x，y)$ 关于点 $M(a，b)$ 对称的点 Q 的坐标是 $Q(2a - x，2b - y)$．（由中点坐标公式很容易得到）．如点 $(1，-4)$ 关于 $(-2，0)$ 对称的点是 $(-5，4)$．

2. 直线关于点的对称

直线 l：$Ax + By + C = 0$ 关于点 $P(a，b)$ 对称的直线 l_1 的方程是：

$A(2a - x) + B(2b - y) + C = 0$，即 $Ax + By - 2aA - 2bB - C = 0$．

推导过程：

方法一：在直线 l 上任意取一点，最好是特殊点．如取 $M\left(0，-\dfrac{C}{B}\right)$，则点 M 关于点 P 对称的点 N 的坐标是 $N\left(2a，2b + \dfrac{C}{B}\right)$．点 $N \in l_1$，根据中心对称的定义 $l_1 \parallel l$，可设直线 l_1 的方程为 $Ax + By + D = 0$．将点 N 坐标代入得 $2aA + B\left(2b + \dfrac{C}{B}\right) + D = 0$．于是 $D = -2aA - 2bB - C$，所以 l_1 的方程是 $Ax + By - 2aA - 2bB - C = 0$．

方法二：在直线 l 上任意取两点并求出它们关于点 $P(a, b)$ 对称的点. 由两点式易得直线 l_1 的方程是 $Ax + By - 2aA - 2bB - C = 0$.

二、考试解读

（1）中心对称比轴对称简单，而且计算量较小，有现成的公式可套.

（2）注意特殊的对称情况.

（3）考试频率级别：低.

三、命题方向

考向1 **点关于点的对称**
- **思　路** 利用中点坐标求解即可.

[例6] 点 $(-3, -2)$ 关于 $(-2, a)$ 对称的点是 $(b, 4)$. 则 $a + b$ 的值为（　　）.
(A) -1 　　　(B) 0 　　　(C) 1 　　　(D) 2 　　　(E) 3

考向2 **直线关于点的对称**
- **思　路** 可以利用平行关系和特殊点分析，也可以取两个特殊点分析.

[例7] 直线 $l: 3x + y - 2 = 0$ 关于点 $A(-4, 4)$ 对称的直线 l' 与两个坐标轴围成的三角形面积为（　　）.
(A) 54 　　　(B) 52 　　　(C) 48 　　　(D) 46 　　　(E) 42

模块 7-05 综合题

考点 7-05-01 　面积

一、考点讲解

1. 直线相关面积

（1）一条直线与两个坐标轴围成的三角形面积
先求出直线的两个截距，然后再计算面积.

公式：直线 $ax + by + c = 0$ 与两坐标轴围成的面积为 $S = \dfrac{c^2}{|2ab|}$.

（2）两条直线与 x 轴围成的三角形面积
先求出两直线的交点及两直线与 x 轴的交点，然后利用底和高计算面积.

（3）两条直线与 y 轴围成的三角形面积
先求出两直线的交点及两直线与 y 轴的交点，然后利用底和高计算面积.

（4）三条直线围成的三角形面积
先求出三个交点坐标，然后用点到直线的距离公式求出高，再用两点距离公式求出底，最后计算面积.

2. 绝对值相关面积

见代数绝对值图像部分.

3. 圆相关的面积

往往结合切线进行考查.

二、考试解读

(1) 解析几何与平面几何结合求面积比较难，需要先画图，再根据面积公式进行计算.
(2) 绝对值图像的面积比较灵活，需要掌握各类绝对值的图像，再求解面积.
(3) 与圆相关的面积，往往结合切线及扇形的面积公式求解.
(4) 考试频率级别：中.

三、命题方向

考向 1　一条直线与两个坐标轴围成的三角形面积

● **思　路**　先求出两坐标轴的截距，再计算三角形的面积.

[例 8] 直线 $2x - y + c = 0$ 与两坐标轴围成的面积为 3，则 c 的值为（　　）.

(A) $\pm\sqrt{3}$　　　(B) $\pm 2\sqrt{5}$　　(C) $\pm\sqrt{5}$　　(D) $\pm 2\sqrt{2}$　　(E) $\pm 2\sqrt{3}$

考向 2　两条直线与 x 轴围成的三角形面积

● **思　路**　先求出两直线与 x 轴的交点 $(x_1, 0)$，$(x_2, 0)$，再求出两直线的交点 (x_3, y_3)，故三角形面积为 $S = \dfrac{1}{2} \cdot |x_2 - x_1| \cdot |y_3|$.

[例 9] 两直线 $2x - y + 3 = 0$ 和 $5x + y - 10 = 0$ 与 x 轴围成的三角形面积为（　　）.

(A) $\dfrac{35}{4}$　　　(B) $\dfrac{37}{4}$　　(C) 8　　(D) $\dfrac{33}{4}$　　(E) $\dfrac{25}{4}$

考向 3　两条直线与 y 轴围成的三角形面积

● **思　路**　先求出两直线与 y 轴的交点 $(0, y_1)$，$(0, y_2)$，再求出两直线的交点 (x_3, y_3)，故三角形面积为 $S = \dfrac{1}{2} \cdot |y_2 - y_1| \cdot |x_3|$.

[例 10] 两直线 $2x - y + 3 = 0$ 和 $5x + y - 10 = 0$ 与 y 轴围成的三角形面积为（　　）.

(A) $\dfrac{7}{4}$　　　(B) $\dfrac{5}{4}$　　(C) 2　　(D) $\dfrac{7}{2}$　　(E) 1

考向 4　三条直线围成的三角形面积

● **思　路**　求出三条直线的交点，再利用两点距离公式求出三角形的底，再用点到直线距离公式求出三角形的高，再结合面积公式求三角形的面积.

[例 11] 三条直线 $2x - y + 3 = 0$，$5x + y - 10 = 0$ 与 $y = x$ 围成的三角形面积为（　　）.

(A) $\dfrac{20}{3}$　　　(B) $\dfrac{29}{4}$　　(C) 8　　(D) $\dfrac{17}{2}$　　(E) $\dfrac{28}{3}$

考向 5　圆相关的面积

● **思　路**　先画图，遇到圆弧的面积，结合割补法或反面法求面积.

[例12] 如图 $7-6$，过点 $A(2,0)$ 向圆 $x^2+y^2=1$ 做两条切线，
则两条切线与圆之间的阴影面积为(　　).

(A) $2-\dfrac{\pi}{3}$ 　　(B) $2\sqrt{3}-\dfrac{\pi}{3}$ 　　(C) $\sqrt{3}-\dfrac{\pi}{6}$

(D) $\sqrt{3}-\dfrac{\pi}{3}$ 　　(E) $2\sqrt{3}-\dfrac{\pi}{6}$

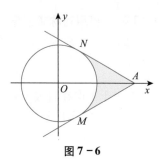

图 $7-6$

考点 7-05-02 　最值问题

一、考点讲解

1. 距离的最值

结合对称来分析距离的最值.

2. 面积的最值

由于三角形的面积跟底和高有关系，所以可以转化为距离的最值来分析.

3. 线性规划最值

线性规划是利用数学为工具，来研究资源在一定条件下，如何精打细算，用最少的资源，取得最大的经济效益，它是数学规划中理论较完整、方法较成熟、应用较广泛的一个分支，并能解决科学研究、工程设计、经济管理等许多方面的实际问题.

做题中注意以下几个问题：①用图解法解决线性规划问题时，分析题目的已知条件，找出约束条件和目标函数是关键，可先将题目中的量分类并列出表格，理清头绪，然后列出不等式组寻求约束条件，并就题目所述找到目标函数. ②可行域就是二元一次不等式组所表示的平面区域.

4. 动点求最值

对于动点求最值，往往结合表达式的几何意义，考虑动点运动到特殊位置时来分析最值.

二、考试解读

(1) 解析几何最值问题比较难，出题比较灵活.

(2) 要理解常见最值的解题套路，学会对应题目的求最值方法.

(3) 考试频率级别：高.

三、命题方向

考向1　距离的最值

• **思　路**　遇到与圆相关距离的最值，先求出到圆心的距离，再加上或减去半径求最值.

[例13] 圆 $x^2-4x+y^2+2y=20$ 上的点到 $(10,14)$ 最近距离为(　　).
(A) 10　　(B) 12　　(C) 14　　(D) 15　　(E) 16

[例14] 圆 $x^2-4x+y^2+2y=20$ 上的点到直线 $4x-3y+24=0$ 最近距离为(　　).
(A) 1　　(B) 2　　(C) 3　　(D) 4　　(E) 5

[例15] 圆 $x^2-4x+y^2+2y=20$ 上的点到圆 $x^2+6x+y^2-22y+129=0$ 上的点最远距离为(　　).
(A) 7　　(B) 14　　(C) 15　　(D) 17　　(E) 19

考向 2　利用对称求最值

● **思　路**　出现到两定点距离之和的最值时，采用对称的思想，利用两点之间直线最短分析求解.

[例16] A 点在直线 $x+y+1=0$ 上运动，两定点坐标为 $P(2,3)$ 和 $Q(3,-2)$，则 $AP+AQ$ 的最小值为（　　）.

(A) $5\sqrt{2}$　　　(B) $5\sqrt{3}$　　　(C) $5\sqrt{5}$　　　(D) $2\sqrt{5}$　　　(E) $3\sqrt{5}$

考向 3　面积的最值

● **思　路**　遇到三角形的面积，主要根据底和高的关系列出函数表达式，再结合抛物线或平均值定理分析最值.

[例17] 过点 $A(4,1)$ 做直线 l，使得直线 l 在两坐标轴的截距均为正，当直线与两个坐标轴围成的三角形面积最小时，则此时的斜率 $k=$（　　）.

(A) $-\dfrac{1}{4}$　　(B) $-\dfrac{1}{5}$　　(C) $-\dfrac{1}{6}$　　(D) $-\dfrac{1}{8}$　　(E) -4

[例18] 已知 A 点坐标为 $(-6,2)$，B 点坐标为 $(2,-4)$，C 点在圆 $(x-1)^2+(y-1)^2=1$ 上运动，则三角形 ABC 面积的最小值为（　　）.

(A) 12　　　(B) 10　　　(C) 8　　　(D) 7.5　　　(E) 6

[例19] 已知点 P 是直线 l：$3x-y-2=0$ 上的任意一点，过点 P 作圆 $(x+3)^2+(y+1)^2=1$ 的两条切线，切点分别为 A 和 B，圆心为 C，则四边形 $PACB$ 面积的最小值为（　　）.

(A) $\sqrt{3}$　　　(B) 1　　　(C) 2　　　(D) 3　　　(E) 4

考向 4　线性规划的最值

● **思　路**　线性规划求最值是应用题与解析几何结合的命题点，对于线性规划，常规方法是画图分析，但运算量较大，简便方法是直接在边界交点处分析最值.

[例20] 在约束条件 $\begin{cases}4x+y\leqslant10\\4x+3y\leqslant20\\x\geqslant0\\y\geqslant0\end{cases}$ 下，则目标函数 $P=2x+y$ 的最大值为（　　）.

(A) $\dfrac{15}{2}$　　(B) $\dfrac{11}{2}$　　(C) $\dfrac{9}{2}$　　(D) $\dfrac{7}{2}$　　(E) 6

[例21] 变量 x，y 满足条件 $\begin{cases}x-4y\leqslant-3\\3x+5y\leqslant25，\\x\geqslant1\end{cases}$ 设 $z=2x+y$，z 的最大值和最小值分别为（　　）.

(A) 12，3　　(B) 14，3　　(C) 12，4　　(D) 14，4　　(E) 15，3

[例22] 设 $z=6x+10y$，式中 x，y 满足条件 $\begin{cases}x-4y\leqslant-3\\3x+5y\leqslant25，\\x\geqslant1\end{cases}$ z 的最大值和最小值分别为（　　）.

(A) 48，12　　(B) 50，14　　(C) 50，12　　(D) 50，16　　(E) 48，16

考向5　动点的最值

● **思　路**　若实数 x，y 满足某条件（或某图形），可以求以下三类最值：

（1）$ax+by$，（2）$\dfrac{y-b}{x-a}$，（3）x^2+y^2.

分别设（1）$ax+by=c$，（2）$\dfrac{y-b}{x-a}=k$，（3）$x^2+y^2=r^2$. 然后根据图形特征分析求解最值.

[例23] 若实数 x，y 满足条件：$x^2+y^2-2x+4y=0$，则 $x-2y$ 的最大值是（　　）.

(A) $\sqrt{5}$　　　(B) 10　　　(C) 9　　　(D) $5+2\sqrt{5}$　　　(E) $2+5\sqrt{2}$

[例24] 动点 $P(x,y)$ 在圆 $x^2+y^2=1$ 上运动，则 $\dfrac{y+1}{x+2}$ 的最大值为（　　）.

(A) $\dfrac{1}{3}$　　　(B) $\dfrac{2}{3}$　　　(C) $\dfrac{4}{3}$　　　(D) $\dfrac{5}{3}$　　　(E) 1

[例25] 已知动点 $P(x,y)$ 在圆 $(x-2)^2+y^2=1$ 上，则 x^2+y^2 的最大值为（　　）.

(A) $\dfrac{1}{4}$　　　(B) 1　　　(C) 4　　　(D) 9　　　(E) 16

第四节　基础自测题

关注作者新浪微博
获取更多复习指导

一、问题求解题

1. 已知两点 $A(3,-2)$，$B(-9,4)$，直线 AB 与 x 轴的交点 P 分 AB 所成的比等于（　　）.

(A) $\dfrac{1}{3}$　　(B) $\dfrac{1}{2}$　　(C) 1　　(D) 2　　(E) 3

2. 在 y 轴的截距为 -3，且与直线 $2x+y+3=0$ 垂直的直线方程是（　　）.

(A) $x-2y-6=0$　　　　(B) $2x-y+3=0$　　　　(C) $x-2y+3=0$

(D) $x+2y+6=0$　　　　(E) $x-2y-3=0$

3. 方程 $(a-1)x-y+2a+1=0(a\in\mathbf{R})$ 所表示的直线（　　）.

(A) 恒过定点 $(-2,3)$　　　　　　　　(B) 恒过定点 $(2,3)$

(C) 恒过点 $(-2,3)$ 和点 $(2,3)$　　　　(D) 都是平行直线

(E) 恒过定点 $(3,2)$

4. 三条直线 $ax+2y+8=0$，$4x+3y=10$，$2x-y=10$ 相交于一点，则 $a=$（　　）.

(A) -2　　(B) -1　　(C) 0　　(D) 1　　(E) 2

5. 在圆心为 O，半径为 15 的圆内有一点 P，若 $OP=12$，则在过点 P 的弦中，长度为整数的有（　　）.

(A) 14 条　　(B) 24 条　　(C) 12 条　　(D) 13 条　　(E) 26 条

6. 圆 $(x-3)^2+(y-3)^2=9$ 上到直线 $x+4y-11=0$ 的距离等于 1 的点的个数有（　　）.

(A) 1　　(B) 2　　(C) 3　　(D) 4　　(E) 5

7. 直线 $x+\sqrt{3}y-2=0$ 被圆 $(x-1)^2+y^2=1$ 所截得的弦长为（　　）.

(A) $\dfrac{\sqrt{3}}{2}$ (B) 1   (C) $\sqrt{2}$ (D) $\sqrt{3}$ (E) 2

8. 从原点向圆 $x^2 + y^2 - 12y + 27 = 0$ 作两条切线，则该圆夹在两条切线间的劣弧长为 （　　）.

    (A) π (B) 2π (C) 3π (D) 4π (E) 6π

9. 过点 $(1, 0)$ 且与 $x - 2y - 2 = 0$ 平行的直线与两个坐标轴围成的面积为 （　　）.

    (A) $\dfrac{1}{4}$ (B) $\dfrac{1}{2}$ (C) $\dfrac{1}{8}$ (D) 1   (E) 2

10. 若三点 $A(1, a)$、$B(5, 7)$、$C(10, 12)$ 无法构成三角形，则 $a = $（　　）.

    (A) 3   (B) -3 (C) -2 (D) 1   (E) 2

11. 方程 $|x - 2y| = 5$ 与圆 $x^2 + y^2 = 8$ 有 （　　） 个交点.

    (A) 0   (B) 1   (C) 2   (D) 3   (E) 4

12. 方程 $|x - y| = 4$ 与 $|x| = 2$ 所围图形面积为 （　　）.

    (A) 28   (B) 40   (C) 36   (D) 32   (E) 42

二、条件充分性判断题

1. 直线 $l: ax + by + c = 0$ 恒过第一、二、三象限.

    (1) $ab < 0$ 且 $bc < 0$.

    (2) $ab < 0$ 且 $ac > 0$.

2. 已知直线 $ax + by + c = 0$，可以得到 $a + b = 0$.

    (1) 直线的图像如下：   (2) 直线的图像如下：

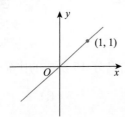 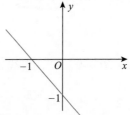

3. 点 $P(m - n, n)$ 到直线 l 的距离为 $\sqrt{m^2 + n^2}$.

    (1) 直线 l 的方程为：$\dfrac{x}{n} + \dfrac{y}{m} = -1$.   (2) 直线 l 的方程为：$\dfrac{x}{m} + \dfrac{y}{n} = 1$.

4. 直线 $(m - 1)x + 2my + 1 = 0$ 与直线 $(m + 3)x - (m - 1)y + 1 = 0$ 互相垂直.

    (1) $m = 3$.   (2) $m = 1$.

5. 过点 $P(-2, m)$ 和 $Q(m, 4)$ 的直线斜率等于 1.

    (1) $m = 1$.   (2) $m = -1$.

6. 直线 $y = \dfrac{x}{k} + 1$ 与两坐标轴所围成的三角形面积是 3.

    (1) $k = 6$.   (2) $k = \dfrac{1}{6}$.

7. 直线 $ax + by - c = 0$ 通过第一、二、三象限.

    (1) $ab < 0$.   (2) $ac < -\dfrac{1}{2}$.

8. 圆 $(x - a)^2 + (y - b)^2 = r^2$ 与两坐标轴都相切.

    (1) $a = b$.   (2) $a = r$.

9. 直线 $y = 2x + k$ 和圆 $x^2 + y^2 = 4$ 有两个交点.

   （1）$1 \leqslant k < \sqrt{5}$.　　　　　　　　　　（2）$-1 < k < 2\sqrt{5}$.

10. A 点坐标为 $(2，3)$，B 点坐标为 $(4，-5)$，则 A，B 两点到 l 的距离相等.

   （1）l 的方程为 $3x + 2y - 7 = 0$.　　　　　（2）l 的方程为 $4x + y - 7 = 0$.

第五节　综合提高题

一、问题求解题

1. 与圆 $x^2 + y^2 - 4x = 0$ 外切，且与 y 轴相切的动圆圆心的轨迹方程为（　　）.

   （A）$y^2 = 8x(x > 0)$　　　　　　　　　（B）$y = 0(x < 0)$

   （C）$y^2 = 8x(x > 0)$ 或 $y = 0(x < 0)$　　（D）$y^2 = 4x(x > 0)$

   （E）$y^2 = 8x(x < 0)$ 或 $y = 0(x > 0)$

2. 已知两点 $M\left(1，\dfrac{5}{4}\right)$，$N\left(-4，-\dfrac{5}{4}\right)$，给出下列方程：

   ① $4x + 2y - 1 = 0$　②$x^2 + y^2 = 3$　③$x^2 + y^2 = 1$　④ $4x - 2y = 1$

   在方程上存在点 P 满足 $|MP| = |NP|$ 的有（　　）个方程.

   （A）1　　　（B）2　　　（C）3　　　（D）4　　　（E）0

3. 如图 $7-7$，MN 是 $\odot O$ 的直径，$MN = 2$，点 A 在 $\odot O$ 上，$\angle AMN = 30°$，点 B 为弧 $\overset{\frown}{AN}$ 的中点，点 P 是直径 MN 上一动点，则 $PA + PB$ 的最小值为（　　）.

   （A）$2\sqrt{2}$　　（B）2　　　（C）$\sqrt{3}$

   （D）$\sqrt{2}$　　　（E）1

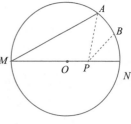

图 $7-7$

4. 直线 $2x - y - 4 = 0$ 上有一点 P，它与两定点 $A(4，-1)$、$B(3，1)$ 的距离之和最小，则点 P 的坐标是（　　）.

   （A）$(5，6)$　　（B）$\left(\dfrac{5}{2}，1\right)$　（C）$(6，5)$　　　（D）$(2，0)$　　　（E）$(5，-1)$

5. 已知实数 x，y 满足 $3x^2 + 2y^2 = 6x$，则 $x^2 + y^2$ 的最大值为（　　）.

   （A）$\dfrac{9}{2}$　　（B）4　　　（C）5　　　（D）2　　　（E）6

6. 已知直线 $\dfrac{x}{a} + \dfrac{y}{b} = 1$ 过点 $(1，2)$，且 a，b 皆为正数. 那么直线与 x 轴和 y 轴所围的三角形面积的最小值为（　　）.

   （A）2　　　（B）4　　　（C）$2\sqrt{2}$　　（D）$4\sqrt{2}$　　（E）8

7. 有三个村庄坐落在三角形的顶点上. 三角形的三边长分别是 3 千米，4 千米，5 千米. 若在这个三角形内部造一个批发中心，要求这个批发中心到三个村庄的距离平方和最小，那么这个平方和是（　　）.

   （A）13　　　（B）15　　　（C）14　　　（D）$\dfrac{48}{3}$　　　（E）$\dfrac{50}{3}$

8. 曲线 $|xy| + 6 = 3|x| + 2|y|$ 所围成图形的面积等于（　　）.

   （A）12　　　（B）16　　　（C）24　　　（D）4π　　　（E）8π

9. 直线 $x - 2y - 3 = 0$ 与圆 $(x-2)^2 + (y+3)^2 = 9$ 交于 E，F 两点，则 $\triangle EOF$（O 是原点）的面积为（　　）.

   (A) $\dfrac{3}{2}$ 　　(B) $\dfrac{3}{4}$ 　　(C) $2\sqrt{5}$ 　　(D) $\dfrac{6\sqrt{5}}{5}$ 　　(E) $\dfrac{3\sqrt{5}}{5}$

10. 自点 $A(-3, 3)$ 发射的光线 l 射到 x 轴上，被 x 轴发射，其反射光线所在的直线与圆 $x^2 + y^2 - 4x - 4y + 7 = 0$ 相切，则反射光线所在的直线方程为（　　）.

   (A) $4x + 3y + 3 = 0$ 　　　　(B) $3x + 4y - 3 = 0$ 　　　　(C) $3x - 4y + 3 = 0$
   (D) $4x + 3y + 3 = 0$ 或 $3x - 4y + 3 = 0$ 　　(E) $4x - 3y + 3 = 0$ 或 $3x - 4y - 3 = 0$

11. 点 $A(-1, 2)$ 关于直线 $x + y + 3 = 0$ 的对称点 A' 为（　　）.

   (A) $(-2, -5)$ 　　　　(B) $(-5, -2)$ 　　　　(C) $(2, -5)$
   (D) $(-2, 5)$ 　　　　(E) $(2, 5)$

12. 直线 l 与直线 $2x - y = 1$ 关于直线 $x + y = 0$ 对称，则直线 l 的方程是（　　）.

   (A) $x - 2y = 1$ 　　　　(B) $x + 2y = 1$ 　　　　(C) $2x - y = 1$
   (D) $2x + y = 1$ 　　　　(E) $x - 2y = -1$

13. 直线 $l_1: x - y - 2 = 0$ 关于直线 $l_2: 3x - y + 3 = 0$ 对称的直线 l_3 的方程为（　　）.

   (A) $7x - y + 22 = 0$ 　　(B) $x + 7y + 22 = 0$ 　　(C) $x - 7y - 22 = 0$
   (D) $7x + y + 22 = 0$ 　　(E) $7x + y - 22 = 0$

14. 若 x，y 满足 $x^2 + y^2 + 2x - 4y = 0$，则 $2x - y$ 的最大值为（　　）.

   (A) $\sqrt{5}$ 　　(B) 1 　　(C) 9 　　(D) $5 + 2\sqrt{5}$ 　　(E) 0

15. 若 $P(x, y)$ 在圆 $(x-3)^2 + (y - \sqrt{3})^2 = 6$ 上运动，则 $\dfrac{y}{x}$ 的最大值是（　　）.

   (A) 2 　　(B) $\sqrt{3} - 2$ 　　(C) $\sqrt{3} + 2$ 　　(D) $2 - \sqrt{3}$ 　　(E) 6

16. 以圆 $x^2 + y^2 = 1$ 在第一象限内的任意一点 (a, b) 为切点，所作圆的切线与两坐标轴围成的三角形的最小面积等于（　　）.

   (A) $\dfrac{19}{20}$ 　　(B) 1 　　(C) $\dfrac{21}{20}$ 　　(D) $\dfrac{11}{10}$ 　　(E) $\dfrac{23}{20}$

17. 直线 $3x - 4y + 4 = 0$ 与 $6x - 8y + 13 = 0$ 是一个圆的两条切线，则该圆的面积是（　　）.

   (A) $\dfrac{\pi}{16}$ 　　(B) $\dfrac{\pi}{8}$ 　　(C) $\dfrac{\pi}{4}$ 　　(D) $\dfrac{5\pi}{16}$ 　　(E) $\dfrac{\pi}{2}$

18. 圆 C_1 的方程为 $(x-5)^2 + (y-3)^2 = 9$，圆 C_2 的方程为 $x^2 + y^2 - 4x + 2y = -1$，则两圆有（　　）个交点.

   (A) 0 　　(B) 1 　　(C) 2 　　(D) 3 　　(E) 4

19. 光线从 $A(1, 1)$ 出发，经 y 轴反射到圆 $C: (x-5)^2 + (y-7)^2 = 4$ 的最短路程是（　　）.

   (A) $5\sqrt{2} - 2$ 　　(B) $5\sqrt{2} + 2$ 　　(C) $6\sqrt{2} - 2$ 　　(D) $6\sqrt{2} + 2$ 　　(E) 8

二、条件充分性判断题

1. 直线 l 的斜率为 $-\dfrac{a}{a+1}$.

   (1) 直线 l 沿 y 轴负方向平移 $a+1$（$a > 0$）个单位，再沿 x 轴正方向平移 a 个单位，所得直线与直线 l 重合.

   (2) 直线 l 沿 y 轴负方向平移 a（$a > 0$）个单位，再沿 x 轴正方向平移 $a+1$ 个单位，所得直线与直线 l 重合.

2. 点 $P(x, y)$ 到直线 $5x - 12y + 13 = 0$ 和直线 $3x - 4y + 5 = 0$ 的距离相等.

   (1) 点 P 的坐标满足 $32x - 56y + 65 = 0$.   (2) 点 P 的坐标满足 $7x + 4y = 0$.

3. 直线 l_1：$y = x$ 与 l_2：$ax - y = 0(a \in \mathbf{R})$ 夹角在 $\left(0, \dfrac{\pi}{3}\right)$ 内变动.

   (1) $a \in (-\infty, -2 - \sqrt{3})$.   (2) $a \in (-2 + \sqrt{3}, +\infty)$.

4. 直线 $x_0 x + y_0 y = a^2$ 与圆 $x^2 + y^2 = a^2 (a > 0)$ 相交.

   (1) $M(x_0, y_0)$ 为圆 $x^2 + y^2 = a^2 (a > 0)$ 内异于圆心的一点.

   (2) $M(x_0, y_0)$ 为圆 $x^2 + y^2 = a^2 (a > 0)$ 外一点.

5. 若直线 $y = k(x - 1)$ 与抛物线 $y = x^2 + 4x + 3$ 的两个交点都在第二象限.

   (1) k 的取值范围是 $(-2, 1)$.   (2) k 的取值范围是 $(-3, -1)$.

6. 已知 $P(-2, -2)$、$Q(0, -1)$，平面上的一点 $R(2, m)$ 有 $|PR| + |RQ|$ 最小.

   (1) $m = 0$.   (2) $m = -\dfrac{4}{3}$.

7. 直线 $3x + y + a = 0$ 平分圆 $x^2 + y^2 + 2x - 4y = 0$.

   (1) $a = -1$.   (2) $a = 1$.

8. 直线 $y = x + 2$ 与圆 $(x - a)^2 + (y - b)^2 = 2$ 相切.

   (1) $a = b$.   (2) $b - a = 4$.

9. 半径分别为 3 和 4 的两个圆，圆心坐标分别为 $(a, 1)$ 和 $(2, b)$，则它们有 4 条公切线.

   (1) 点 $P(a, b)$ 在圆 $(x - 2)^2 + (y - 1)^2 = 40$ 的外面.

   (2) 点 $P(a, b)$ 在圆 $(x - 2)^2 + (y - 1)^2 = 50$ 的外面.

10. $a = 4$，$b = 2$.

   (1) 点 $A(a + 2, b + 2)$ 与点 $B(b - 4, a - 6)$ 关于直线 $4x + 3y - 11 = 0$ 对称.

   (2) 直线 $y = ax + b$ 垂直于直线 $x + 4y - 1 = 0$，在 x 轴上的截距为 $-\dfrac{1}{2}$.

11. 动点 P 的轨迹是两个圆.

   (1) 动点 P 的轨迹方程是 $|x| + 1 = \sqrt{1 - (y - 1)^2}$.

   (2) 动点 P 的轨迹 $(|x| + |y|)^2 = 1$.

12. 动点 $P(x, y)$ 在圆 O 上运动，则 $\dfrac{y + 1}{x + 2}$ 的最大值为 $\dfrac{4}{3}$.

   (1) 圆 O 的方程是 $x^2 + y^2 = 1$.   (2) 圆 O 的方程是 $x^2 + y^2 = 2$.

13. 圆 C 的半径为 $\sqrt{2}$.

   (1) 圆 C 截 y 轴所得弦长为 2，且圆心到直线 $x - 2y = 0$ 的距离为 $\dfrac{\sqrt{5}}{5}$.

   (2) 圆 C 被 x 轴分成两段弧，其长之比为 $3:1$.

14. 一束光线经过点 $P(2, 3)$ 射到直线 $x + y + 1 = 0$ 上，反射后穿过点 $Q(1, 1)$.

   (1) 入射光线的方程为 $5x + 4y - 2 = 0$.   (2) 入射光线的方程为 $5x - 4y + 2 = 0$.

15. 两圆的公切线共有 2 条.

   (1) 圆 $x^2 + y^2 - 2x = 0$ 和圆 $x^2 + y^2 + 4y = 0$.

   (2) 圆 $(x + 2)^2 + y^2 = 4$ 与圆 $(x - 2)^2 + (y - 1)^2 = 9$.

16. 已知点 $A(-2, 0)$，点 $B(0, 2)$，则 $\triangle ABC$ 面积的最大值是 $3 + \sqrt{2}$.

   (1) 点 C 为圆 $x^2 + y^2 - 2x = 0$ 上的一动点.

   (2) 点 C 为圆 $x^2 + y^2 + 2y = 0$ 上的一动点.

答案速查

第二节	1～5 ADDBB	6～10 CDEEB	11～15 AEDDA	16～20 CBDBA
	21～25 DBBDB	26～30 ADBCB	31～35 BBCCC	36 D
第三节	1～5 DCEBD	6～10 BAEAD	11～15 EDBBE	16～20 AAADA
	21～25 ADBCD			
第四节	一、1～5 BAABB	6～10 DDBAA	11～12 ED	
	二、1～5 DAADA	6～10 ACCDD		
第五节	一、1～5 CBDBB	6～10 BECDE	11～15 BADBC	16～19 BABC
	二、1～5 BDABB	6～10 BBDBD	11～15 EACBD	16 D

第八章 立体几何

第一节 考试解读

一、大纲考点

空间几何体
(1) 长方体
(2) 柱体
(3) 球体

二、大纲解读

根据历年的考试情况来看,立体几何对空间想象能力要求较高.比如真题中出现了空间距离的求解、立体图形表面镀金属之类的考题,要求考生能灵活应用公式解题.此外,真题还将几个图形综合在一起考查,比如将柱体与球体一起考查.最后,还要重视立体图形的内切球和外接球.

三、历年真题考试情况

考试年份	考题	分值	题型	考点分布
2013 年	1	3	问题求解 1 个	金属熔化,球的体积及表面积
2014 年	2	6	问题求解 2 个	正方体,空间长度,球体镀金属
2015 年	2	6	问题求解 1 个 条件充分性判断 1 个	钢管体积,圆柱体与球体表面积比较
2016 年	2	6	问题求解 2 个	长方体箱子,圆柱外接球
2017 年	2	6	问题求解 1 个 条件充分性判断 1 个	长方体切割,球在水中的截面
2018 年	1	3	问题求解 1 个	圆柱,截面,体积
2019 年	2	6	问题求解 2 个	正方体外接球,正方体截面面积
2020 年	1	3	条件充分性判断 1 个	长方体
2021 年	1	3	问题求解 1 个	正方体外接球
2023 年预测	2	6	问题求解 1 个 条件充分性判断 1 个	球体,柱体

四、考试地位及预测

通过以上真题分布发现，立体几何考点是在 2012 年新增的，本章的重要考点为：柱体和球体．本章每年考 2 个考题，占 6 分左右．主要考查三个方面：

（1）表面积与体积的求解．

（2）表面积与体积的应用．

（3）与水相关的体积．

五、数字化导图

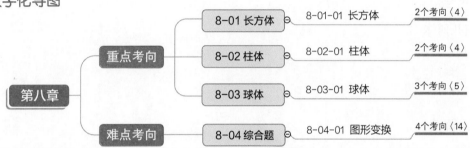

六、备考建议

首先根据图形记忆表面积和体积的公式；注意每个公式的关系，比如表面积与体积的关系；培养空间想象能力，比如将立体图形展开为平面图形或将平面图形折叠成立体图形．本章对空间想象能力要求较高，立体几何主要侧重求图形的表面积和体积．

第二节　重点考向

模块 8-01 长方体

考点 8-01-01 / 长方体

一、考点讲解

1．长方体

设 3 条相邻的棱长分别是 a，b，c．

（1）体积：$V = abc$．

（2）全面积：$F = 2(ab + bc + ac)$．

（3）体对角线：$d = \sqrt{a^2 + b^2 + c^2}$．

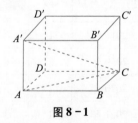

图 8-1

2．正方体

设棱长是 a．

（1）体积：$V = a^3$．

（2）全面积：$F = 6a^2$．

（3）体对角线：$d = \sqrt{3}a$．

二、考试解读

（1）长方体和正方体是最简单的立体几何，要掌握棱长、体对角线、表面积和体积公式．

（2）要注意长方体和正方体的外接球，体对角线是外接球的直径．

（3）要发挥空间想象能力，对图形的展开和折叠能够准确地分析．

（4）考试频率级别：中．

三、命题方向

考向 1　长方体

● **思　路**　掌握长方体的体对角线、表面积和体积公式．

［例1］一个长方体的长与宽之比是2:1，宽与高之比是3:2，若长方体的全部棱长之和是220厘米，则长方体的体积是(　　　)．

（A）2880 立方厘米　　　　（B）7200 立方厘米　　　　（C）4600 立方厘米

（D）4500 立方厘米　　　　（E）3600 立方厘米

［例2］长方体的三条棱长的比是3:2:1，表面积是88，则最长的一条棱长等于(　　　)．

（A）8　　　　（B）11　　　　（C）12　　　　（D）14　　　　（E）6

［例3］长方体的3个侧面的面积分别为2，6，3，则长方体的体积为(　　　)．

（A）4　　　　（B）5　　　　（C）6　　　　（D）7.5　　　　（E）9

考向 2　正方体

● **思　路**　正方体比较简单，掌握体对角线、表面积和体积公式即可．

［例4］已知某正方体的体对角线长为3，那么这个正方体的全面积是(　　　)．

（A）16　　　　（B）18　　　　（C）20　　　　（D）22　　　　（E）24

模块 8-02 柱体

考点 8-02-01　柱体

一、考点讲解

1. 柱体的一般公式

无论是圆柱还是棱柱，侧面展开图均为矩形，其中一边长为底面的周长，另一边长为柱体的高．

侧面积：$S =$ 底面周长 × 高（展开矩形的面积）．

体积：$V =$ 底面积 × 高．

2. 圆柱的公式

设高为 h，底面半径为 r．

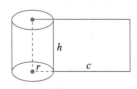

图 8-2

体积：$V = \pi r^2 h$.

侧面积：$S = 2\pi rh$（其侧面展开图为一个长为 $2\pi r$，宽为 h 的长方形）.

全面积：$F = S_{侧} + 2S_{底} = 2\pi rh + 2\pi r^2$.

二、考试解读

（1）圆柱是考试的重点，考试频率较高，要掌握侧面积、表面积和体积的基本公式.

（2）要注意圆柱的外接球，轴截面对角线长是外接球的直径.

（3）圆柱的展开和旋转要能够准确地想象和分析.

（4）考试频率级别：中.

三、命题方向

考向1 圆柱

• **思 路** 掌握圆柱的侧面积、表面积及体积的计算公式. 尤其注意特殊的等边圆柱.

[例5] 若圆柱体的高增大到原来的 3 倍，底面半径增大到原来的 1.5 倍，则其体积增大到原来体积的倍数是(　　).

(A) 4.5　　　(B) 6.75　　　(C) 9　　　(D) 12.5　　　(E) 15

[例6] 一个圆柱的侧面展开图是正方形，那么它的侧面积是下底面积的(　　)倍.

(A) 2　　　(B) 4　　　(C) 4π　　　(D) π　　　(E) 2π

考向2 棱柱

• **思 路** 掌握常见的三棱柱和四棱柱的表面积和体积计算公式.

[例7] 如图 8-3，直三棱柱的上下底面是直角三角形，则三棱柱的表面积为(　　).

(A) 28　　　(B) 30　　　(C) 32

(D) 36　　　(E) 38

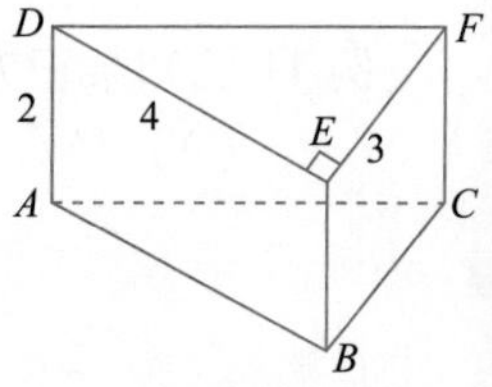

图 8-3

[例8] 一个四棱柱的侧面展开图是边长为 40 的正方形，它的底面也是正方形，则它的体积为(　　).

(A) 2800　　　(B) 4000　　　(C) 4200　　　(D) 4800　　　(E) 5000

模块 8-03 球体

考点 8-03-01 　球体

一、考点讲解

1. 体积和表面积

设球的半径为 r，体积 $V = \dfrac{4}{3}\pi r^3$，表面积 $S = 4\pi r^2$.

2. 球的截面

如图 8-4，球心与截面圆心的连线垂直于截面，设球心到截面的距离为 d，球的半径为 R，截面的半径为 r，则有 $r^2 + d^2 = R^2$.

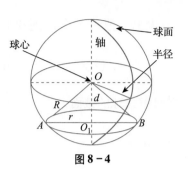

图 8-4

3. 外接球和内切球

设圆柱底面半径为 r，球半径为 R，圆柱的高为 h.

几何体	内切球	外接球
长方体	无，只有正方体才有	体对角线 $l = 2R$
正方体	棱长 $a = 2R$	体对角线 $l = 2R(2R = \sqrt{3}a)$
圆柱	只有轴截面是正方形的圆柱才有，此时有 $2r = h = 2R$	$\sqrt{h^2 + (2r)^2} = 2R$

注意　(1) 在这些关系中，一定要注意寻找几何关系时要利用几何体的轴截面.

(2) 关系是相互的，可以说正方体的外接球，也可以说球的内接正方体，其实质是一样的.

二、考试解读

(1) 球体看似简单，公式也较少，但是仍然为考试重点.

(2) 球体可与其他图形结合考查，比如考查内切球和外接球.

(3) 球体的截面要能够想象和分析.

(4) 考试频率级别：中.

三、命题方向

考向 1　球的基本公式

● **思　路**　掌握球体的体积和表面积的基本公式. 注意表面积与半径的平方成正比，体积与半径的立方成正比.

[例 9] 若一球体的表面积增加到原来的 9 倍，则它的体积(　　).

(A) 增加到原来的 9 倍　　　　(B) 增加到原来的 27 倍

(C) 增加到原来的 3 倍　　　　(D) 增加到原来的 6 倍

(E) 增加到原来的 8 倍

考向 2　内切球和外接球

● **思　路**　掌握长方体、正方体和圆柱体的外接球公式，掌握正方体和等边圆柱的内切球公式.

[例 10] 如果球的一个内接长方体的三条棱长分别为 1，2，3，那么该球的表面积为(　　).

(A) $\dfrac{7\sqrt{14}}{6}\pi$　　(B) 7π　　(C) $\dfrac{7\sqrt{14}}{3}\pi$　　(D) 14π　　(E) 28π

[例 11] 能切割为球的等边圆柱，切割下来部分的体积占球的体积至少为(　　).

(A) $\dfrac{3}{4}$　　(B) $\dfrac{2}{3}$　　(C) $\dfrac{1}{2}$　　(D) $\dfrac{1}{4}$　　(E) $\dfrac{1}{3}$

[例12] 把一个半球削成底面半径为球半径一半的圆柱，则半球体积和圆柱体积之比为( ).

(A) 4:1   (B) 8:3   (C) 16:3   (D) $16:3\sqrt{2}$ (E) $16:3\sqrt{3}$

考向 3　球的截面

- **思　路**　设球心到截面的距离为 d，球的半径为 R，截面的半径为 r，根据勾股定理，则有 $r^2 + d^2 = R^2$.

[例13] 两个平行平面去截半径为5的球，若截面面积分别为 9π 和 16π，则这两个平行平面间的距离是( ).

(A) 1   (B) 7   (C) 3 或 4   (D) 1 或 7   (E) 3 或 5

第三节　难点考向

模块 8-04　综合题

考点 8-04-01　图形变换

一、考点讲解

见模块 8-01 至 8-03.

二、考试解读

(1) 会分析空间图形的面距离，培养想象能力.

(2) 利用水的等量关系求解.

(3) 对图形的切割、拼接、展开、折叠等变换，能够灵活分析.

(4) 考试频率级别：中.

三、命题方向

考向 1　折叠与展开

- **思　路**　对于图形折叠、展开问题，关键是要找全等，确定边长或角度，其本质内容是通过图形变换传递等量关系.

[例1] 一只蜘蛛在一个正方体的顶点 A 处，一只蚊子在正方体的顶点 B 处，如图 8-5 所示，现在蜘蛛尽快地捉到这只蚊子，那么它所走的最短路线有( )条.

(A) 2   (B) 3   (C) 4

(D) 5   (E) 6

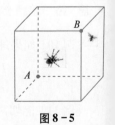

图 8-5

[例2] 如图8-6所示，正方体的边长为2，E，F分别是棱AD和$C'D'$的中点，位于E点处的一只小虫要在这个正方体的表面上爬到F点处，它爬行的最短距离为( ).

(A) $\frac{5}{2}$　　(B) 2　　(C) $2\sqrt{2}$

(D) $1+\sqrt{5}$　　(E) $\sqrt{10}$

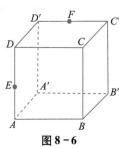

图8-6

考向2　与水相关的体积

思　路 主要是根据水的体积来建立等量关系求解.

[例3] 有一个长方体容器，长30厘米，宽20厘米，高10厘米，里面的水深6厘米（最大面为底面），如果把这个容器盖紧（不漏水），再朝左竖起来（最小面为底面），里面的水深是( )厘米.

(A) 12　　(B) 14　　(C) 16　　(D) 18　　(E) 20

[例4] 一个长方体容器内装满水，现在有大、中、小三个铁球，第一次把小球沉入水中，第二次把小球取出，把中球沉入水中，第三次把中球取出，把小球和大球一起沉入水中. 已知每次从容器中溢出的水量情况是：第二次是第一次的3倍，第三次是第一次的2.5倍. 则大球的体积是小球的( )倍.

(A) 3.5　　(B) 4　　(C) 4.5

(D) 5　　(E) 5.5

[例5] 如图8-7所示，饮料瓶的容积是300毫升，正放时饮料的高度为20厘米，倒放时瓶内空余部分的高度为5厘米，则瓶内有饮料( )毫升.

(A) 200　　(B) 220　　(C) 230

(D) 240　　(E) 260

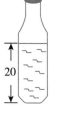

图8-7

考向3　堆积问题

思　路 对于多个立体图形堆积问题，可以从不同视角来观察，即从上下、左右、前后六个角度来分析思考.

[例6] 如图8-8所示，在一个棱长为5的正方体上放一个棱长为4的小正方体，则这个立体图形的表面积为( ).

(A) 214　　(B) 220　　(C) 224

(D) 230　　(E) 234

[例7] 有64个棱长为1厘米的同样大小的小正方体，其中34个为白色的，30个为黑色的. 现将它们拼成一个$4\times4\times4$的大正方体，则在大正方体的表面上白色部分最多可以是( )平方厘米.

(A) 60　　(B) 70　　(C) 74

(D) 78　　(E) 80

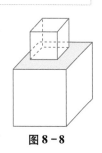

图8-8

[例8] 如图 8-9 所示，有 30 个棱长为 1 的正方体堆成一个四层的立
体图形，则这个立体图形的表面积是(   ).

A. 62   B. 66   C. 68

D. 70   E. 72

图 8-9

考向 4   切挖

● **思 路**   对于切挖问题，根据切挖的位置，来分析表面积的变化，通过变化的规律来解题.

[例9] 一个棱长为 6 的正方体木块，如果把它锯成棱长为 2 的小正方体，表面积增加
了(   ).

(A) 360   (B) 382   (C) 288   (D) 432   (E) 482

[例10] 一个长方体的长、宽、高分别是 6，5，4，若把它切割成三个体积相等的小长方体，
这三个小长方体的表面积的和最大是(   ).

(A) 248   (B) 268   (C) 286   (D) 306   (E) 326

[例11] 如图 8-10 所示，一个正方体木块，棱长是 1，沿水平方向将它锯成 2 片，每片锯
成 3 长条，每条又锯成 4 小块，共得到大大小小的长方体 24 块，则这 24 块长方体
的表面积之和是(   ).

(A) 18   (B) 16   (C) 14   (D) 12   (E) 10

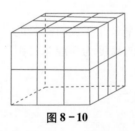   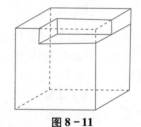

图 8-10   图 8-11

[例12] 如图 8-11 所示，在一个棱长为 10 的立方体上截取一个长为 8，宽为 3，高为 2 的
小长方体，则新的几何体的表面积是(   ).

(A) 480   (B) 500   (C) 520   (D) 540   (E) 600

[例13] 图 8-12 是一个边长为 4 的正方体，分别在前后、左右、上下各面的中心位置挖去
一个边长 1 的正方体，做成一种玩具. 则它的表面积是(   ). （图中只画出了前
面、右面、上面挖去的正方体）

(A) 120   (B) 140   (C) 160   (D) 180   (E) 190

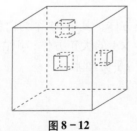   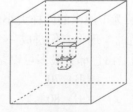

图 8-12   图 8-13

[例14] 图 8-13 是一个棱长为 2 的正方体，在正方体上表面的正中，向下挖一个棱长为 1 的正

方体小洞，接着在小洞的底面正中向下挖一个棱长为 $\frac{1}{2}$ 的正方体小洞，第三个正方体

小洞的挖法和前两个相同，棱长为 $\frac{1}{4}$，则最后得到的立体图形的表面积是(　　).

(A) $29\frac{1}{4}$　　　　(B) $29\frac{1}{2}$　　　　(C) $30\frac{1}{4}$　　　　(D) $30\frac{1}{2}$　　　　(E) $31\frac{1}{4}$

第四节　基础自测题

关注作者新浪微博
获取更多复习指导

一、问题求解题

1. 一个长方体纸盒，长为 8，宽是长的 $\frac{3}{4}$，高是宽的一半，则长方体的棱长总和是 (　　).

　(A) 64　　　(B) 65　　　(C) 66　　　(D) 68　　　(E) 70

2. 一个长方体的长、宽、高的比是 3:2:1，它的棱长总和是 48，则长方体的表面积为(　　).

　(A) 66　　　(B) 77　　　(C) 75　　　(D) 78　　　(E) 88

3. 长方体不同的三个面的面积分别为 10、15 和 6. 这个长方体的体积是 (　　).

　(A) 30　　　(B) 32　　　(C) 34　　　(D) 36　　　(E) 38

4. 在一个长为 15，宽为 12 的长方体水箱中，有深为 10 的水，如果在水中沉入一个棱长为 3 的
　正方体铁块，那么水箱中水深为 (　　).

　(A) 12.15　　(B) 11.15　　(C) 10.15　　(D) 9.15　　(E) 10

5. 一个长方体容器的底面是一个边长为 60 厘米的正方形，容器里直立着一个高 1 米，底面为
　正方形且边长为 15 厘米的长方体铁块，这时容器里的水深为 0.5 米. 如果把铁块取出，容
　器里的水深是 (　　) 厘米.

　(A) 44.875　(B) 46.875　(C) 48.875　(D) 49.875　(E) 50.875

6. 有一个长方体容器，长为 30，宽为 20，高为 10，里面的水深为 6（最大面为底面），如果把
　这个容器盖紧（不漏水），再朝左竖起来（最小面为底面），里面的水深是 (　　).

　(A) 18　　　(B) 16　　　(C) 15　　　(D) 14　　　(E) 12

7. 将表面积分别为 54、96 和 150 的三个铁质正方体熔成一个大正方体（不计损耗），则这个大
　正方体的体积为 (　　).

　(A) 176　　　(B) 186　　　(C) 196　　　(D) 206　　　(E) 216

8. 用一根长为 108 的铁丝做一个长、宽、高之比为 2:3:4 的长方体框，那么这个长方体的体积
　是 (　　).

　(A) 648　　　(B) 658　　　(C) 668

　(D) 678　　　(E) 688

9. 一个圆柱形容器的轴截面尺寸如图 8-14，将一个实心球放
　入该容器中，球的直径等于圆柱的高，现将容器注满水，然
　后取出该球（假设原水量不受损失），则容器中水面的高度
　为(　　).

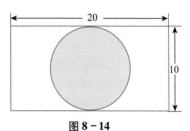

图 8-14

(A) $5\frac{1}{3}$　　(B) $6\frac{1}{3}$　　(C) $7\frac{1}{3}$　　(D) $8\frac{1}{3}$　　(E) $9\frac{1}{3}$

10. 把 60 升水倒入一个长 6 分米，宽 2.5 分米的长方体水箱内，正好倒满，这个水箱深为（　　）分米.

(A) 3.5　　(B) 3　　(C) 4　　(D) 5　　(E) 6

11. 一个长 1 米、宽 8 厘米、高 5 厘米的长方体木料锯成长度都是 50 厘米的两段，表面积比原来增加（　　）平方厘米.

(A) 80　　(B) 75　　(C) 70　　(D) 68　　(E) 60

12. 把一根长 4 米、宽 1.2 米、厚 0.6 米的木料锯成体积相等的两个长方体，它的表面积最多增加 m 平方米，最少增加 n 平方米，则下列正确的为（　　）.

(A) $m=4.8$　(B) $n=4.8$　　(C) $n=9.6$　　(D) $m=1.44$　　(E) $n=1.44$

13. 一个体积为 160 立方厘米的长方体中两个侧面的面积分别为 20 平方厘米和 32 平方厘米，如图 8-15. 则这个长方体底面的面积（即图中阴影部分的面积）为（　　）.

(A) 40　　(B) 45　　(C) 50

(D) 55　　(E) 60

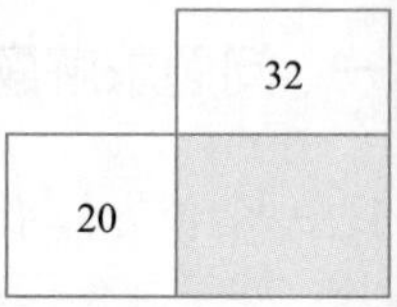

图 8-15

14. 某小学要修建一个游泳池，它的长是 40 米，宽是 20 米，池深是 1.2 米，把游泳池的四壁和底部都用边长为 4 分米的白瓷砖铺盖一层，至少要用（　　）块白瓷砖.

(A) 6000　　(B) 5900　　(C) 5800　　(D) 5700　　(E) 5600

15. 一个正方体增高 3，就得到一个底面不变的长方体，它的表面积比原来的正方体的表面积增加 96，则原来正方体的表面积为（　　）.

(A) 368　　(B) 372　　(C) 382　　(D) 384　　(E) 386

16. 有一块长方形铁皮长 24，宽 14，如图 8-16. 剪掉同样的四个角（阴影部分），再沿虚线折起，做成一个无盖铁盒，则这个铁盒的容积为（　　）.

(A) 348　　(B) 362　　(C) 368

(D) 384　　(E) 392

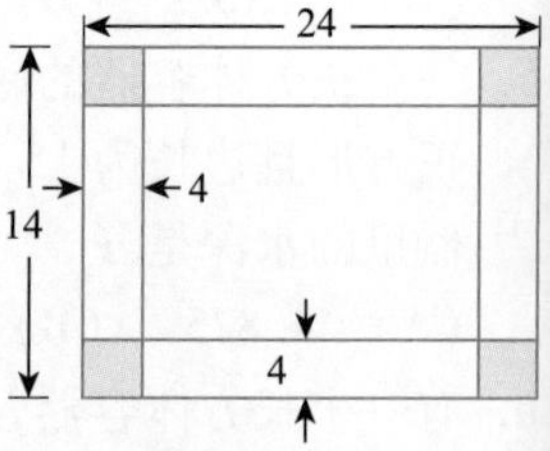

图 8-16

17. 一个长方体油桶装满汽油，现将桶里的汽油倒入一个正方体容器内正好倒满，已知长方体汽油桶高为 1，底面长为 0.8，宽为 0.64，则正方体容器的棱长为（　　）.

(A) 0.8　　(B) 0.85　　(C) 0.9　　(D) 0.95　　(E) 0.6

二、条件充分性判断题

1. 把长、宽、高分别为 5、4、3 的两个相同长方体粘合成一个大长方体，则大长方体的表面积为 164.

(1) 将两个最大的面粘合在一起.　　　　（2）将两个最小的面粘合在一起.

2. 体育馆有一个长方体形状的游泳池，长 50 米，宽 30 米，深 3 米，现要在游泳池的各个面上抹上一层水泥，则 22 吨水泥保证够用.

(1) 每平方米用水泥 11 千克.　　　　（2）每平方米用水泥 10 千克.

3. 长方体的体对角线长为 a，则表面积为 $2a^2$.

(1) 长方体棱长之比为 1:2:3.　　　　（2）长方体的棱长均相等.

4. 长方体所有的棱长之和为28.

　　（1）长方体的体对角线长为 $2\sqrt{6}$.　　　　　　（2）长方体的全面积为25.

5. 侧面积相等的两个圆柱体，它们的体积之比为3:2.

　　（1）圆柱底面半径分别为6和4.　　　　　　（2）圆柱底面半径分别为3和2.

6. 高为2的圆柱，则底面半径为 $\dfrac{\sqrt{3}}{\pi}$.

　　（1）圆柱侧面展开图中母线与对角线夹角是60°.

　　（2）圆柱侧面展开图中母线与对角线夹角是45°.

7. 球的表面积为原来的 $3\sqrt[3]{3}$ 倍.

　　（1）球体积为原来的9倍.　　　　　　（2）球半径为原来的3倍.

8. 棱长为 a 的正方体的外接球与内切球的表面积之比为3:1.

　　（1）$a = 10$.　　　　　　（2）$a = 20$.

9. 若球的半径为 R，则这个球的内接正方体表面积是72.

　　（1）$R = 3$.　　　　　　（2）$R = \sqrt{3}$.

10. 如果圆柱的底面半径为1，则圆柱侧面展开图的面积为 6π.

　　（1）高为3.　　　　　　（2）高为4.

第五节　综合提高题

加入高分备考群
与名师零距离互动

一、问题求解题

1. 棱长为6的正方体木块，把它锯成若干个棱长为2的小正方体，表面积增加了（　　　）.

　　（A）402　　（B）412　　（C）422　　（D）432　　（E）442

2. 甲、乙两个圆柱体，甲的底面周长是乙的2倍，甲的高度是乙的 $\dfrac{1}{2}$，则甲的体积是乙的（　　　）.

　　（A）0.5倍　　（B）1倍　　（C）2倍　　（D）4倍　　（E）1.5倍

3. 如图8-17，将一个横截面是正方形（面 $BCGF$）的长方体木料沿平面 $AEGC$ 分割成大小相同的两块，表面积增加了30. 已知 EG 长为5，分割后每块木料的体积是18. 则原来长方体木料的表面积是（　　　）.

　　（A）56　　（B）63　　（C）64

　　（D）66　　（E）68

图8-17

4. 一副扑克牌长9厘米、宽6.5厘米、高2厘米，现在要把相同的两副扑克牌放在一起包装（如图8-18），则包装盒的表面积至少是（　　　）平方厘米.

图8-18

　　（A）262　　（B）282　　（C）302　　（D）241　　（E）322

5. 有一块边长为4的正方形钢板，现对其切割、焊接成一个长方体形无盖容器（切、焊损耗忽略不计）. 有人应用数学知识作如下设计：在钢板的四个角处各切去一个小正方形，剩余部分围成一个长方体，该长方体的高是小正方形的边长. 当所得长方体容器的体积最大时，剪下的正方形边长为（　　　）.

　　（A）$\dfrac{1}{3}$　　（B）$\dfrac{2}{3}$　　（C）$\dfrac{1}{2}$　　（D）$\dfrac{3}{4}$　　（E）1

6. 如图 8－19，由三个正方体木块粘合而成的模型，它们的棱长分别为 1、2、4，要在表面涂刷油漆，如果大正方体的下面不涂油漆，则模型涂刷油漆的面积是（   ）.
   （A）75　　　（B）80　　　（C）85　　　（D）90　　　（E）100

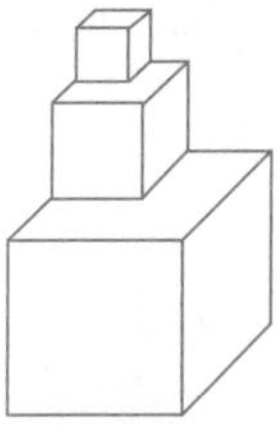

图 8－19 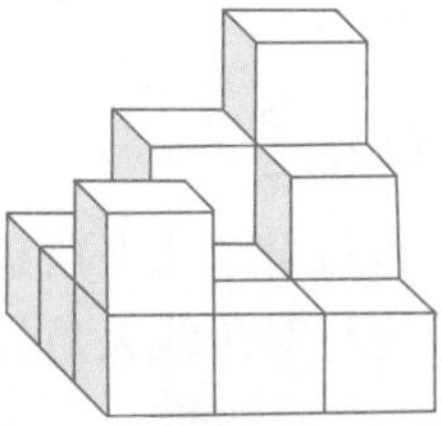　　　　　　图 8－20

7. 用棱长是 1 的立方块拼成如图 8－20 的立体图形，则该图形的表面积是（   ）.
   （A）42　　　（B）44　　　（C）46　　　（D）48　　　（E）50

8. 一个长方体的长、宽、高分别为 7、6、5，如果将其表面涂成红色，然后切成棱长为 1 的小正方体，那么其中一面、二面、三面被涂成红色的小正方体各有 m,n,k 块，则下列正确的为（   ）.
   （A）$m = 84$　　　　　　（B）$n = 60$　　　　　　（C）$k = 10$
   （D）$n + k = 54$　　　　（E）$m + k = 102$

9. 一个正方体的棱长为 4，在它的前、后、左、右、上、下各面中心各挖去一个棱长为 1 的正方体做成一种玩具，则这个玩具的表面积为（   ）.
   （A）105　　　（B）110　　　（C）115　　　（D）120　　　（E）125

10. 图 8－21 是一个表面被涂上红色的棱长为 10 的正方体木块，如果把它沿虚线切成 8 个正方体，这些小正方体中没有被涂上红色的所有表面的面积是（   ）.
    （A）680　　　（B）640　　　（C）480　　　（D）600　　　（E）560

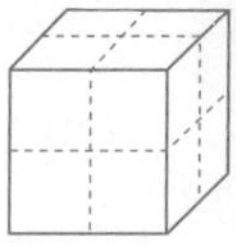

图 8－21

11. 一个底面长为 25，宽为 20 的长方体容器，里面盛有水. 当把一个正方体木块放入水中时，木块一半浸入水中，此时水面升高了 1，则正方体木块的棱长是（   ）.
    （A）8　　　（B）10　　　（C）12　　　（D）14　　　（E）16

12. 一个正方体木块在它的 8 个角上分别切割一个小正方体. 若小正方体的棱长是原来大正方体棱长的 $\frac{1}{3}$，则切完以后图形的体积是大正方体体积的（   ）.
    （A）$\frac{2}{3}$　　（B）$\frac{23}{27}$　　（C）$\frac{19}{27}$　　（D）$\frac{8}{27}$　　（E）$\frac{17}{27}$

13. 如图 8－22，有一个边长为 20 的大正方体，分别在它的角上、棱上、面上各挖掉一个大小相同的小立方体后，表面积变为 2454，那么挖掉的小立方体的棱长是（   ）.
    （A）2　　　（B）1.5　　　（C）2　　　（D）3　　　（E）4

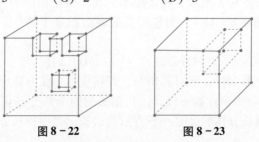

图 8－22　　　　　　图 8－23

14. 如图 8－23，在一个棱长为 10 的立方体上截取一个长为 8，宽为 3，高为 2 的小长方体，那么新的几何体的表面积是（   ）.

(A) 560   (B) 580   (C) 600   (D) 630   (E) 640

15. 如图 8-24，一个正方体形状的木块，棱长为 1，沿水平方向将它锯成 3 片，每片又锯成 4 长条，每条又锯成 5 小块，共得到大大小小的长方体 60 块．则这 60 块长方体表面积的和是（　　）.

(A) 20   (B) 24   (C) 26   (D) 28   (E) 30

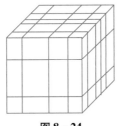 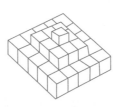

图 8-24   图 8-25

16. 图 8-25 中的形状由 3 层没有缝隙的小立方块组成．如果它的外表面（包括底面）全都被涂成红色，那么把它们再分开成一个个小立方块时，有（　　）个小立方块恰有三面是红色的.

(A) 16   (B) 17   (C) 20   (D) 22   (E) 24

17. 用 6 块如图 8-26 的长方体木块拼成一个大长方体，有许多种拼法，其中所得长方体中表面积最小是 m，最大是 n，则下列正确的为（　　）.

(A) $m=66$，$n=112$ (B) $m=66$，$n=122$

(C) $m=72$，$n=122$ (D) $m=72$，$n=132$

(E) $m=72$，$n=112$

图 8-26

18. 把一根长为 5 的圆柱形钢材截成三段后如图 8-27，表面积比原来增加 9.6，这根钢材原来的体积是（　　）.

(A) 9   (B) 9.5   (C) 10   (D) 10.5   (E) 12

 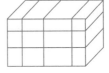

图 8-27   图 8-28

19. 如图 8-28，一个长方体的宽和高相等，并且都等于长的一半．将这个长方体切成 12 个小长方体，这些小长方体的表面积之和为 600，则这个大长方体的体积为（　　）.

(A) 210   (B) 220   (C) 240   (D) 250   (E) 260

20. 有一块边长 24 厘米的正方形厚纸，如果在它的四个角各剪去一个小正方形，就可以做成一个无盖的纸盒．现在要使做成的纸盒容积最大，剪去的小正方形的边长应为（　　）厘米.

(A) 1   (B) 2   (C) 3   (D) 4   (E) 6

21. 一个长方体，有共同顶点的三个面的对角线长分别为 a，b，c，则它的体对角线长是（　　）.

(A) $\sqrt{a^2+b^2+c^2}$ (B) $\dfrac{1}{2}\sqrt{a^2+b^2+c^2}$ (C) $\dfrac{1}{4}\sqrt{a^2+b^2+c^2}$

(D) $\sqrt{\dfrac{a^2+b^2+c^2}{2}}$ (E) $\sqrt{\dfrac{a^2+b^2+c^2}{6}}$

22. 高与底面直径相等的圆柱体轴截面的面积是 32，那么它的侧面积是（　　）.

(A) 16π　　(B) 32π　　(C) 48π　　(D) 64π　　(E) 72π

23. 正三棱柱内有一内切球，半径为 R，则这个正三棱柱的体积是（　　）.

(A) $6\sqrt{3}R^3$　(B) $3\sqrt{3}R^3$　(C) $4\sqrt{2}R^3$　(D) $8\sqrt{3}R^3$　(E) $2\sqrt{6}R^3$

24. 若正三棱柱的底面边长为 3，侧棱长为 $2\sqrt{6}$，则该棱柱的外接球的表面积为（　　）.

(A) 26π　　(B) 40π　　(C) 36π　　(D) 45π　　(E) 30π

二、条件充分性判断题

1. 一个棱长为 4 的正方体木块切割出一个棱长为 1 的正方体后的表面积不发生变化.

(1) 在它的一个角上割去一个小正方体.

(2) 在它的一个面的中心割去一个小正方体.

2. 圆柱的侧面积与下底面积之比为 4π:1.

(1) 圆柱的轴截面为正方形.　　　　　　　　(2) 圆柱的侧面展开图是正方形.

3. 侧棱长为 4 的正三棱柱的各顶点均在同一个球面上，则该球的表面积为 28π.

(1) 底面边长为 3.　　　　　　　　　　　　(2) 底面边长为 4.

4. 已知正方体 $ABCD-A_1B_1C_1D_1$ 的顶点 A、B、C、D 在半球的底面内，顶点 A_1、B_1、C_1、D_1 在半球球面上，则此半球的体积是 $\dfrac{\sqrt{6}\pi}{2}$.

(1) 半球半径为 $2\sqrt{2}$.　　　　　　　　(2) 正方体棱长为 1.

5. 圆柱的外接球与内切球体积之比为 $2\sqrt{2}:1$.

(1) 圆柱为等边圆柱.　　　　　　　　(2) 圆柱的侧面积为下底面积的 4 倍.

6. 长方体的体对角线长是 $5\sqrt{2}$.

(1) 全面积是 94.　　　　(2) 所有棱长的和是 48.

7. 圆柱体的高是 10，过底面圆心垂直切割，把圆柱体分成相等的两半，则表面积增加 80.

(1) 圆柱的体积为 40π.　　　　(2) 圆柱的体积为 200π.

8. 一个盛满水的圆柱形容器，底面直径为 8，高为 15，若把容器里的水倒入一个长为 m，宽为 n 的长方体玻璃缸，则水深为 5π.

(1) $m=10$，$n=8$.　　　　(2) $m=12$，$n=6$.

答案速查

第二节	1～5　DECBB	6～10　CDBBD	11～13　CED	
第三节	1～5　ECDED	6～10　ACEDB	11～14　AEAA	
第四节	一、1～5　DEACB	6～10　AEADC	11～15　AEABD	16～17　DA
	二、1～5　BDBCD	6～10　AADAA		
第五节	一、1～5　DCDDB	6～10　ECEDD	11～15　BCDCB	16～20　AAEDD
	21～24　DBAC			
	二、1～5　ABABD	6～8　CAE		

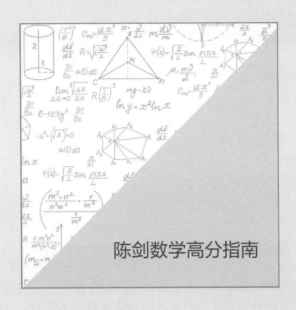

陈剑数学高分指南

第四部分　数据分析

首次　计划完成日期：_____年_____月_____日

　　　实际完成日期：_____年_____月_____日

再次　计划完成日期：_____年_____月_____日

　　　实际完成日期：_____年_____月_____日

第九章 排列组合

第一节 考试解读

一、大纲考点

计数原理
（1）加法原理、乘法原理
（2）排列与排列数
（3）组合与组合数

二、大纲解读

根据历年的考试情况来看，本章考生失分较多，主要有两个原因：一个是学文科的考生对本考点很陌生，要从头开始学；另一个是题型灵活，比如题干更换一个字，将"相同元素"变为"不同元素"，其解法就大相径庭. 要想做到以不变应万变，达到立竿见影的效果，题型的训练就非常重要，其重要性在本章尤为凸显. 因为数学题是无限的，但题型是有限的，只有加强题型的训练，才能快速掌握做题的方法.

三、历年真题考试情况

考试年份	考题	分值	题型	考点分布
2013 年	2	6	问题求解 1 个 条件充分性判断 1 个	至少至多，图形题，元素选取
2014 年	1	3	问题求解 1 个	对号与不对号排列
2015 年	1	3	问题求解 1 个	元素选取，图形题
2016 年	2	6	问题求解 2 个	元素选取，选课选班
2017 年	1	3	问题求解 1 个	分堆分组
2018 年	3	9	问题求解 3 个	分堆分组，元素与位置排序，对号与不对号
2019 年	1	3	问题求解 1 个	取样
2020 年	1	3	问题求解 1 个	分组
2021 年	1	3	问题求解 1 个	元素分类选取
2023 年预测	2	6	问题求解 1 个 条件充分性判断 1 个	元素选取，分堆分组

四、考试地位及预测

通过以上真题分布发现，本章一般在考试中有 1 ~ 2 个考题，重点掌握加法原理及乘法原理，并能用这两个原理分析解决一些简单的问题.

五、数字化导图

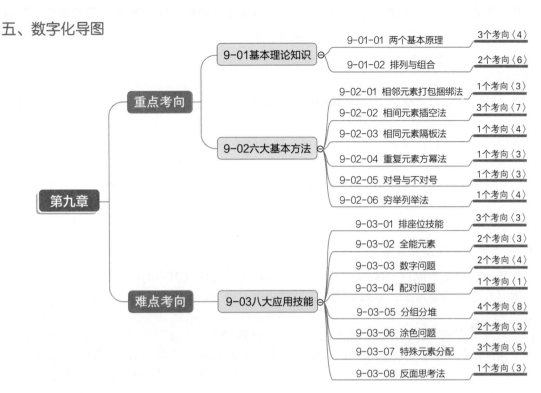

六、备考建议

理解排列、组合的意义，掌握排列数、组合数的计算公式和组合数的性质，并能用它们解决一些简单的问题. 排列、组合主要是为概率论来服务的，因此大家要重视本章的学习.

第二节 重点考向

模块 9-01 基本理论知识

考点9-01-01 两个基本原理

一、考点讲解

1. 分类计数原理（加法原理）

（1）定义

如果完成一件事有 n 类办法，只要选择其中一类办法中的任何一种方法，就可以完成这件事. 若第一类办法中有 m_1 种不同的方法，第二类办法中有 m_2 种不同的方法……第 n 类办法中有 m_n 种不同的办法，那么完成这件事共有 $N = m_1 + m_2 + \cdots + m_n$ 种不同的方法.

（2）理解

运用加法原理计数，关键在于合理分类，不重不漏. 要求每一类中的每一种方法都可以独立地完成此任务；两类不同办法中的具体方法，互不相同（即分类不重）；完成此任务的任何一种方法，都属于某一类（即分类不漏）．合理分类也是运用加法原理解决问题的难点，不同的问题，分类的标准往往不同，需要积累一定的解题经验．

2．分步计数原理（乘法原理）

（1）定义

如果完成一件事，必须依次连续地完成 n 个步骤，这件事才能完成．若完成第一个步骤有 m_1 种不同的方法，完成第二个步骤有 m_2 种不同的方法……完成第 n 个步骤有 m_n 种不同的方法，那么完成这件事共有 $N = m_1 \cdot m_2 \cdot \cdots \cdot m_n$ 种不同的方法．

（2）理解

运用乘法原理计数，关键在于合理分步．完成这件工作的 N 个步骤，各个步骤之间是相互联系的，任何一步的一种方法都不能完成此工作，必须连续完成这 N 步才能完成此工作；各步计数相互独立；只要有一步中所采取的方法不同，则对应的完成此工作的方法也不同．

3．两个原理的区别及联系

（1）抓住两个基本原理的区别，不要用混，不同类的方法（其中每一种方法都能把事情从头至尾做完）数之间做加法，不同步的方法（其中每一种方法都只能完成这件事的一部分）数之间做乘法．

（2）在研究完成一件工作的不同方法数时，要遵循"不重不漏"的原则．如：从若干件产品中抽出几件产品来检验，把抽出的产品中至多有 2 件次品的抽法分为两类：第一类抽出的产品中有 2 件次品，第二类抽出的产品中有一件次品，这样的分类显然漏掉了抽出的产品中无次品的情况．又如：把能被 2、被 3 或被 6 整除的数分为三类：第一类是能被 2 整除的数，第二类是能被 3 整除的数，第三类是能被 6 整除的数，其中第一类、第二类都和第三类有重复，这样的分类是不正确的．

（3）在运用乘法原理时要注意，每个步骤都做完，这件事也必须完成．

内容	加法原理	乘法原理
本质	每类独立完成任务	缺少任何一步，都无法完成
特征	分成几类就有几项相加	分成几步就有几项相乘
符号	加号	乘号
应用	出现不确定或者互相干扰时，要分类	出现需要若干过程或环节才能完成时，要分步
并存	当分类与分步同时出现，一定要先宏观分类，再微观分步	

二、考试解读

（1）两个基本原理看似简单，容易理解，但是实际应用中很难区分，所以要掌握其本质．

（2）难点在于分类，如何分类和怎样分类是考生的薄弱点，要加强训练．

（3）当两个原理在一个题目中同时出现时，要能够清晰分类和分步．

（4）考试频率级别：中．

三、命题方向

考向 1　加法原理

● **思　路**　遇到分类求解时，采用加法原理．

[例1] 甲同学计划五一从南京出发去重庆游玩. 五一当天南京到重庆的火车有 3 班, 轮船有 2 班, 飞机有 5 班, 甲同学一共有( )种不同的走法.
(A) 3 　　(B) 2 　　(C) 5 　　(D) 10 　　(E) 30

[例2] 各数位的数字之和是 24 的三位数共有( )个.
(A) 5 　　(B) 6 　　(C) 8 　　(D) 10 　　(E) 12

考向 2　乘法原理

● **思　路**　遇到分步求解时, 采用乘法原理.

[例3] 一班为了参加校运动会的 4×100 米接力赛选拔运动员, 现经过同学商议有 2 名同学能跑第一棒, 3 名同学能跑第二棒, 2 名同学能跑第三棒, 只有 1 人能跑最后一棒, 那么一班最后的接力赛出场顺序一共有( )种可能.
(A) 5 　　(B) 3 　　(C) 8 　　(D) 7 　　(E) 12

考向 3　加法乘法并存

● **思　路**　当分类与分步同时出现, 一定要先宏观分类, 再微观分步.

[例4] 从 5 幅国画, 3 幅油画, 2 幅水彩画中选取两幅不同类型的画布置教室, 则有( )种不同的选法.
(A) 35 　　(B) 33 　　(C) 32 　　(D) 31 　　(E) 30

考点 9-01-02　排列与组合

一、考点讲解

1. 排列

（1）排列的定义

从 n 个不同元素中, 任意取出 $m(m \leqslant n)$ 个元素, 按照一定顺序排成一列, 称为从 n 个不同元素中取出 m 个元素的一个排列.

（2）排列数

从 n 个不同元素中取出 m 个元素 $(m \leqslant n)$ 的所有排列的种数, 称为从 n 个不同元素中取出 m 个不同元素的排列数, 记作 P_n^m 或 A_n^m. 当 $m = n$ 时, P_n^n 或 A_n^n 称为全排列.

> **注意** 区别排列和排列数的不同: "一个排列"是指从 n 个不同元素中, 任取 m 个元素按照一定的顺序排成一列, 不是数; "排列数"是指从 n 个不同元素中, 任取 $m(m \leqslant n)$ 个元素的所有排列的个数, 是一个数. 所以符号 P_n^m 只表示排列数, 而不表示具体的排列.

（3）排列数公式

$$P_n^m = A_n^m = n(n-1)(n-2)\cdots(n-m+1) = \frac{n!}{(n-m)!}.$$

2. 组合

（1）组合的定义

从 n 个不同元素中, 任意取出 $m(m \leqslant n)$ 个元素并为一组, 称为从 n 个不同元素中取出 m 个元素的一个组合.

（2）组合数

从 n 个不同元素中，取出 $m(m \leqslant n)$ 个元素的所有组合的个数，称为从 n 个不同元素中，取出 m 个不同元素的组合数，记作 C_n^m.

①组合数公式：$C_n^m = \dfrac{n(n-1)\cdots(n-m+1)}{m(m-1)\cdots 2 \cdot 1} = \dfrac{n!}{m!(n-m)!} = \dfrac{A_n^m}{m!}$.

②排列是先组合再排列：$A_n^m = C_n^m \cdot A_m^m = C_n^m \cdot m!$.

（3）组合数的性质

$$C_n^m = C_n^{n-m}.$$

3. 解题准则

（1）排列 $A_n^m = C_n^m \cdot A_m^m = C_n^m \cdot m!$. 故排列是先组合再排列，即 A_n^m 可由组合 C_n^m 与阶乘 $m!$ 代替，为思路清晰，本书采用 C_n^m 与 $m!$ 表达.

（2）选取元素或位置，用组合 C_n^m.

（3）排序用阶乘 $m!$.

（4）将所有的题目拆解为"选取"和"排序"的过程，然后再对应写表达式.

二、考试解读

（1）排列和组合要掌握其特征及适用条件，它们最大的区别在于是否排序.

（2）排列与组合也是考生容易混淆的考点，做题时容易写错，所以要明确其本质.

（3）排列与组合的具体应用较多，大家可以分题型来掌握解题思路及方法.

（4）考试频率级别：中.

三、命题方向

考向 1　排列和组合的计算

• **思　路**　根据排列和组合的定义及公式来计算.

［例 5］$C_8^4 - C_7^3 = ($　　　$)$.

　　（A）25　　　　（B）28　　　　（C）30　　　　（D）32　　　　（E）35

［例 6］若 $C_{m-1}^{m-2} = \dfrac{3}{n-1}C_{n+1}^{n-2}$，则（　　　）.

　　（A）$m = n - 2$　　　　　　（B）$m = n + 2$　　　　　　（C）$m = \displaystyle\sum_{k=1}^{n} k$

　　（D）$m = 1 + \displaystyle\sum_{k=1}^{n} k$　　　　（E）无法确定

考向 2　排列和组合的应用

• **思　路**　根据排列和组合的定义及公式来计算.

［例 7］用列举法求从 $ABCD$ 四个不同元素中，任取两个元素的排列有（　　　）个.

　　（A）5　　　　（B）6　　　　（C）7　　　　（D）8　　　　（E）12

［例 8］用列举法求从 $ABCD$ 四个不同元素中，任取两个元素的组合有（　　　）个.

　　（A）5　　　　（B）6　　　　（C）7　　　　（D）8　　　　（E）12

［例 9］有从 1 到 9 共计 9 个号码球，如果三个一组，代表"三国联盟"，可以组合成（　　　）个"三国联盟".

(A) 84　　　　(B) 124　　　　(C) 254　　　　(D) 358　　　　(E) 504

[例 10] 有从 1 到 9 共计 9 个号码球，任取三个，可以组成(　　)个三位数.

(A) 404　　　(B) 424　　　(C) 454　　　(D) 458　　　(E) 504

模块 9-02 六大基本方法

考点9-02-01　相邻元素打包捆绑法

一、考点讲解

1. 相邻

将题目中规定相邻的几个元素捆绑成一个组，当作一个大元素参与排列.

2. 小团体

出现固定的小团体，也采用捆绑法求解.

二、考试解读

(1) 相邻元素的内容，方法比较固定.
(2) 对于相邻元素，要注意捆绑内部的排序.
(3) 考试频率级别：中.

三、命题方向

考向 1　相邻元素打包捆绑法

• **思　路**　对于相邻元素，采用打包捆绑法时，要注意捆绑内部的排序. 此外，有的题目可能会出现打多个包的问题.

[例 11] 3 个三口之家一起观看演出，他们购买了同一排的 9 张连座票，则每一家的人都坐在一起的不同坐法有(　　).

(A) $(3!)^2$ 种　　　　　(B) $(3!)^3$ 种　　　　　(C) $3(3!)^3$ 种

(D) $(3!)^4$ 种　　　　　(E) 9! 种

[例 12] 7 人站成一排，其中甲乙相邻且丙丁相邻，共有(　　)种不同的排法.

(A) 480　　　(B) 460　　　(C) 420　　　(D) 408　　　(E) 390

[例 13] 用 1，2，3，4，5 组成没有重复数字的五位数，在 1，5 两个奇数之间夹有两个数，且这两个数均为偶数，这样的五位数有 (　　) 个.

(A) 8　　　　(B) 9　　　　(C) 10　　　　(D) 12　　　　(E) 14

考点9-02-02　相间元素插空法

一、考点讲解

元素相离（即不相邻）问题，可先把无位置要求的几个元素全排列，再把规定的相离的几个元素插入上述几个元素的空位和两端.

二、考试解读

（1）对于不相邻元素，一定要先排没有要求的元素，最后将不相邻的元素插空.

（2）考试频率级别：中.

三、命题方向

考向1　相间元素插空法

● **思　路**　先排好其他元素，再将不相邻的元素插入空位即可.

[例14] 7人站成一排照相，若要求甲、乙、丙不相邻，则有（　　）种不同的排法.

(A) 1020　　　(B) 1040　　　(C) 1140　　　(D) 1220　　　(E) 1440

[例15] 一个晚会的节目有3个舞蹈，2个相声，2个独唱，舞蹈节目不能连续出场，则节目的出场顺序有（　　）种.

(A) 1020　　　(B) 1040　　　(C) 1140　　　(D) 1220　　　(E) 1440

[例16] 宿舍楼走廊上有一排8盏照明灯，为节约用电又不影响照明，要求同时熄掉其中3盏，但不能同时熄掉相邻的灯，则熄灯的方法有（　　）种.

(A) 16　　　(B) 18　　　(C) 20　　　(D) 22　　　(E) 24

考向2　相邻与不相邻同时出现

● **思　路**　相邻与不相邻同时出现，先考虑相邻元素，即先打包，再考虑不相邻元素.

[例17] 7人站成一行，如果甲、乙相邻，他们不与丙相邻，则不同的排法有（　　）.

(A) 940 种　　(B) 960 种　　(C) 980 种　　(D) 1100 种　　(E) 1200 种

[例18] 3男3女共6人站成一行，恰有两个女生相邻的不同排法有（　　）.

(A) 410 种　　(B) 420 种　　(C) 432 种　　(D) 480 种　　(E) 490 种

考向3　两类都不相邻

● **思　路**　当出现两类元素都不相邻，先排好其中一类，再将另一类插空，注意中间的空位都要占满.

[例19] 3男3女共6人站成一行，女生不相邻，男生也不相邻的不同排法有（　　）.

(A) 64 种　　(B) 68 种　　(C) 72 种　　(D) 80 种　　(E) 90 种

[例20] 4男3女共7人站成一行，女生不相邻，男生也不相邻的不同排法有（　　）.

(A) 104 种　　(B) 112 种　　(C) 124 种　　(D) 128 种　　(E) 144 种

考点9-02-03　相同元素隔板法

一、考点讲解

1. 适用条件

（1）元素相同；（2）对象不同；（3）每个对象至少分到1个.

2. 方法原理

由于物品相同，每个对象仅以分到的数量来进行区分，所以通过隔板调整分配的数量，故隔板有几种放法就表示有几种分法.

3. 公式

n 个元素相同，m 个分配对象不同，如果分配对象非空，即每个对象至少分一个，则有 C_{n-1}^{m-1} 种.

> **理解** 将 n 个相同元素摆成一排，它们之间有 $n-1$ 个空位，插入 $m-1$ 块隔板就可以分成 m 份，所以公式为 C_{n-1}^{m-1}.
>
> 如果分配对象允许空，此时将元素看成 $m+n$ 个，再用隔板法，则有 C_{n+m-1}^{m-1} 种.

二、考试解读

（1）注意隔板法的使用条件，元素相同和对象不同.

（2）难点在于分配数量，不同的数量要求公式不同.

（3）考试频率级别：低.

三、命题方向

考向 1 相同元素隔板法

- **思 路** 隔板法使用要求：①n 个元素要相同，②m 个分配对象不同. 如果分配对象非空，即每个对象至少分一个，则有 C_{n-1}^{m-1} 种；如果分配对象允许空，则有 C_{n+m-1}^{m-1} 种.

[例 21] 有 10 个运动员名额，分给 7 个班，每班至少一个，有（ ）种分配方案.
（A）84 （B）124 （C）254 （D）258 （E）304

[例 22] 有 18 个运动员名额，分给 7 个班，每班至少 2 个，有（ ）种分配方案.
（A）94 （B）124 （C）168 （D）210 （E）240

[例 23] 满足 $x_1 + x_2 + x_3 + x_4 = 12$ 的正整数解有（ ）组.
（A）160 （B）165 （C）175 （D）184 （E）190

[例 24] 将 10 块相同的糖分给 4 个小朋友，如果每人至少分 1 块糖，有 n 种分法，如果允许有人没有分到，则有 m 种分法，$m - n =$（ ）.
（A）160 （B）164 （C）175 （D）184 （E）202

考点 9-02-04 重复元素方幂法

一、考点讲解

1. 适用条件

（1）元素不同；（2）对象不同；（3）可重复使用.

2. 方法介绍

允许重复排列问题的特点是以元素为研究对象，元素不受位置的约束，可逐一安排元素的位置，一般地，n 个不同元素排在 m 个不同位置的排列数有 m^n 种方法.

3. 方法应用

（1）n 个人去 m 个不同房间，有 m^n 种方法.
（2）n 个不同的球放入 m 个不同盒子，有 m^n 种方法.
（3）n 封不同信放入 m 个不同邮筒，有 m^n 种方法.

二、考试解读

（1）首先要掌握方法特征，以元素为研究对象，元素不受位置的约束.
（2）要理解为何会产生方幂，其原因是若干个相同的数字相乘得到方幂.
（3）考试频率级别：中.

三、命题方向

考向 1　重复元素方幂法

- **思　路**　要学会套公式及公式的应用，注意不要把底数与指数写反了.

[例 25] 有 5 人报名参加 3 项不同的培训，每人都只报一项，则不同的报法有（　　）.
（A）243 种　　（B）125 种　　（C）81 种　　（D）60 种　　（E）56 种

[例 26] 有 5 人报名参加 3 项不同的比赛，每项比赛只能一人夺冠，则不同的冠军方法数有（　　）.
（A）243 种　　（B）125 种　　（C）81 种　　（D）60 种　　（E）54 种

[例 27] 把 6 名实习生分配到 7 个车间实习，共有（　　）种不同的分法
（A）7^6　　（B）6^7　　（C）$7!$　　（D）$6!$　　（E）C_7^6

考点 9-02-05　对号与不对号

一、考点讲解

1. 适用条件

（1）元素不同；（2）对象不同；（3）元素与对象有对应关系.

2. 方法介绍

无论几个元素，只要对号安排，都只有 1 种方法.
不对号安排记答案：2 个不对号有 1 种方法；3 个不对号有 2 种方法；4 个不对号有 9 种方法；5 个不对号有 44 种方法.

二、考试解读

（1）对号与不对号，方法比较固定.
（2）对于相邻元素，要注意捆绑内部的排序.
（3）对于不相邻元素，一定要先排没有要求的元素，最后将不相邻元素插空.
（4）考试频率级别：中.

三、命题方向

考向 1　对号与不对号

● **思　路**　元素对号入座只有 1 种排法，元素不对号入座可以记住答案：2 个不对号有 1 种方法，3 个不对号有 2 种方法，4 个不对号有 9 种方法，5 个不对号有 44 种方法.

[例 28] 设有编号为 1、2、3、4、5 的 5 个小球和编号为 1、2、3、4、5 的 5 个盒子，现将这 5 个小球放入这 5 个盒子内，要求每个盒子内放一个球，且恰好有 1 个球的编号与盒子的编号相同，则这样的投放方法的总数为(　　).
(A) 20 种　　(B) 30 种　　(C) 45 种　　(D) 60 种　　(E) 130 种

[例 29] 有 6 位老师分别教 6 个班，期末考试监考时，恰有两个老师监考自己教的班，这样的监考方法有(　　)种.
(A) 120　　(B) 130　　(C) 135　　(D) 160　　(E) 180

[例 30] 有 6 位老师分别教 6 个班，期末考试监考时，至少有两个老师监考自己教的班，这样的监考方法有(　　)种.
(A) 170　　(B) 180　　(C) 190　　(D) 191　　(E) 192

考点 9-02-06　穷举列举法

一、考点讲解

1. 方法使用

当出现元素互相干扰，或者无法直接选取时，要根据题目要求进行列举求解.

2. 注意

在列举时，要明确好参照标准，否则容易出现多列举或者少列举的错误.

二、考试解读

(1) 列举法是很重要的解题方法，在近年考试中经常出现.
(2) 一般列举的情况数在 10 个左右，不会太多.
(3) 考试频率级别：高.

三、命题方向

考向 1　穷举列举法

● **思　路**　当遇到对元素的约束条件无法采用组合直接选取时，此时需要按照所给的约束条件进行列举，如果正面列举比较多，可从反面列举求解.

[例 31] 有 9 张卡片，上面分别写着自然数 1 至 9. 从中取出 3 张，要使这 3 张卡片上的数字之和为 9. 则有(　　)种不同的取法.
(A) 2　　(B) 3　　(C) 4　　(D) 5　　(E) 6

[例 32] 用一台天平和重 1 克、3 克、9 克的砝码各一个（不再用其他物品当砝码），当砝码只能放在同一个盘内时，可以称出的重量有(　　)种.

(A) 4   (B) 5   (C) 6   (D) 7   (E) 8

[例33] 小明带了 1 张 5 元、4 张 2 元的纸币和 8 枚 1 元的硬币，现在他要买一本 8 元的小说，则他有(　　)种付钱方式.

(A) 4   (B) 5   (C) 6   (D) 7   (E) 8

[例34] 用 1 角、2 角和 5 角的三种人民币（每种的张数没有限制）组成 1 元钱，有(　　)种方法.

(A) 5   (B) 6   (C) 7   (D) 8   (E) 10

第三节　难点考向

模块 9-03 八大应用技能

考点 9-03-01　排座位技能

一、考点讲解

1. 排座位的两个方法

位置分析法和元素分析法是解决排列组合问题最常用也是最基本的方法.

2. 排座位的难点

若以元素分析为主，需先安排特殊元素，再处理其他元素. 若以位置分析为主，需先满足特殊位置的要求，再处理其他位置. 若有多个约束条件，往往是考虑一个约束条件的同时还要兼顾其他条件.

二、考试解读

(1) 特殊要求元素或位置是排列组合的入门技能，是初学者要解决的首要问题.
(2) 可以从两个角度思考，从元素角度分析或从位置角度分析.
(3) 注意元素角度和位置角度的区别，对于正面复杂的问题，也可以从反面分析.
(4) 考试频率级别：低.

三、命题方向

考向 1　单排座位

● **思　路**　多个人排成一排，往往涉及排头、排尾、两端、中间等要求.

[例1] 五个人排成一排，其中甲不在排头，乙不在排尾，不同的排法有(　　).
(A) 120 种   (B) 96 种   (C) 78 种   (D) 72 种   (E) 81 种

考向 2　多排座位

● **思　路**　一般考试考两排，往往涉及前排、后排、同排、不同排等要求.

[例2] 8人排成前后两排，每排4人，其中甲乙在前排，丙丁在后排，共有(　　)种排法.
(A) 3456　　　(B) 3156　　　(C) 3046　　　(D) 2956　　　(E) 2896

考向3　环排座位

● **思　路**　环排无首无尾，也没有方位区分，所以需要先找一个人定位. 对于 n 个人坐一圈，有 $(n-1)!$ 种排法.

[例3] 8人围桌而坐，共有(　　)种坐法.
(A) 7^6　　　(B) 6^7　　　(C) $7!$　　　(D) $6!$　　　(E) C_7^6

考点9-03-02　全能元素

一、考点讲解

1. 全能元素特征

全能元素是指一个元素可以同时具备多个属性，在选取时，注意全能元素的归宿问题.

2. 全能卡片

若一个卡片上的数字可以变化，则称为全能卡片，其解法是根据全能卡片是否选中来分类讨论.

二、考试解读

(1) 全能元素是排列组合的难点，容易出错，尤其当全能元素较多时.
(2) 一般可以通过全能元素的选中情况来分类讨论.
(3) 考试频率级别：低.

三、命题方向

考向1　全能元素

● **思　路**　全能元素是指一个元素可以同时具备多个属性，在选取时，注意全能元素的归宿问题.

[例4] 在8名志愿者中，只能做英语翻译的有4人，只能做法语翻译的有3人，既能做英语翻译又能做法语翻译的有1人. 现从这些志愿者中选取3人做翻译工作，确保英语和法语都有翻译的不同选法共有(　　)种.
(A) 12　　　(B) 18　　　(C) 21　　　(D) 30　　　(E) 51

考向2　全能卡片

● **思　路**　遇到全能卡片，要根据全能卡片的选中情况来分类讨论，当全能卡片选中时，要注意乘以倍数.

[例5] 将0、1、2、3、4、5、6、7共八个数字写在八张卡片上，从中任取三张卡片，若6可当9来用，则可组成(　　)个不同的三位数.
(A) 400　　　(B) 408　　　(C) 428　　　(D) 448　　　(E) 468

[例6] 有5张卡片，正面分别写0，2，4，6，8，反面分别写1，3，5，7，9. 现取出三张卡片，可以排成( )个三位数.

(A) 362　　　(B) 382　　　(C) 396　　　(D) 406　　　(E) 432

考点9-03-03 数字问题

一、考点讲解

1. 解题方法

遇到数字问题，先画出数位图，然后根据题目要求来选取数字填充各数位.

2. 常见的要求

对数字的常见要求：奇数、偶数、整除（被2、3、5、9整除）、数列等.

二、考试解读

(1) 数字问题类似于排座位的元素－位置方法.

(2) 对于数字问题，易错点在于0，遇到0时注意分类讨论.

(3) 考试频率级别：低.

三、命题方向

考向1　奇数偶数问题

● 思　路　根据个位的取值来计算.

[例7] 由0，1，2，3，4，5可以组成( )个没有重复数字的五位奇数.

(A) 84　　　(B) 124　　　(C) 254　　　(D) 288　　　(E) 308

[例8] 用0，2，3，4，5五个数字组成没有重复数字的三位数，其中偶数共有( ).

(A) 24个　　(B) 30个　　(C) 40个　　(D) 60个　　(E) 81个

考向2　整除问题

● 思　路　根据整除的特征来计算.

[例9] 用0，2，3，4，5五个数字组成没有重复数字的三位数，其中能被5整除的有( ).

(A) 21个　　(B) 22个　　(C) 24个　　(D) 28个　　(E) 32个

[例10] 用0，2，3，4，5五个数字组成没有重复数字的三位数，其中能被3整除的有( ).

(A) 20个　　(B) 22个　　(C) 24个　　(D) 28个　　(E) 32个

考点9-03-04 配对问题

一、考点讲解

1. 题目特征

配对问题主要以鞋子或手套来作为命题对象，核心在于成双或不成双.

2. 解法

对于成双问题很容易思考，直接选取整双即可，对于不成双问题，要先取双，然后从每双中取左右单只即可.

二、考试解读

（1）配对问题虽然较难，但是解题套路固定，直接可以套公式.
（2）难点和易错点在于不成双，一定要分两步思考，先取双，再取只.
（3）考试频率级别：低.

三、命题方向

考向 1　成双与不成双

● **思　路**　对于成双问题很容易思考，直接选取整双即可，比如 n 双选 k 双，直接写 C_n^k 即可. 对于不成双问题，要先取双，然后从每双中取左右单只即可. 比如 n 双选 k 只不成双的，要先选 k 双，再每双各取一只，公式为 $C_n^k 2^k$.

[例 11]　10 双不同的鞋子，从中任意取出 4 只，则
（1）4 只鞋子恰为两双的情况有（　　）种.
（A）30　　　（B）35　　　（C）40　　　（D）45　　　（E）55
（2）4 只鞋子没有成双的情况有（　　）种.
（A）3240　　（B）3260　　（C）3320　　（D）3360　　（E）3380
（3）4 只鞋子恰有 1 双的情况有（　　）种.
（A）1440　　（B）1420　　（C）1320　　（D）1220　　（E）1120

考点 9-03-05　分组分堆

一、考点讲解

1. 方法介绍

在排列组合中，经常遇到元素分堆或分组问题，尤其难点是出现等数量的分堆，很多考生容易犯错误.

2. 方法应用

平均分成的组，不管他们的顺序如何，都是一种情况，所以分组后一定要消除顺序（有 n 个均分的组数，就要除以 $n!$），避免重复计数.

二、考试解读

（1）分堆和分组是考试的难点，很多考生容易出错，错因在于平均分组的处理.
（2）要理解平均分组为何要除以阶乘来消除排序，不能死套公式.
（3）有的题目，分完组还要继续分配，所以要逐步思考，否则容易混淆排序，产生错误.
（4）考试频率级别：高.

三、命题方向

考向 1　指定数量的分堆

● **思　路**　按照所给每堆的数量要求进行分堆，注意有几堆数量相同，就要除以几的阶乘，来进行消序.

[例12] 6 本不同的书平均分成 3 堆，每堆 2 本，共有(　　)种分法.
(A) 15　　　　(B) 20　　　　(C) 30　　　　(D) 60　　　　(E) 90

[例13] 6 本不同的书分成 3 堆，一堆 4 本，另外两堆每堆 1 本，共有(　　)种分法.
(A) 15　　　　(B) 20　　　　(C) 30　　　　(D) 60　　　　(E) 90

考向 2　未指定数量的分堆

● **思　路**　如果数量没有指定，则需要先根据数量分类，然后再按照每堆的数量要求进行分堆，注意有几堆数量相同，就要除以几的阶乘，来进行消序.

[例14] 8 个人分成两组，每组不少于 2 个人，则共有(　　)种分法.
(A) 115　　　(B) 117　　　(C) 119　　　(D) 120　　　(E) 140

考向 3　指定元素的分堆

● **思　路**　如果在分堆时，有特殊要求元素，则先安排特殊要求的元素，再选其他没有要求的元素. 注意特殊要求元素所在的组不用考虑消序.

[例15] 9 个人平均分成三组，每组 3 个人，则
(1) 甲乙在同一组有(　　)种分法.
(A) 80　　　　(B) 70　　　　(C) 65　　　　(D) 60　　　　(E) 50
(2) 甲乙丙在同一组有(　　)种分法.
(A) 10　　　　(B) 20　　　　(C) 25　　　　(D) 30　　　　(E) 35
(3) 甲乙在同一组，且与丙不在同一组有(　　)种分法.
(A) 80　　　　(B) 70　　　　(C) 65　　　　(D) 60　　　　(E) 50

[例16] 3 男 3 女共 6 个人平均分成三组，每组 2 个人，要求每组都是异性的分法共有(　　)种.
(A) 10　　　　(B) 9　　　　(C) 8　　　　(D) 7　　　　(E) 6

考向 4　分配问题

● **思　路**　当出现不同的归属对象时，转化为分配问题. 分配问题包括两个过程：先分堆，再配送. 也就是先按照数量分好堆，再排序.

[例17] 三位教师分配到 6 个班级任教，若其中一人教 4 个班，另两人各教一个班，则共有(　　)种分配方法.
(A) 60　　　　(B) 90　　　　(C) 120　　　(D) 180　　　(E) 210

[例18] 将 4 封不同的信投入 3 个不同的邮筒，若 4 封信全部投完，且每个邮筒至少投入一封信，则共有(　　)种投法.
(A) 18　　　　(B) 21　　　　(C) 36　　　　(D) 42　　　　(E) 72

[例19] 某大学派出 6 名志愿者到西部 4 所中学支教，若每所中学至少有一名志愿者，则不同的分配方案共有(　　)种.

(A) 1060　　(B) 1280　　(C) 1360　　(D) 1420　　(E) 1560

考点 9-03-06　涂色问题

一、考点讲解

1. 题目特征

如果给几种颜色来填涂所给的图形，就是涂色问题.

2. 解题方法

可以按照图形逐一依次填涂，也可以按照所用颜色的种数进行分类讨论.

二、考试解读

(1) 涂色问题一般要求相邻的颜色不能相同，所以注意颜色的选取.

(2) 涂色问题重点掌握区域涂色，尤其在逻辑考题也会涉及.

(3) 考试频率级别：低.

三、命题方向

考向 1　区域涂色

● **思　路**　按照所给的区域逐一填涂或者按照使用颜色的种数来分类讨论.

[例20] 如图 9-1，用 5 种不同的颜色给图中标①、②、③、④的各部分涂色，每部分只涂一种颜色，相邻部分涂不同颜色，则不同的涂色方法有(　　).

(A) 240 种　　(B) 220 种　　(C) 236 种　　(D) 320 种　　(E) 246 种

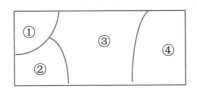

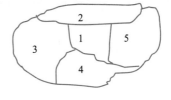

图 9-1　　　　　　　　　　图 9-2

[例21] 如图 9-2，一个地区分为 5 个行政区域，现给地图着色，要求相邻区域不得使用同一颜色，现有 4 种颜色可供选择，则不同的方法共有(　　)种.

(A) 128　　(B) 92　　(C) 86　　(D) 72　　(E) 76

考向 2　线段涂色

● **思　路**　对线段涂色问题，要注意对各条线段依次涂色，主要方法有：①根据共用了多少颜色分类讨论；②根据相对线段是否同色分类讨论.

[例22] 用红、黄、蓝、白四种颜色涂矩形 $ABCD$ 的四条边，每条边只涂一种颜色，且使相邻两边涂不同的颜色，如果颜色可以反复使用，共有(　　)种不同的涂色方法.

(A) 84　　(B) 90　　(C) 60　　(D) 80　　(E) 110

考点 9-03-07 / 特殊元素分配

一、考点讲解

1. 定序的元素或位置

在对元素排列时，出现部分元素顺序固定（比如身高、大小等），要除以定序数量的阶乘，以消除排序；或者用组合法，对于定序元素，只需选位置即可，无需排序.

2. 部分相同的元素

在所给元素中，部分元素相同，要除以相同元素的阶乘，以消除排序；或者用组合法，对于相同元素，只需选位置即可，无需排序.

二、考试解读

（1）定序的元素或位置问题，不是很难，解题方法也比较固定.

（2）对于部分相同的元素，排序时要注意消序.

（3）考试频率级别：低.

三、命题方向

考向 1　元素定序

● **思　路**　先将 n 个元素进行全排列有 $n!$ 种，m 个元素的全排列有 $m!$ 种，由于要求 m 个元素次序一定，因此只能取其中的某一种排法，可以利用除法起到去掉排序的作用，即若 n 个元素排成一列，其中 m 个元素次序一定，共有 $\dfrac{n!}{m!}$ 种排列方法. 或者用组合法，对于定序元素，只需选位置即可，无需排序.

[例23] 有 4 个男生，3 个女生，高矮互不相等，现将他们排成一行，要求从左到右，女生从矮到高排列，有(　　)排法.
(A) 660 种　　(B) 680 种　　(C) 720 种　　(D) 840 种　　(E) 860 种

考向 2　位置定序

● **思　路**　在所给位置中，某些位置有大小顺序要求，直接用组合法，选好元素放位置时无需排序.

[例24] 用 0，1，2，3，4，5 共六个数字组成没有重复数字的三位数，其中百位 > 十位 > 个位的三位数有(　　)个.
(A) 20　　　(B) 22　　　(C) 24　　　(D) 28　　　(E) 32

[例25] 用 0，1，2，3，4，5，6 共七个数字组成没有重复数字的四位数，其中千位 < 百位 < 十位的四位数有(　　)个.
(A) 66　　　(B) 70　　　(C) 74　　　(D) 80　　　(E) 90

考向 3　部分元素相同

· 思　路　在对元素排列时，出现部分元素相同（没有区别），要除以相同元素数量的阶乘，以消除排序．比如 n 个元素中，有 k 个元素相同，其他元素不同，则排序的方法数为 $\dfrac{n!}{k!}$．或者对于相同元素，采用组合选取位置，无需考虑顺序．

[例 26]　信号兵把红旗与白旗从上到下挂在旗杆上表示信号，现有 3 面红旗、2 面白旗，把这 5 面旗都挂上去，可表示不同信号的种数是（　　）．

(A) 10 种　　　(B) 15 种　　　(C) 20 种　　　(D) 30 种　　　(E) 40 种

[例 27]　有 2 个 a，3 个 b，4 个 c 共九个字母排成一排，有（　　）排法．

(A) 1160 种　　(B) 1280 种　　(C) 1220 种　　(D) 1240 种　　(E) 1260 种

考点 9-03-08　反面思考法

一、考点讲解

1. 方法介绍

对于正面求解比较复杂时，可以从反面思考．正面数 = 总情况数 − 反面数．

2. 方法应用

当出现"至少""至多""或、且""不完全相同""完全不同"之类的词时，可以从反面思考．

二、考试解读

(1) 反面分析是考试的常规题目，所以要训练反面思考法．
(2) 反面情况数注意不要写错．
(3) 考试频率级别：高．

三、命题方向

考向 1　反面分析法

· 思　路　对某些排列组合问题，当从正面入手情况复杂，不易解决时，可考虑从反面入手，将其等价转化为一个较简单的问题来处理．即采用先求总的排列数（或组合数），再减去不符合要求的排列数（或组合数），从而使问题获得解决的方法，其实它就是补集思想．

[例 28]　从 0、1、2、3、4、5、6、7、8、9 这 10 个数中取出 3 个数，使和为不小于 10 的偶数，不同的取法有（　　）种．

(A) 46　　　(B) 48　　　(C) 50　　　(D) 51　　　(E) 53

[例 29]　5 个人站成一排，甲不站在排头或乙不站在排尾的方法数有（　　）种．

(A) 84　　　(B) 96　　　(C) 104　　　(D) 110　　　(E) 114

[例 30]　有 3 本不同的数学书，4 本不同的英语书，5 本不同的语文书，从中任取三本，所取的三本书的科目不完全相同的取法有（　　）种．

(A) 205　　　(B) 190　　　(C) 185　　　(D) 180　　　(E) 165

第四节　基础自测题

一、问题求解题

1. 某班元旦联欢会原定的 5 个学生节目已排成节目单，开演前又增加了两个教师节目，如果将这两个教师节目插入原节目单中，那么不同插法的种数为（　　）.
   （A）42　　　（B）30　　　（C）20　　　（D）12　　　（E）36

2. 从 7 人中选派 5 人到 10 个不同的交通岗的 5 个中参加交通协管工作，则不同的选派方法有（　　）种.
   （A）$C_7^5 C_{10}^5 \cdot 5! \cdot 5!$　　　　　（B）$C_7^5 C_{10}^5 \cdot 7!$　　　　　（C）$C_{10}^5 C_7^5$
   （D）$C_7^5 C_{10}^5 \cdot 5!$　　　　　（E）$C_7^5 C_{10}^6 \cdot 7!$

3. 5 个人分 4 张同样的足球票，每人至多分一张，而且票必须分完，不同的分法种数是（　　）.
   （A）5　　　（B）10　　　（C）12　　　（D）15　　　（E）20

4. 某学生要邀请 10 位同学中的 6 位参加一项活动，其中有 2 位同学要么都请，要么都不请，共有（　　）种邀请方法.
   （A）48　　　（B）60　　　（C）75　　　（D）90　　　（E）98

5. 平面内有两组平行线，一组有 m 条，另一组有 n 条，这两组平行线相交，可以构成（　　）个平行四边形.
   （A）C_n^2　　　（B）C_m^2　　　（C）$C_n^2 C_m^2$　　　（D）$C_n^2 C_m^2 \cdot 2$　　　（E）$C_n^2 + C_m^2$

6. 设 $x, y \in \mathbf{Z}_+$ 且 $x + y \le 4$，则在直角坐标系中满足条件的点 $M(x, y)$ 共有（　　）个.
   （A）2　　　（B）3　　　（C）4　　　（D）5　　　（E）6

7. 男女学生共有 8 人，从男生中选取 2 人，且从女生中选取 1 人，共有 30 种不同的选法，其中女生有（　　）.
   （A）2 人或 3 人　　　　　（B）3 人或 4 人　　　　　（C）3 人
   （D）4 人　　　　　（E）5 人

8. 某兴趣小组有 4 名男生，5 名女生：
   ①从中选派 5 名学生参加一次活动，要求必须有 2 名男生，3 名女生，且女生甲必须在内，有 m 种选派方法；
   ②从中选派 5 名学生参加一次活动，要求有女生但人数必须少于男生，有 n 种选派方法；
   ③分成三组，每组 3 人，有 k 种不同分法.
   则下列正确的为（　　）.
   （A）$m = 32$　　（B）$n = 48$　　（C）$k = 180$　　（D）$m + n = 81$　　（E）$m + k = 300$

9. 用 0，1，2，3，4 这五个数字组成没有重复数字的四位数，那么在这些四位数中，偶数共有（　　）.
   （A）120 个　　（B）96 个　　（C）60 个　　（D）36 个　　（E）48 个

10. 五种不同的商品在货架上排成一排，其中 a, b 两种必须排在一起，而 c, d 两种不能排在一起，则不同的排法共有（　　）.
    （A）24 种　　（B）20 种　　（C）44 种　　（D）48 种　　（E）56 种

11. 6 人站成一排照相，其中甲、乙、丙三人要站在一起，且要求乙、丙分别站在甲的两边，则不同的排法种数为（　　）.
    （A）12　　　（B）24　　　（C）88　　　（D）144　　　（E）48

12. 由 0，1，2，3，4，5 这六个数字组成无重复数字且大于 345012 的六位数的个数是（　　）.
　　(A) 360　　　(B) 270　　　(C) 269　　　(D) 245　　　(E) 300

13. 男生 24 名，女生 20 名，从中选出 3 男 2 女担任不同的班委，则不同的班委会组织方案有（　　）.
　　(A) $C_{24}^3 C_{20}^2$　　(B) $C_{24}^3 + C_{20}^2$　　(C) $C_{24}^3 C_{20}^2 + 5!$　　(D) $C_{24}^3 C_{20}^2 5!$　　(E) $C_{24}^3 C_{20}^2 2! \cdot 3!$

14. 某小组有 4 名男同学和 3 名女同学，从这小组中选出 4 人完成三项不同的工作，其中女同学至少选 2 名，每项工作都要有人去做，那么不同的选派方法的种数是（　　）.
　　(A) 648　　　(B) 864　　　(C) 1080　　　(D) 792　　　(E) 540

15. 某种产品有 4 只次品和 6 只正品，每只产品均不相同且可区分. 今每次取出一只测试，直到 4 只次品全部测出为止. 则最后一只次品恰好在第五次测试时发现的不同情况种数是（　　）.
　　(A) 240　　　(B) 144　　　(C) 576　　　(D) 720　　　(E) 1080

16. 在不大于 1000 的正整数中，不含数字 3 的自然数的个数是（　　）.
　　(A) 720　　　(B) 648　　　(C) 719　　　(D) 728　　　(E) 729

二、条件充分性判断题

1. 从 1，2，3，4，5 中随机取 3 个数（允许重复）组成一个三位数，则共有 19 种不同的取法.
　　(1) 取出的三位数的各位数字之和等于 9.
　　(2) 取出的三位数的各位数字之和等于 7.

2. 某小组有 8 名同学，从这小组男生中选 2 人，女生中选 1 人去完成三项不同的工作，每项工作应有一人，共有 180 种安排方法.
　　(1) 该小组中男生人数是 5 人.　　　　　　(2) 该小组中男生人数是 6 人.

3. 从字母 abcdefgh 选取 5 个不同的字母排成一排，含有 bc（其中 bc 相连且顺序不变）的不同的排列共有 N 种.
　　(1) $N = 720$.　　　　　　　　　　　(2) $N = 480$.

4. 某公司开晚会，定好了 6 个节目，由于节目较少，需要再添加 n 个团体节目，但要求先前已经排好的 6 个节目相对顺序不变，则所有不同的安排方法共有 504 种.
　　(1) $n = 2$.　　　　　　　　　　　　(2) $n = 3$.

5. 用数字 0，1，2，3，4 组成没有重复数字的五位数，共有 24 个.
　　(1) 其中数字 1，2 相邻的偶数.　　　　(2) 其中数字 1，2 相邻的奇数.

6. 男女学生共有 8 人，女生为 n 人. 从男生中选取 2 人，且从女生中选取 1 人，共有 30 种不同的选法.
　　(1) $n = 2$.　　　　　　　　　　　　(2) $n = 3$.

第五节　综合提高题

一、问题求解题

1. 停车场上有一排七个停车位，现有四辆汽车需要停放，若要使三个空位连在一起，则停放方法数为（　　）.
　　(A) $C_7^4 \cdot 4!$　　(B) $C_7^3 \cdot 3!$　　(C) $5!$　　　(D) $5! \cdot 3!$　　(E) $C_7^5 \cdot 5!$

2. 6 张同排连号的电影票，分给 3 名教师与 3 名学生，若要求师生相间而坐，则不同的分法有（　　）.

(A) $3! \cdot C_4^3 \cdot 3!$ (B) $3! \cdot 3!$ (C) $(C_4^3 \cdot 3!)^2$

(D) $2 \cdot 3! \cdot 3!$ (E) $4 \cdot 3! \cdot 3!$

3. 某人射出 8 发子弹，命中 4 发，若命中的 4 发中仅有 3 发是连在一起的，那么该人射出的 8 发，按"命中"与"不命中"报告结果，不同的结果有 ( ).

    (A) 720 种   (B) 480 种   (C) 24 种   (D) 20 种   (E) 100 种

4. 7 人站一排，甲不站排头，也不站排尾，不同的站法有 m 种；甲不站排头，乙不站排尾，不同站法有 n 种，则 $|m - n|$ 为 ( ).

    (A) 120   (B) 160   (C) 180   (D) 200   (E) 220

5. 一部电影在相邻 5 个城市轮流放映，每个城市都有 3 个放映点，如果规定必须在一个城市的各个放映点放映完以后才能转入另一个城市，则不同的放映次序有 ( ) 种.

    (A) $(3!)^5$ (B) $(3!)^4 5!$ (C) $(3!)^3 (5!)^2$ (D) $(3!)^5 5!$ (E) $(3!)^3 5!$

6. 在一天的课表中，6 节课要安排 3 门理科、3 门文科，要使文、理科间隔排，不同的排课方法有 m 种；要使 3 门理科的数学与物理连排，化学不得与数学、物理连排，不同的排课方法有 n 种，则 $|m - n|$ 为 ( ).

    (A) 60   (B) 66   (C) 70   (D) 72   (E) 76

7. 某商场中有 10 个展架排成一排，展示 10 台不同的电视机，其中甲厂 5 台，乙厂 3 台，丙厂 2 台，若要求同厂的产品分别集中，且甲厂产品不放两端，则不同的陈列方式有( )种.

    (A) 2400   (B) 2680   (C) 2800   (D) 2880   (E) 2480

8. 用数字 0，1，2，3，4，5 组成没有重复数字的四位数，其中三个偶数连在一起的四位数有 ( ) 个.

    (A) 30   (B) 20   (C) 28   (D) 35   (E) 40

9. 在某次数学考试中，学号为 i ($i = 1$，2，3，4) 的同学考试成绩 $f(i) \in \{85, 87, 88, 90, 93\}$，且满足 $f(1) \leqslant f(2) < f(3) < f(4)$，则这四位同学的考试成绩的所有可能情况有 ( ) 种.

    (A) 5   (B) 10   (C) 12   (D) 15   (E) 25

10. 用数字 0，1，2，3，4，5 组成没有重复数字的四位数，十位数字比个位数字大的有( )个.

    (A) 120   (B) 140   (C) 200   (D) 180   (E) 150

11. 用数字 0，1，2，3，4，5 组成没有重复数字的四位数，含有 2 和 3 并且 2 和 3 不相邻的四位数有 ( ) 个.

    (A) 66   (B) 72   (C) 80   (D) 90   (E) 96

12. 某人制订了一项旅游计划，从 7 个旅游城市中选择 5 个进行游览. 如果其中的城市 A、B 必选，并且在旅游过程中必须按先 A 后 B 的次序经过 A、B 两城市（A、B 两城市可以不相邻），则不同的游览路线有 ( ) 种.

    (A) 600   (B) 640   (C) 660   (D) 680   (E) 720

13. 从 $\{1, 2, 3, 4, \cdots, 20\}$ 中任选 3 个不同的数，使这三个数成等差数列，这样的等差数列最多有 ( ).

    (A) 90 个   (B) 180 个   (C) 200 个   (D) 120 个   (E) 140 个

14. 兰州某车队有装有 A，B，C，D，E，F 六种货物的卡车各一辆，把这些货物运到西安，要求装 A 种货物、B 种货物与 E 种货物的车，到达西安的顺序必须是 A，B，E（可以不相邻，且先发的车先到），则这六辆车发车的顺序有 ( ) 种不同的方案.

    (A) 80   (B) 120   (C) 240   (D) 360   (E) 200

15. 用 0，1，2，3，4 这五个数字组成无重复数字的五位数，其中恰有一个偶数夹在两个奇数之间的五位数的个数是 ( ).

(A) 48　　　(B) 36　　　(C) 28　　　(D) 12　　　(E) 20

16. 某药品研究所研制了 5 种消炎药 a_1，a_2，a_3，a_4，a_5 和 4 种退烧药 b_1，b_2，b_3，b_4，现从中取出两种消炎药和一种退烧药同时使用进行疗效实验，但又知 a_1，a_2 两种药必须同时使用，且 a_3，b_4 两种药不能同时使用，则不同的实验方案有（　　）.

(A) 27 种　　(B) 26 种　　(C) 16 种　　(D) 14 种　　(E) 20 种

17. 某池塘有 A，B，C 三只小船，A 船可乘 3 人，B 船可乘 2 人，C 船可乘 1 人，今天 3 个成人和 2 个儿童分乘这些船只，为安全起见，儿童必须由成人陪同方能乘船，他们分乘这些船只的方法共有（　　）.

(A) 120 种　(B) 81 种　　(C) 72 种　　(D) 27 种　　(E) 30 种

18. 如图 9－3，梯形的两条对角线把梯形分成四部分，有五种不同的颜色给这四部分涂色，每一部分涂一种颜色，任何相邻（具有公共边）的两部分涂不同的颜色，则不同的涂色方法有（　　）.

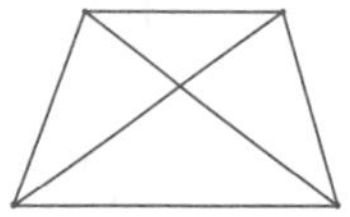

(A) 180 种　(B) 240 种　　(C) 260 种

(D) 320 种　(E) 300 种

图 9－3

19. 从单词"equation"中选取 5 个不同的字母排成一排，含有"qu"（其中"qu"相连且顺序不变）的不同的排列共有（　　）.

(A) 120 个　(B) 480 个　　(C) 720 个　　(D) 840 个　　(E) 900 个

20. 将 5 枚相同的纪念邮票和 8 张相同的明信片作为礼品送给甲、乙两名学生，全部分完且每人至少有一件礼品，不同的分法有（　　）种.

(A) 52　　　(B) 40　　　(C) 38　　　(D) 11　　　(E) 35

21. 设有编号为 1，2，3，4，5 的五个球和编号为 1，2，3，4，5 的五个盒子. 现将这五个球投入五个盒子内，每个盒子放一个球，并且恰好有两个球的编号与盒子的编号相同，则这样的投放方法总数为（　　）.

(A) 20　　　(B) 30　　　(C) 60　　　(D) 120　　　(E) 240

22. 某班第一小组共有 12 位同学，现在要调换座位，使其中有 3 个人都不坐自己原来的座位，其他 9 人的座位不变，共有（　　）种不同的调换方法.

(A) 300　　　(B) 360　　　(C) 420　　　(D) 440　　　(E) 480

二、条件充分性判断题

1. 从集合 $\{0，1，2，3，5，7，11\}$ 中任取 3 个不同元素分别作为直线方程 $Ax + By + C = 0$ 中的 A、B、C，所得的经过坐标原点的直线有 k 条.

(1) $k = 30$.　　　　　　　　　　(2) $k = 36$.

2. $m = 20$.

(1) 有 50 张 3 元邮票和 30 张 5 元邮票，用这些邮票能组成不同邮资有 m 种.

(2) 从 1，2，3，4，5，6，7，8，9 中任意选出三个数，使它们的和为偶数，则共有 m 种不同的选法.

3. 男女学生共有 8 人，从男生中选取 2 人，从女生中选取 1 人，则共有 30 种不同的选法.

(1) 其中女生有 2 人.　　　　　　(2) 其中女生有 3 人.

4. 将标号为 1，2，3，4，5，6 的 6 张卡片放入 3 个不同的信封中. 若每个信封放 2 张，其中标号为 1，2 的卡片放入同一信封，则不同的放法共有 n 种.

(1) $n = 36$.　　　　　　　　　　(2) $n = 18$.

5. 按要求把 9 个人分成 3 个相同的小组，共有 504 种不同的分法.

(1) 各组人数分别为 1，3，5 个.　　(2) 平均分成 3 个小组.

6. 由 1，2，3，4，5，6 组成无重复的 6 位数，偶数有 108 个.
   (1) 1 与 5 不相邻.   (2) 3 与 5 不相邻.

7. 6 男 4 女站成一排，则不同的排法共有 720×840 种.
   (1) 男生甲、乙、丙排序一定.   (2) 任何 2 名女生都不相邻.

8. $N = 125$.
   (1) 在 5 本不同的书中选出 3 本送给 3 名同学，每人一本，共有 N 种不同的送法.
   (2) 书店有 5 种不同的书，买 3 本送给 3 名同学，每人一本，共有 N 种不同的送法.

9. $m + n = 46$.
   (1) 一个口袋装有大小不同的 7 个白球和 1 个黑球，从中取出 3 个球，其中含有 1 个黑球的取法共有 m 种.
   (2) 一个口袋装有大小不同的 7 个白球和 1 个黑球，从中取出 3 个球，其中不含有黑球的取法共有 n 种.

10. $N = 864$.
    (1) 从 1 ~ 8 这 8 个自然数中，任取 2 个奇数，2 个偶数，可组成 N 个不同的四位数.
    (2) 从 1 ~ 8 这 8 个自然数中，任取 2 个奇数作千位和百位数字，取 2 个偶数作十位和个位数字，可以组成 N 个不同的四位数.

11. 把 n 个相同小球放入 3 个不同箱子，第一个箱子至少 1 个，第二个箱子至少 3 个，第三个箱子可以放空球，有 28 种情况.
    (1) $n = 8$.   (2) $n = 9$.

12. 可以组成 60 个不同的六位数.
    (1) 用 1 个数字 1，2 个数字 2 和 3 个数字 3.
    (2) 用 2 个数字 1，2 个数字 2 和 2 个数字 3.

答案速查

第二节	1 ~ 5 DDEDE	6 ~ 10 DEBAE	11 ~ 15 DAAEE	16 ~ 20 CBCCE
	21 ~ 25 ADBEA	26 ~ 30 BACCD	31 ~ 34 BDDE	
第三节	1 ~ 5 CACEB	6 ~ 10 EDBAA	11 ~ 15 (①D②D③A) AAC (①B②A③D)	
	16 ~ 20 EBCEA	21 ~ 25 DADAD	26 ~ 30 AEDEA	
第四节	一、1 ~ 5 ADAEC	6 ~ 10 EADCA	11 ~ 15 ECDDC	16 E
	二、1 ~ 5 ADBBA	6 D		
第五节	一、1 ~ 5 CDDAD	6 ~ 10 DDADE	11 ~ 15 AABBC	16 ~ 20 DDCBA
	21 ~ 22 AD			
	二、1 ~ 5 AEDBA	6 ~ 10 CDBEA	11 ~ 12 EA	

第十章 概率初步

第一节 考试解读

一、大纲考点

概率

（1）事件及其简单运算

（2）加法公式

（3）乘法公式

（4）古典概型

（5）伯努利概型

二、大纲解读

本部分比较抽象，是考试的难点．考纲的考点比较简略，要理解样本空间、随机事件、基本事件、必然事件、不可能事件、和事件、积事件、互不相容事件、对立事件的相关概念，才能更好地掌握考纲的加法公式和乘法公式．此外，古典概型与排列组合密切相关，所以要熟练掌握排列组合才能正确计算古典概率．伯努利概型是独立事件的延伸，要掌握该公式的使用条件．

三、历年真题考试情况

考试年份	考题	分值	题型	考点分布
2013 年	2	6	问题求解 1 个 条件充分性判断 1 个	取样古典概率，至少至多，独立事件概率
2014 年	3	9	问题求解 2 个 条件充分性判断 1 个	分组概率，取样古典概率，终止条件的独立事件概率
2015 年	2	6	问题求解 1 个 条件充分性判断 1 个	取样古典概率，至少至多，独立事件概率
2016 年	2	6	问题求解 2 个	取样古典概率，数字古典概率，列举法
2017 年	3	9	问题求解 2 个 条件充分性判断 1 个	取样古典概率，数字古典概率，列举法，独立事件概率，伯努利公式
2018 年	2	6	问题求解 2 个	数字古典概率，独立事件概率
2019 年	2	6	问题求解 1 个 条件充分性判断 1 个	取样古典概率，独立事件概率
2020 年	3	9	问题求解 2 个 条件充分性判断 1 个	取样，图形
2021 年	4	12	问题求解 4 个	取样古典概率，数字古典概率，列举法，独立事件，图形

（续）

考试年份	考题	分值	题型	考点分布
2023 年预测	2	6	问题求解 1 个 条件充分性判断 1 个	取样古典概率，独立事件，伯努利公式

四、考试地位及预测

通过以上真题分布发现，本章一般在考试中有 2 个考题，占 6 分，根据历年的考试情况来看，古典概率是考试重点，是每年必考的常规题.

五、数字化导图

六、备考建议

本章考生失分较多. 跟之前的精确数学相比较，概率比较抽象，不像前面学的算术和代数那样，有对应的公式，代入计算即可. "等可能"是古典概率非常重要的一个特征，它是古典概率思想产生的前提. 正是因为"等可能"，所以才会有了"比率". 因此，"等可能性"和"比率"是古典定义中的两个落脚点. 独立事件相对简单，只需理清楚事件间的关系，再写概率表达式即可.

第二节　重点考向

模块 10-01　古典概型

考点 10-01-01　基本理论知识

一、考点讲解

1. 随机试验

若试验满足以下条件：

（1）试验可在相同条件下重复进行；

（2）试验的结果具有很多可能性；

（3）试验前不能确切知道会出现何种结果，只知道所有可能出现的结果.

这样的试验叫作随机试验，简称试验，记为 E.

2. 随机事件

在一定条件下可能发生也可能不发生的事件称为随机事件. 常记为 A, B, C, ….

3. 基本事件、必然事件、不可能事件

由一个样本点组成的单点集, 称为基本事件, 基本事件也叫样本点. 样本空间包含所有样本点.

在每次试验中总是要发生的事件, 称为必然事件.

每次试验中一定不发生的事件, 称为不可能事件, 记为 $\varnothing$.

注意　一次试验中可能出现的每一个结果（事件 A）称为一个基本事件. 三种事件都是在"一定条件下"发生的, 当条件改变时, 事件的性质也可以发生变化.

4. 概率的定义

随机事件 A 发生的可能性大小的度量值称为事件 A 的概率, 记为 $P(A)$.

5. 概率的性质

性质 1　设有有限个两两互斥的事件 $A_1, A_2, \cdots, A_n$, 则 $P(\bigcup\limits_{i=1}^{n} A_i) = \sum\limits_{i=1}^{n} P(A_i)$.

性质 2　设 $\overline{A}$ 是 A 的对立事件, 则 $P(\overline{A}) = 1 - P(A)$.

6. 古典概型

随机试验 E 具有以下两个特征:

（1）样本空间的元素（即基本事件）只有有限个;

（2）每个基本事件出现的可能性是相等的.

则称 E 为古典概型试验.

7. 计算公式

在古典概型的情况下, 事件 A 的概率定义为

$$P(A) = \frac{\text{事件 } A \text{ 包含的基本事件数 } k}{\text{样本空间中基本事件总数 } n}$$

8. 理解

对于古典概率, 需要用排列组合分别计算分子和分母的情况数, 然后用比值表示发生的概率. 古典概型的分母相当于总情况数, 比较容易求解, 分子求解难度较大.

二、考试解读

（1）试验只注重过程, 事件注重结果.

（2）注意必然事件与不可能事件是两个特殊情况.

（3）考试频率级别: 低.

三、命题方向

考向 1　基本概念

● **思　路**　根据事件的定义进行分析, 尤其必然事件与不可能事件是两个特殊情况.

[例1] 下列事件中，属于必然事件的是( ).

（A）打开电视机，它正在播广告　　　　（B）打开数学书，恰好翻到第 50 页

（C）抛掷一枚均匀的硬币，恰好正面朝上　（D）一天有 24 小时

（E）买彩票中奖

[例2] 下列事件中，属于不可能事件的是( ).

（A）随意掷一枚均匀的硬币两次，至少有一次反面朝上

（B）今年冬天北京会下雪

（C）随意掷两个均匀的骰子，朝上面的点数之和为 1

（D）一个转盘被分成 6 个扇形，按红、白、白、红、红、白排列，转动转盘，指针停在红色区域

（E）北京到上海的某航班会晚点

考点 10-01-02 / 取样古典概率

一、考点讲解

1. 取样方式

$$取样方式\begin{cases}逐次取样\begin{cases}有放回取样：样本不变 \\ 无放回取样：样本逐一减少\end{cases} \\ 一次取样：所取元素不考虑顺序\end{cases}$$

2. 有编号的样本取样

当涉及编号运算时，往往结合列举法分析.

二、考试解读

（1）古典概型跟排列组合密切相关，古典概率相当于两个排列组合相除，因此学好排列组合是解古典概率的关键.

（2）取样问题的难点在于取样方式，比如有放回取样、无放回取样.

（3）对于取样问题，如果正面复杂，可以从反面求解概率.

（4）考试频率级别：高.

三、命题方向

考向1　取样方式

● **思　路**　取样方式分为逐次取样（有放回、无放回）和一次性取样. 逐次取样注意顺序，一次性取样不考虑顺序. 逐次无放回的概率等于一次取样概率.

[例3] 一袋中有 8 个大小形状相同的球，其中 5 个黑色球，3 个白色球.

（1）从袋中随机地取出两个球，求取出的两个球都是黑色球的概率.

（2）从袋中**不放回**地取两次，每次取一个球，求取出的两个球都是黑色球的概率.

（3）从袋中**有放回**地取两次，每次取一个球，求取出的两个球至少有一个是黑球的概率.

取球得分

- **思 路** 根据得分讨论所取样品的情况，再写概率表达式.

[例4] 袋中有 6 只红球、4 只黑球，今从袋中随机取出 4 只球，设取到一只红球得 2 分，取到一只黑球得 1 分，则得分不大于 6 分的概率是( ).

(A) $\dfrac{23}{42}$　　(B) $\dfrac{4}{7}$　　(C) $\dfrac{25}{42}$　　(D) $\dfrac{13}{21}$　　(E) $\dfrac{11}{21}$

考向 3 **取样编号**

- **思 路** 遇到有编号的取样，往往涉及编号的运算，可结合列举法分析.

[例5] 一袋中装有大小相同，编号分别为 1，2，3，4，5，6，7，8 的八个球，从中有放回地每次取一个球，共取 2 次，则取得两个球的编号和不小于 15 的概率为( ).

(A) $\dfrac{1}{32}$　　(B) $\dfrac{1}{64}$　　(C) $\dfrac{3}{32}$　　(D) $\dfrac{3}{64}$　　(E) $\dfrac{5}{64}$

[例6] 从编号为 1，2，…，10 的 10 个大小相同的球中任取 4 个，则所取 4 个球的最大号码是 6 的概率为( ).

(A) $\dfrac{1}{84}$　　(B) $\dfrac{3}{5}$　　(C) $\dfrac{2}{5}$　　(D) $\dfrac{1}{21}$　　(E) $\dfrac{1}{20}$

模块 10-02 独立事件

考点 10-02-01 独立事件

一、考点讲解

1. 独立事件概念

如果两事件中任一事件的发生不影响另一事件的概率，则称这两个事件是相互独立的.

2. 数学定义

若 $P(AB) = P(A)P(B)$，则称两个事件 A 和 B 是相互独立的.

3. 理解

可将其理解为：相互独立事件同时发生的概率 = 每个事件发生的概率相乘.

4. 常用结论

（1）如果事件 A_1，A_2，…，A_n 相互独立，那么这 n 个事件同时发生的概率等于每个事件发生的概率的积，$P(A_1 A_2 \cdots A_n) = P(A_1) \cdot P(A_2) \cdots \cdot P(A_n)$.

（2）如果事件 A_1，A_2，…，A_n 相互独立，那么这 n 个事件都不发生的概率等于每个事件不发生的概率的积，$P(\overline{A_1}\ \overline{A_2} \cdots \overline{A_n}) = P(\overline{A_1}) \cdot P(\overline{A_2}) \cdots \cdot P(\overline{A_n})$.

（3）如果事件 A_1，A_2，$\cdots$，A_n 相互独立，那么这 n 个事件至少有一个发生的概率，可以从其反面求解，它等于 1 减每个事件都不发生的概率的积，$P(A_1 + A_2 + \cdots + A_n) = 1 - P(\overline{A_1}) \cdot P(\overline{A_2}) \cdot \cdots \cdot P(\overline{A_n})$.

二、考试解读

（1）独立事件主要体现多个事件同时发生的概率计算方法.

（2）独立事件的难点在于梳理事件的关系，即谁发生谁不发生.

（3）遇到至少至多的独立事件，可以从反面思考概率.

（4）考试频率级别：高.

三、命题方向

考向 1　两个独立事件模板

● **思　路**　甲乙成功的概率分别为 p_1 和 p_2，则（1）甲乙都成功的概率为 $p_1 \cdot p_2$；（2）甲乙都不成功的概率为 $(1-p_1) \cdot (1-p_2)$；（3）甲乙至少有一个成功的概率为 $1 - (1-p_1) \cdot (1-p_2)$；（4）甲乙恰有一个成功的概率为 $p_1 \cdot (1-p_2) + (1-p_1) \cdot p_2$.

　[例 7] 甲、乙两人参加投篮游戏，已知甲、乙两人投中的概率分别为 0.6 和 0.75，则甲、乙两人各投篮 1 次，恰有 1 个人投中的概率是（　　）.

　　（A）0.4　　（B）0.45　　（C）0.5　　（D）0.55　　（E）0.65

考向 2　三个独立事件模板

● **思　路**　甲乙丙成功的概率分别为 p_1，p_2 和 p_3，则（1）三人都成功的概率为 $p_1 \cdot p_2 \cdot p_3$；（2）三人都不成功的概率为 $(1-p_1) \cdot (1-p_2) \cdot (1-p_3)$；（3）至少有一人成功的概率为 $1 - (1-p_1) \cdot (1-p_2) \cdot (1-p_3)$；（4）恰有两个人成功的概率为 $p_1 \cdot p_2 \cdot (1-p_3) + p_1 \cdot (1-p_2) \cdot p_3 + (1-p_1) \cdot p_2 \cdot p_3$；（5）至多有两人成功的概率为 $1 - p_1 \cdot p_2 \cdot p_3$.

　[例 8] 甲、乙、丙三人进行定点投篮比赛，已知甲的命中率为 0.9，乙的命中率为 0.8，丙的命中率为 0.7，现每人各投一次. 三人中至多有两人投进的概率为（　　）.

　　（A）0.456　　（B）0.496　　（C）0.516　　（D）0.528　　（E）0.542

考向 3　隐含至少有一个模板

● **思　路**　遇到破译密码、烟火报警、命中敌机、中奖等问题，虽然题目没有写"至少有一个"，但是隐含了"至少有一个"，故需要从反面求解.

　[例 9] 某部门组织甲、乙两人破译一个密码，每人能否破译该密码相互独立. 已知甲、乙各自独立破译出该密码的概率分别为 $\frac{1}{3}$、$\frac{1}{4}$.

　　（1）他们恰有一人破译出该密码的概率为（　　）.

　　（A）$\frac{1}{6}$　　（B）$\frac{1}{4}$　　（C）$\frac{1}{5}$　　（D）$\frac{5}{12}$　　（E）$\frac{7}{12}$

　　（2）他们破译出该密码的概率为（　　）.

　　（A）$\frac{1}{4}$　　（B）$\frac{1}{3}$　　（C）$\frac{1}{2}$　　（D）$\frac{3}{5}$　　（E）$\frac{2}{3}$

[例10] 档案馆装了三个烟火感应报警器，遇到烟火发出报警的概率分别为 0.9，0.8，0.7，若遇到烟火，则发出报警的概率为( ).

(A) 0.996　(B) 0.995　(C) 0.994　(D) 0.96　(E) 0.94

[例11] 设有两门高射炮，每一门高射炮击中飞机的概率都是 0.6.

(1) 同时射击一发炮弹而命中飞机的概率为( ).

(A) 0.64　(B) 0.72　(C) 0.82　(D) 0.84　(E) 0.86

(2) 若有一架敌机侵犯，要以99%的概率击中它，至少需( )门高射炮. ($2^{10} =$ 1024)

(A) 4　(B) 5　(C) 6　(D) 7　(E) 8

考向4　比赛模板

● **思路**　对于比赛问题，需要先画出每局比赛的结果图，再对应写概率.

[例12] 在一次竞猜活动中，设有 5 关，如果连续通过 2 关就算闯关成功，小王通过每关的概率都是 $\frac{1}{2}$，他闯关成功的概率为( ).

(A) $\frac{1}{8}$　(B) $\frac{1}{4}$　(C) $\frac{3}{8}$　(D) $\frac{1}{2}$　(E) $\frac{19}{32}$

[例13] 甲、乙、丙三人进行某项比赛，每局有两人参加，没有平局，在一局比赛中，甲胜乙的概率为 $\frac{3}{5}$，甲胜丙的概率为 $\frac{4}{5}$，乙胜丙的概率为 $\frac{3}{5}$，比赛的规则是先由甲和乙进行第一局的比赛，然后每局的获胜者与未参加此局比赛的人进行下一局的比赛，在比赛中，有人获胜两局就算取得比赛的胜利，此时比赛结束.

(1) 只进行两局比赛，甲就取得胜利的概率为( ).

(A) $\frac{7}{25}$　(B) $\frac{9}{25}$　(C) $\frac{12}{25}$　(D) $\frac{18}{25}$　(E) $\frac{19}{25}$

(2) 只进行两局比赛，比赛就结束的概率为( ).

(A) $\frac{7}{25}$　(B) $\frac{9}{25}$　(C) $\frac{12}{25}$　(D) $\frac{18}{25}$　(E) $\frac{19}{25}$

(3) 甲取得比赛胜利的概率为( ).

(A) $\frac{1}{8}$　(B) $\frac{1}{4}$　(C) $\frac{3}{8}$　(D) $\frac{4}{8}$　(E) $\frac{3}{5}$

考向5　电路模板

● **思路**　对于串联电路，系统正常工作的概率＝每个电路正常工作的概率相乘；对于并联电路，系统正常工作的概率＝1－每个电路不正常工作的概率相乘.

[例14] 如图 10-1，图中的字母代表元件种类，字母相同但下标不同的为同一类元件，已知 A，B，C，D 各类元件正常工作的概率依次为 p，q，r，s，且各元件的工作是相互独立的，则此系统正常工作的概率为( ).

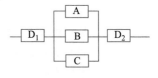

图 10-1

(A) s^2pqr　(B) $s^2(p+q+r)$　(C) $s^2(1-pqr)$

(D) $1-(1-pqr)(1-s)^2$　(E) $s^2[1-(1-p)(1-q)(1-r)]$

第三节　难点考向

模块 10-03　常考古典概率

考点 10-03-01　分房古典概率

一、考点讲解

1. 方法介绍

分房问题也就是放球进箱问题，这一类问题实际上是古典概型中的一个数学模型，就是把一些球随意地放到盒子或者是箱子中去，要求不同，放的方法也就不同．样本点数的计算方法既会用到排列数，又会用到组合数．

2. 方法应用

分房问题经常会用到方幂法，也就是可重复元素的排列问题，一定要注意次方的书写次序，不要把数字写反了．

二、考试解读

（1）分房问题不是很难，但是容易出错，出错的原因在于对元素的要求没有分析清楚．
（2）难点在于出现至少至多问题，建议采用反面求解法．
（3）分房问题一定要看清楚每个房间的数量要求，有时要先将元素分堆，然后再放入房间．
（4）考试频率级别：中．

三、命题方向

考向 1　房间可空

● **思　路**　如果房间可空（房间中的人数无限制），则需要用方幂法，公式为：m 个人去 n 个房间，有 n^m 种方法．

[例1] 将 3 人分配到 4 间房的每一间中，若每人被分配到这 4 间房的每一间房中的概率都相同，则第一、二、三号房中各有 1 人的概率是（　　）．

(A) $\dfrac{3}{4}$ 　　(B) $\dfrac{3}{8}$ 　　(C) $\dfrac{3}{16}$ 　　(D) $\dfrac{3}{32}$ 　　(E) $\dfrac{3}{64}$

[例2] 某宾馆有 6 间客房，现要安排 4 位旅游者，每人可以进住任意一个房间，且进住各房间是等可能的．事件 A：指定的 4 个房间各有 1 人；事件 B：恰有 4 个房间各有 1 人；事件 C：指定的某房间中有 2 人；事件 D：一号房间有 1 人，二号房间有 2 人；事件 E：至少有 2 人在同一个房间．则下列叙述错误的为（　　）．

(A) $P(A) = \dfrac{1}{54}$ 　　　　(B) $P(B) = \dfrac{5}{18}$ 　　　　(C) $P(C) = \dfrac{29}{216}$

(D) $P(D) = \dfrac{1}{27}$　　　　(E) $P(E) = \dfrac{13}{18}$

[例3] 将2个红球与1个白球随机地放入甲、乙、丙三个盒子中，则乙盒中至少有1个红球的概率为(　　).

(A) $\dfrac{1}{8}$　　(B) $\dfrac{8}{27}$　　(C) $\dfrac{4}{9}$　　(D) $\dfrac{5}{9}$　　(E) $\dfrac{17}{27}$

考向 2　房间不可空

- **思　路**　如果房间不可空（或房间中的人数有限制），则需要先分堆，再排序，此时不能用方幂法.

[例4] 某宾馆有4间客房，现要安排6位旅游者，每人可以进住任意一个房间，且进住各房间是等可能的，每个房间至少住一个人. 事件 A：甲乙在同一个房间；事件 B：甲乙丙在同一个房间；事件 C：指定的某房间中有2人；事件 D：一号房间有1人，二号房间有2人；事件 E：至多有2人在同一个房间. 则下列叙述错误的为(　　).

(A) $P(A) = \dfrac{2}{13}$　　　　(B) $P(B) = \dfrac{1}{65}$　　　　(C) $P(C) = \dfrac{7}{13}$

(D) $P(D) = \dfrac{3}{13}$　　　　(E) $P(E) = \dfrac{9}{13}$

考点 10-03-02　数字古典概率

一、考点讲解

1. 方法介绍

对于数字相关的古典概型，要注意数字是否可以重复使用，如果数字可以重复使用，那么就会结合方幂法. 此外，数字问题常用元素位置法，将每个数字看成元素，将每个数位看成位置. 有时数字还会涉及运算式，也就是所取的数字要满足某表达式，此时要用列举法分析.

2. 方法应用

对于考试出现的几位数问题、编码或编号问题、数字表达式运算问题等，都属于此类题目.

二、考试解读

（1）对于思考几位数问题，要注意数字0和数位要求.
（2）对于编码或编号，尤其试密码问题，要结合取样问题分析.
（3）对于所取数字满足表达式问题，要结合列举法分析.
（4）考试频率级别：中.

三、命题方向

考向 1　多位数

- **思　路**　多位数常考的有：奇数、偶数、整除（2、3、5、9）. 根据数位来进行分析，注意0的讨论.

[例5] 从数字 1，2，3，4，5 中任取 3 个，组成没有重复数字的三位数，则

(1) 三位数是 5 的倍数的概率为(　　).

(A) $\dfrac{1}{5}$　　(B) $\dfrac{3}{8}$　　(C) $\dfrac{2}{5}$　　(D) $\dfrac{3}{32}$　　(E) $\dfrac{3}{64}$

(2) 三位数是偶数的概率为(　　).

(A) $\dfrac{1}{5}$　　(B) $\dfrac{3}{8}$　　(C) $\dfrac{2}{5}$　　(D) $\dfrac{3}{32}$　　(E) $\dfrac{3}{64}$

(3) 三位数大于 400 的概率为(　　).

(A) $\dfrac{1}{5}$　　(B) $\dfrac{3}{8}$　　(C) $\dfrac{2}{5}$　　(D) $\dfrac{3}{32}$　　(E) $\dfrac{3}{64}$

考向 2　多个数

● **思　路**　多个数常结合数列分析，或利用列举法分析. 对于数列，不要忘记公差为 0 或公比为 1 的特殊数列.

[例6] 将一骰子连续抛掷三次，它落地时向上的点数依次成等差数列的概率为(　　).

(A) $\dfrac{1}{9}$　　(B) $\dfrac{1}{12}$　　(C) $\dfrac{1}{15}$　　(D) $\dfrac{1}{18}$　　(E) $\dfrac{1}{27}$

考向 3　试密码

● **思　路**　对于试密码的考题，第 k 次尝试成功意味着前 $k-1$ 次没有成功.

[例7] 某人忘记三位号码锁（每位均有 0~9 十个数码）的最后一个数码，因此在正确拨出前两个数码后，只能随机地试拨最后一个数码，每拨一次算作一次试开，则他在第 4 次试开时才将锁打开的概率是(　　).

(A) $\dfrac{1}{4}$　　(B) $\dfrac{1}{6}$　　(C) $\dfrac{2}{5}$　　(D) $\dfrac{1}{10}$　　(E) $\dfrac{1}{20}$

[例8] 储蓄卡上的密码是一种四位数字号码，每位上的数字可在 0 到 9 这 10 个数字中选取.

(1) 如果随意按下一个四位数字号码，正好按对这张储蓄卡密码的概率为(　　).

(A) $\dfrac{1}{10}$　　(B) $\dfrac{1}{100}$　　(C) $\dfrac{1}{1000}$　　(D) $\dfrac{1}{10000}$　　(E) $\dfrac{3}{10000}$

(2) 某人忘记密码，则恰好第三次尝试成功的概率为(　　).

(A) $\dfrac{1}{10}$　　(B) $\dfrac{1}{100}$　　(C) $\dfrac{1}{1000}$　　(D) $\dfrac{1}{10000}$　　(E) $\dfrac{3}{10000}$

(3) 若连续输错 3 次，则银行卡将被锁定，若某人忘记密码，他能尝试成功的概率为(　　).

(A) $\dfrac{1}{10}$　　(B) $\dfrac{1}{100}$　　(C) $\dfrac{1}{1000}$　　(D) $\dfrac{1}{10000}$　　(E) $\dfrac{3}{10000}$

考向 4　与几何图形结合考查

● **思　路**　根据几何图形的要求，往往结合列举法求解分析.

[例9] 若以连续两次掷骰子得到的点数 a 和 b 作为点 P 的坐标，则点 $P(a, b)$ 落在直线 $x + y = 6$ 和两坐标轴围成的三角形内的概率为(　　).

(A) $\dfrac{1}{6}$　　(B) $\dfrac{7}{36}$　　(C) $\dfrac{2}{9}$　　(D) $\dfrac{1}{4}$　　(E) $\dfrac{5}{18}$

模块 10-04 伯努利公式

考点 10-04-01 伯努利公式

一、考点讲解

1. 独立重复试验

在相同条件下，将某试验重复进行 n 次，且每次试验中任何一事件的概率不受其他次试验结果的影响，此种试验称为 n 次独立重复试验.

2. 伯努利公式

如果在一次试验中某事件发生的概率是 p，那么在 n 次独立重复试验中这个事件恰好发生 k 次的概率为 $P_n(k) = C_n^k p^k q^{n-k}$，$k = 0$，1，2，$\cdots$，$n$，其中 $q = 1 - p$.

3. 特殊情况

$k = n$ 时，即在 n 次独立重复试验中事件 A 全部发生，概率为 $P_n(n) = C_n^n p^n (1-p)^0 = p^n$.

$k = 0$ 时，即在 n 次独立重复试验中事件 A 没有发生，概率为 $P_n(0) = C_n^0 p^0 (1-p)^n = (1-p)^n$.

二、考试解读

（1）掌握伯努利公式的使用条件，不要用错公式.
（2）要理解伯努利公式各参数的含义及特征.
（3）要掌握伯努利公式的特殊情况，即全发生和全不发生.
（4）考试频率级别：中.

三、命题方向

考向 1 伯努利公式

• **思 路** 对于多次或多个对象的独立事件，当每次概率相同时，可以套伯努利公式求解.

[例 10] 掷一枚不均匀的硬币，正面朝上的概率为 $\frac{2}{3}$，若将此硬币掷 4 次，则正面朝上 3 次的概率是( ).

(A) $\frac{8}{81}$ (B) $\frac{8}{27}$ (C) $\frac{32}{81}$ (D) $\frac{1}{2}$ (E) $\frac{26}{27}$

[例 11] 某车间生产的一种零件中，一等品的概率是 0.9，生产这种零件 4 件，恰有 2 件一等品的概率是( ).
(A) 0.0081   (B) 0.0486   (C) 0.0972   (D) 0.06   (E) 0.0586

考向 2 终止条件的概率

• **思 路** 对于满足某种条件就停止的概率，要先分析每次的试验结果，再写概率. 常考的有 n 局 k 胜制或者比赛停止的类型.

[例 12] 某乒乓球男子单打决赛在甲乙两名选手间进行，比赛用 7 局 4 胜制. 已知每局比赛甲选手战胜乙选手的概率为 0.7，则甲选手以 4:1 战胜乙的概率为( ).

(A) 0.84×0.7^3　　(B) 0.7×0.7^3　　(C) 0.3×0.7^3

(D) 0.9×0.7^3　　(E) 0.6×0.7^3

[例13] 甲、乙两人各射击一次，击中目标的概率分别是 $\dfrac{2}{3}$ 和 $\dfrac{3}{4}$. 假设两人射击是否击中目标互相之间没有影响.

(1) 两人各射击4次，甲恰好击中目标2次且乙恰好击中目标3次的概率为（　　）.

(A) $\dfrac{8}{81}$　　(B) $\dfrac{8}{27}$　　(C) $\dfrac{32}{81}$　　(D) $\dfrac{1}{8}$　　(E) $\dfrac{3}{8}$

(2) 假设某人连续2次未击中目标，则停止射击. 乙恰好射击5次后，被中止射击的概率是（　　）.

(A) $\dfrac{45}{1024}$　　(B) $\dfrac{47}{1024}$　　(C) $\dfrac{49}{1024}$　　(D) $\dfrac{1}{2}$　　(E) $\dfrac{51}{1024}$

[例14] 进行一系列独立的试验，每次试验成功的概率为 p，则在成功2次之前已经失败3次的概率为（　　）.

(A) $4p^2(1-p)^3$　　(B) $4p(1-p)^3$　　(C) $10p^2(1-p)^3$

(D) $p^2(1-p)^3$　　(E) $(1-p)^3$

第四节　基础自测题

一、问题求解题

1. 甲从正方形四个顶点中任意选择两个顶点连成直线，乙也从该正方形的四个顶点中任意选择两个连成直线，则所得的两条直线相互垂直的概率是（　　）.

(A) $\dfrac{3}{18}$　　(B) $\dfrac{4}{18}$　　(C) $\dfrac{5}{18}$　　(D) $\dfrac{6}{18}$　　(E) $\dfrac{7}{18}$

2. 若以连续掷两次骰子分别得到的点数 m，n 作为 P 点的横、纵坐标，则 P 点在直线 $x+y=5$ 下方的概率为（　　）.

(A) $\dfrac{1}{6}$　　(B) $\dfrac{1}{4}$　　(C) $\dfrac{1}{12}$　　(D) $\dfrac{1}{9}$　　(E) $\dfrac{1}{8}$

3. 袋中有黑球5只，白球4只，从中随机取出4只球，则取到的4只球中黑球、白球都有的概率为（　　）.

(A) $\dfrac{11}{21}$　　(B) $\dfrac{13}{21}$　　(C) $\dfrac{17}{21}$　　(D) $\dfrac{20}{21}$　　(E) $\dfrac{19}{21}$

4. 10张奖券中含一等奖2张、二等奖3张、三等奖5张，甲、乙、丙三人依次无放回地各抽1张，则三种奖各有1人抽到的概率为（　　）.

(A) $\dfrac{3}{20}$　　(B) $\dfrac{1}{24}$　　(C) $\dfrac{1}{4}$　　(D) $\dfrac{1}{6}$　　(E) $\dfrac{3}{10}$

5. 将一颗骰子随机抛掷2次，则所得最大点数与最小点数之差等于2的概率为（　　）.

(A) $\dfrac{1}{9}$　　(B) $\dfrac{5}{27}$　　(C) $\dfrac{2}{9}$　　(D) $\dfrac{8}{27}$　　(E) $\dfrac{1}{3}$

6. 将一颗骰子随机抛掷3次，则所得最大点数与最小点数之差等于2的概率为（　　）.

(A) $\dfrac{1}{9}$　　(B) $\dfrac{5}{27}$　　(C) $\dfrac{2}{9}$　　(D) $\dfrac{8}{27}$　　(E) $\dfrac{1}{3}$

7. 两个实习生每人加工一个零件,加工为一等品的概率分别为 $\frac{2}{3}$ 和 $\frac{3}{4}$,两个零件是否加工为一等品相互独立,则这两个零件中恰有一个一等品的概率为( ).

(A) $\frac{1}{2}$ (B) $\frac{5}{12}$ (C) $\frac{1}{4}$ (D) $\frac{1}{6}$ (E) $\frac{1}{3}$

8. 三张卡片上分别写上字母 E、E、B,将三张卡片随机地排成一行,恰好排成英文单词 BEE 的概率为( ).

(A) $\frac{1}{2}$ (B) $\frac{5}{12}$ (C) $\frac{1}{4}$ (D) $\frac{1}{6}$ (E) $\frac{1}{3}$

9. 在数学选择题给出的 4 个答案中,恰有 1 个是正确的,某同学在做 3 道数学选择题时,随意地选定其中的答案,那么 3 道题都答对的概率是( ).

(A) $\frac{1}{8}$ (B) $\frac{3}{14}$ (C) $\frac{1}{64}$ (D) $\frac{1}{2}$ (E) $\frac{3}{4}$

10. 在 4 次独立重复试验中,随机事件 A 恰好发生 1 次的概率不大于其恰好发生两次的概率,则事件 A 在一次试验中发生的概率 P 的取值范围是( ).

(A) $[0.4, 1)$ (B) $(0, 0.4]$ (C) $(0, 0.6]$

(D) $[0.6, 1)$ (E) $[0.5, 1)$

11. 一次测量中出现正误差和负误差的概率都是 $\frac{1}{2}$,在 3 次测量中,恰好出现 2 次正误差的概率是 P_1;恰好出现 2 次负误差的概率是 P_2,则有( ).

(A) $P_1 > P_2$ (B) $P_1 < P_2$ (C) $P_1 = P_2$

(D) $P_1 + P_2 = 1$ (E) $P_1 + P_2 = \frac{1}{2}$

12. 有五条线段,长度分别为 1,3,5,7,9,从中任取三条,能构成三角形的概率是( ).

(A) 0.2   (B) 0.3   (C) 0.4   (D) 0.5   (E) 0.1

13. 某城市的发电厂有 5 台发电机组,每台发电机组在一个季度里停机维修率为 $\frac{1}{4}$。已知两台以上机组停机维修,将造成城市缺电。计算:

(1) 该城市在一个季度里停电的概率是( ).

(A) $\frac{1}{1024}$ (B) $\frac{3}{1024}$ (C) $\frac{5}{1024}$ (D) $\frac{7}{1024}$ (E) $\frac{1}{512}$

(2) 该城市在一个季度里缺电的概率是( ).

(A) $\frac{47}{512}$ (B) $\frac{49}{512}$ (C) $\frac{41}{512}$ (D) $\frac{53}{512}$ (E) $\frac{55}{1024}$

14. 将一枚均匀硬币抛掷 5 次。(1) 第一次、第四次出现正面,而另外三次都出现反面的概率为 P_1;(2) 两次出现正面,三次出现反面的概率为 P_2,则有( ).

(A) $P_2 = 4P_1$ (B) $P_2 = 6P_1$ (C) $P_2 = 8P_1$ (D) $P_2 = 10P_1$ (E) $P_2 = 12P_1$

15. 某公司聘请 6 名信息员,假定每个信息员提供正确信息的概率均为 0.6,并按超过一半信息员提供的信息作为正确的决策,则公司能做出正确决策的概率是( ).

(A) 7×0.6^5 (B) 8.4×0.6^5 (C) 8.2×0.6^5

(D) 7.6×0.6^5 (E) 7.2×0.6^5

16. 从应届高中生中选出飞行员,已知这批学生体型合格的概率为 $\frac{1}{3}$,视力合格的概率为 $\frac{1}{6}$,其他几项标准合格的概率为 $\frac{1}{5}$,从中任选一学生,则该生三项均合格的概率为(假设三项标准互不影响）（　　）．

(A) $\dfrac{4}{9}$　　(B) $\dfrac{1}{90}$　　(C) $\dfrac{4}{5}$　　(D) $\dfrac{7}{90}$　　(E) $\dfrac{11}{90}$

17. 一道数学竞赛试题，甲解出它的概率为 $\dfrac{1}{2}$，乙解出它的概率为 $\dfrac{1}{3}$，丙解出它的概率为 $\dfrac{1}{4}$，则由甲、乙、丙三人独立解答此题只有一人解出的概率为（　　）．

(A) $\dfrac{1}{12}$　　(B) $\dfrac{1}{8}$　　(C) $\dfrac{1}{6}$　　(D) $\dfrac{1}{4}$　　(E) $\dfrac{11}{24}$

18. 一出租车司机从饭店到火车站途中有六个交通岗，假设司机在各交通岗遇到红灯这一事件是相互独立的，并且概率都是 $\dfrac{1}{3}$，那么这位司机遇到红灯前，已经通过了两个交通岗的概率是（　　）．

(A) $\dfrac{4}{27}$　　(B) $\dfrac{5}{27}$　　(C) $\dfrac{7}{27}$　　(D) $\dfrac{1}{9}$　　(E) $\dfrac{2}{27}$

19. 设 3 次独立重复试验中，事件 A 发生的概率相等．若 A 至少发生一次的概率为 $\dfrac{19}{27}$，则事件 A 发生的概率为（　　）．

(A) $\dfrac{1}{9}$　　(B) $\dfrac{2}{9}$　　(C) $\dfrac{1}{3}$　　(D) $\dfrac{4}{9}$　　(E) $\dfrac{2}{3}$

20. 将一枚硬币连掷 5 次，如果出现 k 次正面的概率等于出现 $k+1$ 次正面的概率，那么 k 的值为（　　）．

(A) 1　　(B) 2　　(C) 3　　(D) 4　　(E) 5

21. 有 45 名男生，5 名女生，从中任选 3 人参加某项活动，则至少有 1 名女生的概率为（　　）．

(A) 0.15　　(B) 0.40　　(C) 0.32　　(D) 0.28　　(E) 0.26

22. 有 1 道习题，甲能解出它的概率是 $\dfrac{1}{2}$，乙能解出它的概率是 $\dfrac{1}{3}$，两个人都试图独立地解出它，则习题被解出的概率为（　　）．

(A) $\dfrac{5}{6}$　　(B) $\dfrac{1}{6}$　　(C) $\dfrac{2}{3}$　　(D) $\dfrac{1}{3}$　　(E) $\dfrac{1}{2}$

23. 某射击手射击 1 次，击中目标的概率是 0.9．连续射击 4 次，且各次是否击中相互之间没有影响，则他第 2 次未击中，其余三次都击中的概率为（　　）．

(A) 0.0729　　(B) 0.0792　　(C) 0.0139　　(D) 0.0579　　(E) 0.0569

二、条件充分性判断题

1. 设有 4 个元件，每个元件正常工作的概率是 $\dfrac{2}{3}$，且各元件是否正常工作是独立的，则系统工作正常的概率小于 $\dfrac{1}{2}$．

(1) 系统装配方式为

(2) 系统装配方式为

2. 甲、乙两人各自去破译一个密码，则密码能被破译的概率为 $\frac{3}{5}$.

    （1）甲、乙两人能破译出的概率分别是 $\frac{1}{3}$，$\frac{1}{4}$.

    （2）甲、乙两人能破译出的概率分别是 $\frac{1}{2}$，$\frac{1}{3}$.

3. 将 m 个相同的球放入位于一排的 n 个格子中，每格至多放一个球，则 3 个空格相连的概率是 $\frac{3}{28}$.

    （1）$m=5$，$n=8$.   （2）$m=4$，$n=7$.

4. 袋中有 5 个球，其中白球 2 个，黑球 3 个．甲、乙两人依次从袋中各取一球，记 $A=$ "甲取到白球"，$B=$ "乙取到白球"．能确定 $p_1=p_2$.

    （1）若取后放回，此时记 $p_1=P(A)$，$p_2=P(B)$.

    （2）若取后不放回，此时记 $p_1=P(A)$，$p_2=P(B)$.

5. 某三位数恰有两个数字相同的概率为 $\frac{3}{16}$.

    （1）由小于 10 的质数组成的可重复数字的三位数.

    （2）由小于 10 的合数组成的可重复数字的三位数.

6. 将 3 个不同的球随机放入 4 个不同杯子中，则 $p=\frac{3}{8}$.

    （1）杯子中球数最大值为 1 的概率为 p.   （2）杯子中球数最大值为 2 的概率为 p.

7. 袋中有红球、白球共 10 个，任取 3 个，至少有一个为红球的概率为 $\frac{7}{16}$.

    （1）白球有 6 个.   （2）白球有 7 个.

8. 从口袋中摸出 2 个黑球的概率是 $\frac{1}{2}$.

    （1）口袋中装有大小相同、编号不同的 2 个白球和 3 个黑球.

    （2）口袋中装有大小相同、编号不同的 1 个白球和 3 个黑球.

9. $P=\frac{1}{9}$.

    （1）将骰子先后投掷 2 次，抛出的骰子向上的点数之和为 5 的概率为 P.

    （2）将骰子先后投掷 2 次，抛出的骰子向上的点数之和为 9 的概率为 P.

10. $P=\frac{3}{8}$.

    （1）先后投掷 3 枚均匀的硬币，出现 2 枚正面向上、1 枚反面向上的概率为 P.

    （2）甲、乙两个人投宿 3 个旅馆，恰好两人住在同一个旅馆的概率为 P.

11. 取出的三件产品中至少有 1 件次品的概率为 $\frac{137}{228}$.

    （1）共有 20 件产品.   （2）产品中有 15 件正品.

12. 某射手在一次射击中，射中的环数低于 9 环的概率为 0.48.

    （1）该射手在一次射击中，射中 10 环的概率为 0.24.

    （2）该射手在一次射击中，射中 9 环的概率为 0.28.

13. 甲、乙两人各进行一次射击，至少有 1 人击中目标的概率为 0.84.

    （1）在一次射击中，甲击中目标的概率为 0.6，乙击中目标的概率为 0.5.

    （2）在一次射击中，甲、乙分别击中目标的概率均为 0.6.

第五节　综合提高题

一、问题求解题

1. 在 1、2、3、4 四个数中，任选取两个数，其中一个数是另一个数的 2 倍的概率为（　　）.

(A) $\dfrac{2}{3}$ 　　(B) $\dfrac{1}{2}$ 　　(C) $\dfrac{1}{3}$ 　　(D) $\dfrac{1}{8}$ 　　(E) $\dfrac{1}{4}$

2. 由 1，2，3，4，5 五个数字组成无重复数字的五位数，这个五位数能被 2 整除的概率为 P_1，能被 3 整除的概率为 P_2，则有（　　）.

(A) $P_1 > P_2$ 　　(B) $P_1 = P_2$ 　　(C) $2P_1 = P_2$ 　　(D) $P_1 + P_2 < 1$ 　　(E) $P_1 + P_2 > 1$

3. 某城市私家汽车牌照的格式为"京 AQ□□—□□□"，前 1 格是英文字母（除字母 I、O 外），后 3 格为 0~9 这十个数字中的 3 个数字（数字允许重复），则任意遇到一辆私家车，牌照的后面 3 格中有且仅有 2 个连续"8"的概率是（　　）.

(A) 0.009 　　(B) 0.01 　　(C) 0.012 　　(D) 0.018 　　(E) 0.02

4. 某市电话号码由 8 位数组成，每位数字可以是 0，1，2，…，9 十个数字中的任何一个，则电话号码是由 8 个互不相同的数字组成的概率是（　　）.

(A) $\dfrac{C_{10}^8 \cdot 8!}{10^8}$ 　　(B) $\dfrac{C_{10}^8}{10^8}$ 　　(C) $\dfrac{C_{10}^8 \cdot 8!}{8^{10}}$ 　　(D) $\dfrac{C_{10}^8}{8^{10}}$ 　　(E) $\dfrac{C_{10}^8}{10^{10}}$

5. 在某一时期，一条河流某处的年最高水位在各个范围内的概率如下：

年最高水位（m，米）	$m < 10$	$10 \leqslant m < 12$	$12 \leqslant m < 14$	$14 \leqslant m < 16$	$m \geqslant 16$
概率	0.10	0.28	0.38	0.16	0.08

则在同一时期内，河流的年最高水位在下列范围对应的概率，正确的为（　　）.

(A) $10 \leqslant m < 16$ 的概率为 0.79 　　(B) $m < 12$ 的概率为 0.38

(C) $m \geqslant 14$ 的概率为 0.20 　　(D) $m < 14$ 的概率为 0.28

(E) $m < 14$ 的概率为 0.29

6. 某一批花生种子，如果每 1 粒发芽的概率为 $\dfrac{4}{5}$，则播下 4 粒种子恰有 2 粒发芽的概率是（　　）.

(A) $\dfrac{16}{625}$ 　　(B) $\dfrac{96}{625}$ 　　(C) $\dfrac{192}{625}$ 　　(D) $\dfrac{256}{625}$ 　　(E) $\dfrac{226}{625}$

7. 将 4 封不同的信投到 3 个信箱中，则 3 个信箱都不空的概率是（　　）.

(A) $\dfrac{1}{4}$ 　　(B) $\dfrac{4}{9}$ 　　(C) $\dfrac{9}{16}$ 　　(D) $\dfrac{2}{3}$ 　　(E) $\dfrac{5}{9}$

8. 在一条街道上顺次设有甲、乙、丙三处交通灯，若在 1 分钟内开放绿灯的时间分别为 25 秒、35 秒、45 秒，则某车在这条街上行驶，通过三处不需停车的概率为（　　）.

(A) $\dfrac{35}{192}$ 　　(B) $\dfrac{25}{192}$ 　　(C) $\dfrac{35}{576}$ 　　(D) $\dfrac{7}{64}$ 　　(E) $\dfrac{3}{64}$

9. 甲、乙、丙三人独立向目标射击，击中目标的概率分别为 $\dfrac{1}{2}$、$\dfrac{2}{3}$ 和 $\dfrac{3}{4}$，现在他们同时开枪向目标射击一次，则恰有两发子弹击中目标的概率是（　　）.

(A) $\dfrac{1}{15}$ 　　(B) $\dfrac{1}{8}$ 　　(C) $\dfrac{1}{4}$ 　　(D) $\dfrac{11}{24}$ 　　(E) $\dfrac{7}{24}$

10. 甲、乙两人相约于 8 点 ~12 点在预定地点会面. 先到的人等候另一人 30 分钟后离去，则甲、乙两人能会面的概率为（　　）.

　(A) $\dfrac{11}{64}$　　(B) $\dfrac{13}{64}$　　(C) $\dfrac{19}{64}$　　(D) $\dfrac{17}{64}$　　(E) $\dfrac{15}{64}$

11. 在 7 局 4 胜制的乒乓球比赛中，选手甲与选手乙的水平相当，则在两人的比赛中甲能以 4:2 的比分胜出的概率为（　　）.

　(A) $\dfrac{5}{32}$　　(B) $\dfrac{15}{64}$　　(C) $\dfrac{7}{32}$　　(D) $\dfrac{13}{64}$　　(E) $\dfrac{3}{16}$

12. 有 6 个人，每个人都以相同的概率被分配到 4 间房中的一间，若分房时每个房间至少一个人，则某指定房间中恰有 2 人的概率为（　　）.

　(A) $\dfrac{9}{52}$　　(B) $\dfrac{9}{26}$　　(C) $\dfrac{9}{64}$　　(D) $\dfrac{5}{32}$　　(E) $\dfrac{3}{16}$

13. 有 6 个人，每个人都以相同的概率被分配到 4 间房中的一间，则某指定房间中恰有 2 人的概率为（　　）.

　(A) $\dfrac{1245}{4096}$　　(B) $\dfrac{1205}{4096}$　　(C) $\dfrac{1415}{4096}$　　(D) $\dfrac{1015}{4096}$　　(E) $\dfrac{1215}{4096}$

14. 一个人有 10 把钥匙，其中只有 1 把钥匙能打开房门，随机逐个试验，则恰好第 3 次打开房门的概率为（　　）.

　(A) $\dfrac{3}{10}$　　(B) $\dfrac{1}{10}$　　(C) $\dfrac{1}{9}$　　(D) $\dfrac{1}{8}$　　(E) $\dfrac{1}{7}$

15. 加工某种零件需经过三道工序. 设第一、二、三道工序的合格率分别为 $\dfrac{9}{10}$、$\dfrac{8}{9}$、$\dfrac{7}{8}$，且各道工序互不影响.

　(1) 该种零件的合格率为（　　）.
　(A) 0.4　　(B) 0.5　　(C) 0.6　　(D) 0.7　　(E) 0.8
　(2) 从中任取 3 件，恰好取到 1 件合格品的概率为（　　）.
　(A) 0.169　　(B) 0.179　　(C) 0.189　　(D) 0.192　　(E) 0.194
　(3) 从中任取 3 件，至少取到 1 件合格品的概率为（　　）.
　(A) 0.863　　(B) 0.873　　(C) 0.963　　(D) 0.971　　(E) 0.973

16. 某工厂生产甲、乙两种产品，甲产品的一等品率为 80%，二等品率为 20%；乙产品的一等品率为 90%，二等品率为 10%. 生产 1 件甲产品，若是一等品则获得利润 4 万元，若是二等品则亏损 1 万元；生产 1 件乙产品，若是一等品则获得利润 6 万元，若是二等品则亏损 2 万元. 设生产各种产品相互独立.

　(1) 记 X（单位：万元）为生产 1 件甲产品和 1 件乙产品可获得的总利润，则下列概率正确的有（　　）个.
　①$P(X=10)=0.72$，②$P(X=5)=0.18$，③$P(X=2)=0.08$，④$P(X=-3)=0.02$
　(A) 0　　(B) 1　　(C) 2　　(D) 3　　(E) 4
　(2) 生产 4 件甲产品所获得的利润不少于 10 万元的概率为（　　）.
　(A) 0.8092　(B) 0.8192　(C) 0.8232　(D) 0.8492　(E) 0.8632

二、条件充分性判断题

1. 两批货物各 10 件，在运输过程中每批会损坏 k 件，设第一批货物中有 1 件次品，第二批货物中有 2 件次品，全部到达后，从未损坏的货物中任取 1 件，该产品是正品的概率为 0.85.
　(1) $k=1$.　　　　　　　　　　(2) $k=2$.

2. 任取一个正整数，其平方数的末位数字是 n 的概率等于 0.2.

    （1） $n = 4$.   （2） $n = 5$.

3. $p = \dfrac{25}{72}$.

    （1）有放回地取棋子. 棋子有三种颜色，即 5 颗红色、4 颗黄色、3 颗白色. 两次都取到同一种颜色的概率 p.

    （2）不放回地取棋子. 棋子有三种颜色，即 5 颗红色、4 颗黄色、3 颗白色. 两次都取到同一种颜色的概率 p.

4. 分别从集合 $A = \{1, 3, 6, 7, 8\}$，$B = \{1, 2, 3, 4, 5\}$ 中各取一个数记为 x，y，则 $x + y \geqslant m$ 的概率为 $\dfrac{9}{25}$.

    （1） $m = 10$.   （2） $m = 12$.

5. 一筐苹果中任取一个，质量在 $[200g, 350g)$ 区间内的概率是 0.53.

    （1）质量小于 200g 的概率是 0.25.   （2）质量不小于 350g 的概率是 0.22.

6. 有一个篮球运动员投篮 n 次，投篮命中率均为 $\dfrac{3}{5}$，则这个篮球运动员投篮 n 次至少有一次投中的概率是 0.936

    （1） $n = 3$.   （2） $n = 4$.

7. 甲、乙两人下棋，甲不输的概率为 90%，则甲、乙两人下成和棋的概率为 50%.

    （1）乙获胜的概率是 40%.   （2）甲获胜的概率是 40%.

8. 从 n 名男同学，m 名女同学中任选 3 名参加体能测试，则选到的 3 名同学中既有男同学又有女同学的概率为 $\dfrac{3}{4}$.

    （1） $n = 5$.   （2） $m = 2$.

9. 把 10 本书任意地放在书架上，其中指定的 n 本书彼此相邻的概率为 $\dfrac{1}{15}$.

    （1） $n = 3$.   （2） $n = 4$.

答案速查

第二节	1~2　DC　　　　4~5　AD　　　　6~10　DBB（①D②C）C 11~14　（①D②C）E（①C②D③E）E
第三节	1~5　DCDC（①A②C③C）　6~10　BD（①D②D③E）EC　11~14　BA（①D②A）A
第四节	一、1~5　CADCC　　6~10　CBECA　　11~15　CB（①A②D）DA 16~20　BEACB　21~23　DCA 二、1~5　BEADE　　6~10　AEBDA　　11~13　CCB
第五节	一、1~5　CEDAB　　6~10　BBADE　　11~15　ABEB（①D②C③E） 16　①E②B 二、1~5　DAAAC　　6~9　ABEA

第十一章 数据描述

第一节 考试解读

一、大纲考点

数据描述
（1）平均值
（2）方差与标准差
（3）数据的图表表示
直方图，饼图，数表.

二、大纲解读

本章历年考 1 个题目，约占 3 分，分值比重小. 试题主要考查三个方面：（1）平均值和方差的计算；（2）方差的大小含义；（3）常见图表的含义.

三、历年真题考试情况

考试年份	考题	分值	题型	考点分布
2013 年	0	0	无	未出题
2014 年	1	3	条件充分性判断 1 个	平均值与方差的计算
2015 年	0	0	无	未出题
2016 年	1	3	条件充分性判断 1 个	平均值与方差的计算
2017 年	1	3	问题求解 1 个	数表，方差的比较
2018 年	1	3	问题求解 1 个	数表，平均数的计算
2019 年	2	6	问题求解 1 个 条件充分性判断 1 个	平均值与方差的计算，表格
2020 年	1	3	问题求解 1 个	统计含义
2021 年	1	3	条件充分性判断 1 个	加权平均值，混合增长率
2023 年预测	1	3	问题求解 1 个	平均值与方差的计算

四、考试地位及预测

通过以上真题分布发现，本章一般在考试中有 1 个考题，占 3 分. 以平均值和方差作为重点.

五、数字化导图

六、备考建议

根据历年的考试情况来看，本章考题较简单，只要记住公式即可.

第二节 重点考向

模块 11-01 平均值

考点 11-01-01 平均值

一、考点讲解

1. 平均数

设 n 个数 x_1, x_2, $\cdots$, x_n, 称 $\overline{x} = \dfrac{x_1 + x_2 + \cdots + x_n}{n}$ 为这 n 个数的平均数.

2. 众数

在一组数据中，出现次数最多的数据叫作这组数据的众数.

3. 中位数

将一组数据按大小依次排列，把处在最中间位置的一个数据（或最中间两个数据的平均数）叫作这组数据的中位数.

二、考试解读

（1）平均值的定义和公式比较简单，平均值等于总和除以个数.

（2）如果已知各组的平均值，求整体的平均值，可以采用加权计算方法.

（3）如果数据成数列，可以借助数列性质求平均值.

（4）考试频率级别：中.

三、命题方向

基本概念

- **思　路**　根据平均数、众数、中位数的概念进行分析判断.

[例1] 下列说法错误的有(　　)个.
（1）在一组数据中，众数只有一个.
（2）中位数和众数不可能相等.
（3）一组数据的平均数和中位数不可能相等.
（4）平均数、众数、中位数三者有可能相等.
(A) 0　　　　(B) 1　　　　(C) 2　　　　(D) 3　　　　(E) 4

一组数平均值的计算

- **思　路**　根据平均值的定义，先求出总和，再除以个数得到平均值. 为了简化计算，可以将每个数都减去 m，求出剩余数的平均值，再加上 m 即可.

[例2] 在一次唱歌比赛中，8 位评委的评分如下表：

评委	1	2	3	4	5	6	7	8
评分	9.3	9.5	9.4	9.6	9.5	9.6	9.5	9.7

（1）8 位评委评分的众数是(　　).
(A) 9.3　　　　(B) 9.4　　　　(C) 9.5　　　　(D) 9.6　　　　(E) 9.7
（2）8 位评委评分的中位数是(　　).
(A) 9.3　　　　(B) 9.4　　　　(C) 9.5　　　　(D) 9.6　　　　(E) 9.7
（3）根据比赛规定，去掉一个最高分和一个最低分，再取剩下 6 个评委的平均数. 这位选手的最后得分是(　　).（答案保留两位小数）
(A) 9.42　　　　(B) 9.52　　　　(C) 9.53　　　　(D) 9.54　　　　(E) 9.56

加权平均值计算

- **思　路**　若已知各部分的平均值及数量之比，则利用加权平均求出整体的平均值.

[例3] 设 a，b，c 三种糖的价格分别为 18 元/千克，24 元/千克，36 元/千克，若按混合比例为 3:2:1，则混合糖的合理价格为(　　)元/千克.
(A) 20　　　(B) 21　　　(C) 22　　　(D) 23　　　(E) 24

[例4] 在一次法律知识竞赛中，甲机关 20 人参加知识竞赛，平均分是 80 分，乙机关 30 人参加竞赛，平均分是 70 分，则两个机关参加竞赛的人的平均分是(　　).
(A) 76 分　　(B) 75 分　　(C) 74 分　　(D) 73 分　　(E) 72 分

平均值比较

- **思　路**　可以根据定义分别计算出平均值再进行比较，或者按照高分和低分占据的比重来分析.

[例5] 甲、乙、丙三个地区的公务员参加一次测评，其人数和考分情况如下表：

分数 人数 地区	6	7	8	9
甲	10	10	10	10
乙	15	15	10	20
丙	10	10	15	15

三个地区按平均分由高到低的排名顺序为(　).

(A) 乙，丙，甲　　　　(B) 乙，甲，丙　　　　(C) 甲，丙，乙

(D) 丙，甲，乙　　　　(E) 丙，乙，甲

第三节　难点考向

模块 11-02　方差

考点 11-02-01　极差与方差

一、考点讲解

1. 极差

（1）定义

极差 = 最大值 − 最小值

（2）意义

极差是用来反映一组数据变化范围的大小. 我们可以用一组数据中的最大值减去最小值所得的差来反映这组数据的变化范围，用这种方法得到的差就称为极差.

极差仅表示一组数据变化范围的大小，只对极端值较为敏感，而不能表示其他更多的意义.

2. 方差

（1）基本公式

方差：$S^2 = \dfrac{1}{n}\left[(x_1 - \bar{x})^2 + (x_2 - \bar{x})^2 + \cdots + (x_n - \bar{x})^2\right]$

求一组数据的方差可以简记为："先平均，再求差，然后平方，最后再平均."

（2）扩展公式

$$S^2 = \frac{1}{n}\left[(x_1 - \bar{x})^2 + (x_2 - \bar{x})^2 + \cdots + (x_n - \bar{x})^2\right] = \frac{x_1^2 + x_2^2 + \cdots + x_n^2}{n} - \left(\frac{x_1 + x_2 + \cdots + x_n}{n}\right)^2$$

（3）意义

方差是反映一组数据的整体波动大小的指标，它是指一组数据中各数据与这组数据的平均数的差的平方的平均数，它反映的是一组数据偏离平均值的情况.

3. 标准差

（1）定义

在计算方差的过程中，可以看出方差的数量单位与原数据的数量单位不一致，因而在实际应用时常常将求出的方差再开平方，这就是标准差. 标准差为 $\sqrt{S^2}$.

（2）意义

方差和标准差都是用来描述一组数据波动情况的特征数，常用来比较两组数据的波动大小. 方差较大的波动较大，方差较小的波动较小，方差的单位是原数据的单位平方，标准差的单位与原数据的单位相同. 在解决实际问题时，常用样本的方差来估计总体的方差去考查总体的波动情况.

二、考试解读

（1）首先要掌握方差的计算公式.
（2）要注意方差的意义，用来比较数据稳定性.
（3）可以用极差粗略反映方差大小.
（4）考试频率级别：高.

三、命题方向

考向 1　方差的概念

● **思　路**　注意极差、方差、标准差的概念和区别，此外，当方差为 0 或 1 时，标准差与方差相同. 注意方差必须非负，而且方差为 0 时，每个数相同.

［例1］关于方差，下列说法正确的是（　　）.
（A）方差表示平均水平　　　　　　　（B）方差表示极差大小
（C）方差表示数据的波动大小　　　　（D）方差不可能等于标准差
（E）方差有可能为负值

［例2］一个样本的方差是 0，若中位数是 a，那么它的平均数是（　　）.
（A）等于 a　（B）不等于 a（C）大于 a　（D）小于 a　（E）无法确定

［例3］如果给数组中每一个数都减去同一个非零常数，则数据的（　　）.
（A）平均数改变，方差不变　　　　　（B）平均数改变，方差改变
（C）平均数不变，方差不变　　　　　（D）平均数不变，方差改变
（E）无法确定

考向 2　方差的计算

● **思　路**　先计算平均值，再根据公式计算方差.

［例4］已知样本数据 101，98，102，100，99，则这个样本的方差是（　　）.
（A）0　　　　（B）1　　　　（C）2　　　　（D）3　　　　（E）4

［例5］一个样本为 1、3、2、2、a，b，c. 已知这个样本的众数为 3，平均数为 2，那么这个样本的方差为（　　）.
（A）0　　　　（B）1　　　　（C）$\dfrac{8}{7}$　　　　（D）2　　　　（E）3

[例6] 已知总体的各个个体的值由小到大依次为 3，7，a，b，15，17，各数均为整数且互不相等，若总体的中位数为 12，要使该总体的标准差最小，则 $a =$ (　　).

(A) 8　　　　(B) 9　　　　(C) 10　　　　(D) 11　　　　(E) 12

考向 3　方差的性质

● **思　路**　如果一组数据 x_1，x_2，$\cdots$，x_n 的平均数是 $\overline{x}$，方差为 S^2，那么

（1）新数据 ax_1，ax_2，$\cdots$，ax_n 的平均数是 $a\overline{x}$，方差为 $a^2 S^2$；

（2）新数据 $x_1 + b$，$x_2 + b$，$\cdots$，$x_n + b$ 的平均数是 $\overline{x} + b$，方差为 S^2；

（3）新数据 $ax_1 + b$，$ax_2 + b$，$\cdots$，$ax_n + b$ 的平均数是 $a\overline{x} + b$，方差为 $a^2 S^2$.

[例7] 如果一组数据 x_1，x_2，$\cdots$，x_n 的方差是 2，那么另一组数据 $3x_1$，$3x_2$，$\cdots$，$3x_n$ 的方差是(　　).

(A) 2　　　　(B) 18　　　　(C) 12　　　　(D) 6　　　　(E) 9

[例8] a，b，c，d 的平均数是 2，且 $a^2 + b^2 + c^2 + d^2 = 28$，那么这组数的标准差为 (　　).

(A) 3　　　　(B) 5　　　　(C) 7　　　　(D) 9　　　　(E) $\sqrt{3}$

考向 4　方差的大小比较

● **思　路**　方差用来精确反映数据稳定性，方差越大数据越不稳定，方差越小数据越稳定. 极差为一组数据最大值减去最小值，可粗略地反映一组数据的稳定性.

[例9] 要从甲、乙、丙三位射击运动员中选拔一名参加比赛，在预选赛中，他们每人各打 10 发子弹，命中的环数如下：

甲：10，10，9，10，9，9，9，9，9，9

乙：10，10，10，9，10，8，8，10，10，8

丙：10，9，8，10，8，9，10，9，9，9

根据这次成绩，应该选拔(　　)去参加比赛.

(A) 甲　　　　(B) 乙　　　　(C) 丙　　　　(D) 甲或乙　　　　(E) 乙或丙

模块 11-03　图表

考点 11-03-01　图表

一、考点讲解

1. 饼图

饼图是一个划分为几个扇形的圆形统计图表，用于描述量、频率或百分比之间的相对关系. 在饼图中，每个扇区的弧长（以及圆心角和面积）大小为其所表示的数量的比例. 这些扇区合在一起刚好是一个完全的圆形. 顾名思义，这些扇区拼成了一个切开的饼形图案.

其所用公式为：某部分所占的百分比等于对应扇形所占整个圆周的比例.

2. 柱状图

柱状图是一种以长方形的长度为变量的表达图形的统计报告图，它由一系列高度不等的纵向条纹表示数据分布的情况，用来比较两个或以上的数值（不同时间或者不同条件），它只有

一个变量，通常利用于较小的数据集分析．柱状图亦可横向排列，或用多维方式表达．

3. 直方图

（1）定义

把数据分为若干个小组，每组的组距保持一致，并在直角坐标系的横轴上标出每组的位置（以组距作为底），计算每组所包含的数据个数（频数），以该组的"频率/组距"为高作矩形，这样得出若干个矩形构成的图叫作直方图．

（2）主要名称

① 组距的确定：一般是人为确定，不能太大也不能太小．

② 组数的确定：组数＝极差/组距．

③ 每组频率的确定：频率＝频数/数据容量．

④ 每组所确定的矩形的面积＝组距×$\dfrac{频率}{组距}$＝频率．

⑤ 频率直方图下的总面积等于1（各个矩形面积之和等于1）．

⑥ 分组时要遵循"不重不漏"的原则："不重"是指某一个数据只能分在其中的某一组，不能在其他组中出现；"不漏"是指组别能够穷尽，即在所分的全部组别中每项数据都能分在其中的某一组，不能遗漏．

> **注意** 为了解决上述问题，分组时采用左闭右开的区间表示：$[a, b)$．例如某数据分组时，其中的两组分别为$[227, 290)$和$[290, 353)$，这样290这个数据就只存在于第二个区间中了，避免290同时属于两个区间的情况发生．

（3）关系式

在直方图中，众数是最高矩形底边中点的横坐标；中位数左边和右边的直方图的面积相等；平均数是直方图的重心，它等于每个小矩形的面积乘以小矩形底边中点横坐标之和．

二、考试解读

（1）图表虽然在考纲上写了，但过去的考试并未涉及饼图和直方图．

（2）饼图和柱状图比较简单，重点掌握直方图．

（3）考试频率级别：低．

三、命题方向

考向1　饼图

● **思　路**　根据圆心角来计算各部分所占的比例，再计算数量关系．读懂统计图，从不同的统计图中得到必要的信息是解决问题的关键．条形统计图能清楚地表示出每个项目的数据；扇形统计图直接反映部分占总体的百分比大小．

[例10] 某校组织部分同学在"城阳社区"开展了"你最支持哪种戒烟方式"的问卷调查，并将调查结果整理后分别制成了如图11－1的扇形统计图和条形统计图，但均不完整．请你根据统计图解答下列问题：

（1）这次调查中同学们一共调查了（　　）人．

（A）200　　（B）180　　（C）120　　（D）100　　（E）90

（2）五种戒烟方式人数的众数是（　　）．

（A）40　　（B）30　　（C）20　　（D）15　　（E）10

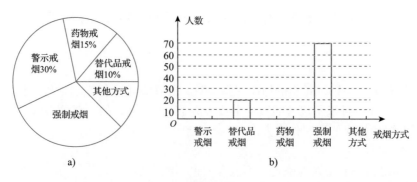

图 11-1

[例 11] 甲、乙两县参加"双语口语"大赛，两县参赛人数相等．比赛结束后，学生成绩分别为 7 分、8 分、9 分、10 分（满分 10 分）．甲、乙两县不完整成绩统计表如下表所示．经计算，乙县的平均分是 8.25，中位数是 8 分．

甲、乙两县成绩统计表					乙县成绩扇形统计图
分数	7 分	8 分	9 分	10 分	
甲县人数	11	1	0	8	10分 7分 9分 8分
乙县人数	8		3	5	

（1）扇形图中"8 分"所在扇形的圆心角度数为（   ）．
(A) 62°　　(B) 68°　　(C) 72°　　(D) 74°　　(E) 78°

（2）甲县的平均分与中位数之差为（   ）．
(A) 1　　(B) 1.25　　(C) 1.5　　(D) 2　　(E) 2.25

[例 12] 某公司为了调动员工的积极性，根据目标完成的情况对员工进行适当的奖惩．为了确定这一目标，公司对上一年员工所创的年利润进行了抽样调查，并制成了统计图（如图 11-2）．

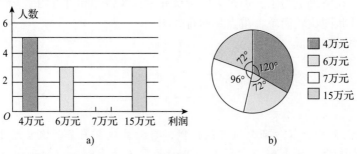

图 11-2

（1）创造 7 万元利润的有（   ）人．
(A) 1　　(B) 2　　(C) 3　　(D) 4　　(E) 5

（2）样本的众数、中位数和平均数之和为（   ）．
(A) 16　　(B) 16.4　　(C) 17　　(D) 17.4　　(E) 18

[例 13] 甲、乙两所学校都选派相同人数的学生参加数学竞赛，比赛结束后，发现每名参赛学生的成绩都是 70 分、80 分、90 分、100 分这四种成绩中的一种，并且甲、乙两校的学生获得 100 分的人数也相等．根据甲学校学生成绩的条形统计图和乙学校学生成绩的扇形统计图（如图 11-3）回答下列问题．

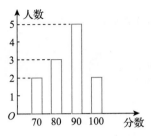

(甲学校学生成绩的条形统计图)　　(乙学校学生成绩的扇形统计图)

图 11 - 3

(1) 甲学校学生获得 100 分的人数为(　　).

(A) 1　　　　(B) 2　　　　(C) 3　　　　(D) 4　　　　(E) 5

(2) 甲、乙两学校学生得分的平均数之差为(　　).

(A) 1　　　(B) 2　　　(C) $\dfrac{5}{2}$　　　(D) $\dfrac{4}{3}$　　　(E) 3

考向 2　柱状图

● **思　路**　根据柱状图的高低来分析数值的大小. 读懂统计图，从统计图中得到必要的信息是解决问题的关键.

[例 14] 一次学科测验，学生得分均为整数，满分为 10 分，成绩达到 6 分以上为合格，成绩达到 9 分为优秀. 这次测验中甲乙两组学生成绩分布的条形统计图如图 11 - 4.

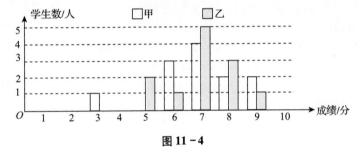

图 11 - 4

下面为成绩统计分析表：

	平均分	方差	中位数	合格率	优秀率
甲组	6. 9	2. 4	a	91. 7%	16. 7%
乙组	b	1. 3	c	83. 3%	8. 3%

则下列叙述正确的是(　　).

(A) $a + b = 13$　　　　(B) $b + c = 13$　　　　(C) $a + c = 13$

(D) $a + b + c = 20$　　　(E) $a + c = 14$

考向 3　折线图

● **思　路**　根据折线图上的每个点的数值进行分析求解.

[例 15] 班长统计去年 1~8 月"书香校园"活动中全班同学的课外阅读数量（单位：本），绘制了如图 11 - 5 的折线统计图，下列说法正确的是(　　).

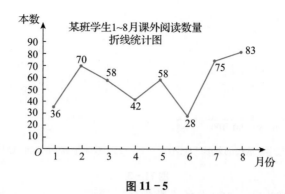

图 11 - 5

(A) 极差是 47　　　　　(B) 众数是 42　　　　　(C) 中位数是 58

(D) 每月阅读数量超过 40 的有 4 个月　　　　(E) 平均数是 60

考向 4　直方图

思　路　直方图分为频数直方图和频率直方图，主要考查读直方图的能力和利用图获取信息的能力；此外，要注意可利用列举法求概率.

[例 16]　将容量为 n 的样本中的数据分成 6 组，绘制频率分布直方图. 若第一组至第六组数据的频率之比为 2:3:4:6:4:1，且前三组数据的频数之和等于 27，则 n 等于（　　）.

(A) 50　　　(B) 55　　　(C) 60　　　(D) 65　　　(E) 80

[例 17]　某班 50 名学生参加平均每周上网时间的调查，由调查结果绘制了频数分布直方图（如图 11 - 6），根据图中信息回答下列问题：

(1) a 的值为（　　）.

(A) 10　　　(B) 11　　　(C) 12　　　(D) 13　　　(E) 14

(2) 从上网时间在 6 ~ 10 小时的 5 名学生中随机选取 2 人，其中至少有 1 人的上网时间在 8 ~ 10 小时的概率为（　　）.

(A) 0.1　　　(B) 0.4　　　(C) 0.6

(D) 0.7　　　(E) 0.8

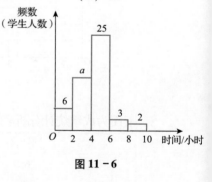

图 11 - 6

[例 18]　某食品厂为了检查一条自动包装流水线的生产情况，随机抽取该流水线上 40 件产品作为样本算出他们的重量（单位：克），重量的分组区间为 $[490, 495)$，$[495, 500)$，…，$[510, 515)$，由此得到样本的频率分布直方图，如图 11 - 7.

(1) 根据频率分布直方图，重量超过 505 克的产品数量为（　　）.

(A) 10　　　(B) 11　　　(C) 12

(D) 13　　　(E) 14

(2) 在上述抽取的 40 件产品中任取 2 件，设 n 为重量超过 505 克的产品数量，则下列概率正确的为（　　）.

(A) $P(n = 0) = \dfrac{61}{130}$　　　(B) $P(n = 0) = \dfrac{67}{130}$

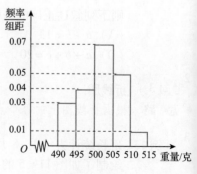

图 11 - 7

（C）$P(n=1)=\dfrac{23}{65}$　　　（D）$P(n=1)=\dfrac{29}{65}$　　　（E）$P(n=2)=\dfrac{11}{130}$

考向5　数表

● **思　路**　根据表格所给数据分析其他未知的数据.

[例19] 某校组织全校1800名学生进行党史知识竞赛. 为了解本次知识竞赛成绩的分布情况，从中随机抽取了部分学生的成绩进行统计，得到如下统计表：

分组	频数	频率
59.5～69.5	3	0.05
69.5～79.5	12	a
79.5～89.5	b	0.40
89.5～100.5	21	0.35
合计	c	1

根据统计表提供的信息，回答下列问题：

（1）关于 a，b，c 的取值，下列叙述正确的是（　　）.

（A）$a=0.3$　（B）$b=22$　（C）$c=50$　（D）$b+c=82$　（E）$b=24$

（2）上述学生成绩的中位数落在（　　）范围内.

（A）59.5～69.5　　　　　（B）69.5～79.5　　　　　（C）79.5～89.5

（D）89.5～100.5　　　　　（E）无法确定

（3）如果用扇形统计图表示这次抽样成绩，那么成绩在89.5～100.5范围内的扇形的圆心角为（　　）.

（A）100°　（B）110°　（C）120°　（D）126°　（E）130°

（4）若竞赛成绩80分（含80分）以上的为优秀，估计该校本次竞赛成绩优秀的学生有（　　）人.（假设学生成绩为整数）

（A）1350　（B）1250　（C）1200　（D）1150　（E）1050

第四节　基础自测题

一、问题求解题

1. 从一组数据中取出 a 个 x_1，b 个 x_2，c 个 x_3 组成一个样本，那么这个样本的平均数是（　　）.

（A）$\dfrac{x_1+x_2+x_3}{3}$　　　　　（B）$\dfrac{a+b+c}{3}$　　　（C）$\dfrac{ax_1+bx_2+cx_3}{3}$

（D）$\dfrac{ax_1+bx_2+cx_3}{a+b+c}$　　　　　（E）1

2. 在某项体育比赛中一位同学被评委所打出的分数为90，89，90，95，93，94，93. 去掉一个最高分和一个最低分后，所剩数据的平均值和方差分别为（　　）.

（A）92，2　（B）92，2.8　（C）93，2　（D）93，2.5　（E）93，2.8

3. 某人5次上班途中所花的时间（单位：分）分别为 x，y，10，11，9. 已知这组数据的平均数为10，方差为2，则 $|x-y|$ 的值为（　　）.

（A）1　　　（B）2　　　（C）3　　　（D）4　　　（E）5

4. 甲、乙两名同学在相同条件下各射击 5 次，命中的环数如下表，那么下列结论正确的是（　　）.

甲	8	5	7	8	7
乙	7	8	6	8	6

（A）甲的平均数是 7，方差是 0.8　　　　（B）乙的平均数是 7，方差是 1.2
（C）甲的平均数是 8，方差是 1.2　　　　（D）乙的平均数是 8，方差是 0.8
（E）甲的平均数是 7，方差是 1.2

5. 某校规定学生的学期体育成绩由三部分组成：体育课外活动占 10%，理论测试占 30%，体育技能测试占 60%．一名同学的上述成绩依次为 90，92，73，则该同学这学期的体育成绩为（　　）.

（A）85.4　　（B）81.4　　（C）82.4　　（D）84　　（E）80.4

6. 甲、乙、丙三种糖果的价格分别为 5 元、6 元、7 元，若将甲种糖 8 斤、乙种糖 7 斤、丙种糖 5 斤混合到一起，则售价应定为每斤（　　）元.

（A）5.55　　（B）5.85　　（C）5.65　　（D）5.75　　（E）5.8

7. 已知 2，4，$2x$，$4y$ 四个数的平均数是 5；5，7，$4x$，$6y$ 这四个数的平均数是 9，则 $x^2 + y^2$ 的值是（　　）.

（A）12　　（B）13　　（C）15　　（D）16　　（E）17

8. 以下各组数据中，众数、中位数和平均数都相等的是（　　）.

（A）7，7，8，9　　　　（B）8，9，7，8　　　　（C）9，9，8，7
（D）4，2，3，5　　　　（E）8，9，7，10

9. 一组数据的方差是 2，将这组数据中的每一个数据都扩大 3 倍，则所得一组新数据的方差是（　　）.

（A）2　　（B）6　　（C）32　　（D）18　　（E）36

10. 一组数据有 10 个，数据与它们的平均数的差依次为 −2，4，−4，5，−1，−2，0，2，3，−5，则这组数据的方差为（　　）.

（A）0　　（B）104　　（C）10.4　　（D）3.2　　（E）32

11. 运动员在出征奥运会前进行 110 米跨栏训练，教练对他 10 次的训练成绩进行统计分析，判断他的成绩是否稳定，则教练需要知道运动员这 10 次成绩的（　　）.

（A）众数　　（B）方差　　（C）平均数　　（D）频数　　（E）中位数

二、条件充分性判断题

1. 数据 1，2，3，4，x 的方差是 2.
   （1）数据 1，2，3，4，x 的平均数是 2.　　　　（2）$x = 0$.

2. 这组数据的方差是 3.5
   （1）若一组数据是 10，9，11，12，13，8，10，7.
   （2）若一组数据是 110，109，111，112，113，108，110，107.

3. 对甲乙两学生的成绩进行抽样分析，各抽取 5 门功课，那么两人中各门功课发展较平稳的是甲.
   （1）甲的成绩为 70，80，60，70，90.　　　　（2）乙的成绩为 80，60，70，84，76.

4. 已知三种水果的平均价格为 10 元/千克，则每种水果的价格均不超过 18 元/千克.
   （1）三种水果中价格最低的为 6 元/千克.
   （2）购买重量分别是 1 千克、1 千克和 2 千克的三种水果共用了 46 元.

第五节　综合提高题

一、问题求解题

1. 如果两组数据 x_1，x_2，$\cdots$，x_n 和 y_1，y_2，$\cdots$，y_n 的平均数分别为 $\bar{x}$，$\bar{y}$，那么新的一组数据 $x_1 + y_1$，$x_2 + y_2$，$\cdots$，$x_n + y_n$ 的平均数是（　　）.

   (A) $\bar{x}$ 　　　(B) $\bar{y}$ 　　　(C) $\dfrac{\bar{x}+\bar{y}}{2}$ 　　　(D) $\bar{x}+\bar{y}$ 　　　(E) $2(\bar{x}+\bar{y})$

2. 在一次英语考试中第一小组的 10 名学生与全班的平均分 88 分的差分别是 2，0，-1，-5，-6，10，8，12，3，-3，则这个小组的平均成绩是（　　）.

   (A) 90 分　　(B) 89 分　　(C) 88 分　　(D) 86 分　　(E) 84 分

3. 某同学 9 门课的平均考试成绩为 80 分，后查出某两门课的试卷分别少加了 5 分和 4 分，则该同学的实际平均成绩应为（　　）.

   (A) 90 分　　(B) 80 分　　(C) 82 分　　(D) 81 分　　(E) 83 分

4. 观察统计图（如图 11-8），则三角形数阵第 n 行$(n \geqslant 2)$的第 2 个数是（　　）.

$$1$$
$$2 \qquad 2$$
$$3 \qquad 4 \qquad 3$$
$$4 \qquad 7 \qquad 7 \qquad 4$$
$$5 \qquad 11 \qquad 14 \qquad 11 \qquad 5$$
$$\cdots \quad \cdots \quad \cdots \quad \cdots \quad \cdots \quad \cdots$$

图 11-8

   (A) $n^2 - n + 2$ 　　　　　　(B) $n + 1$ 　　　　　　(C) $\dfrac{1}{2}(n^2 + n + 2)$

   (D) $\dfrac{1}{2}(n^2 - n + 2)$ 　　　(E) $\dfrac{1}{2}(n^2 - n)$

5. 一个容量为 20 的样本数据，分组后，组距与频数如下：$[10, 20)$，2；$[20, 30)$，3；$[30, 40)$，4；$[40, 50)$，5；$[50, 60)$，3；$[60, 70)$，3，则样本在区间$[10, 50)$内的频率是（　　）.

   (A) 0.05　　(B) 0.25　　(C) 0.5　　(D) 0.7　　(E) 0.6

6. 某班 50 名学生在一次百米测试中，成绩全部介于 13 秒与 19 秒之间，将测试结果绘制成频率分布直方图（如图 11-9）.设成绩小于 17 秒的学生人数占全班人数的百分比为 X，成绩大于 15 秒且小于 17 秒的学生人数为 Y，则从频率分布直方图中可知 X 和 Y 分别是（　　）.

   (A) 0.9，35　　(B) 0.9，45　　(C) 0.1，35
   (D) 0.1，45　　(E) 0.9，40

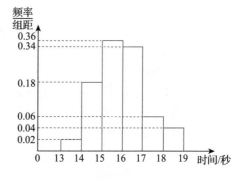

图 11-9

7. 某棉纺厂为了了解一批棉花的质量，从中随机抽取了 100 根棉花纤维的长度（棉花纤维的长度是棉花质量的重要指标），所得数据都在区间 [5，40] 中，其频率分布直方图如图 11 - 10，则其抽样的 100 根棉花纤维中，有（　　）根长度小于 20 毫米.

（A）20　　　　（B）25　　　　（C）26　　　　（D）28　　　　（E）30

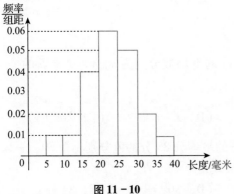

图 11 - 10　　　　　　　　　　　图 11 - 11

8. 为了调查某厂工人生产某种产品的能力，随机抽查了 20 位工人某天生产该产品的数量. 产品数量的分组区间为 [45，55)，[55，65)，[65，75)，[75，85)，[85，95)，由此得到频率分布直方图（如图 11 - 11），则这 20 名工人中一天生产该产品数量在 [55，75) 的人数是（　　）.

（A）12　　　　（B）13　　　　（C）14　　　　（D）15　　　　（E）16

二、条件充分性判断题

1. 200 辆汽车经过某一雷达地区，时速频率分布直方图如图 11 - 12，则时速超过 65 千米/小时的汽车数量为 m 辆.

（1）$m = 48$.　　　　　　　　　　　　　　（2）$m = 24$.

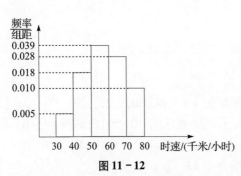
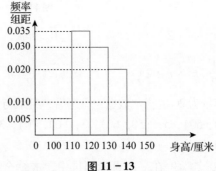

图 11 - 12　　　　　　　　　　　图 11 - 13

2. 从某小学随机抽取 100 名同学，将他们的身高（单位：厘米）数据绘制成频率分布直方图（如图 11 - 13），则身高在 [120，145] 内的学生人数为 m.

（1）$m = 50$.　　　　　　　　　　　　　　（2）$m = 55$.

3. 某小区退休工人业余爱好的统计图如图 11 - 14，则 $m = 25$.

（1）共 60 人，喜欢各项体育项目的人数极差是 m，且 $\alpha = 90°$.

（2）喜欢太极拳的有 75 人，喜欢羽毛球的有 m 人.

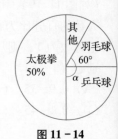

图 11 - 14

答案速查

第二节	1~5 D（①C②C③B）DCE
第三节	1~5 CAACC 6~10 DBEA（①A②C） 11~15 （①C②B）（①D②D）（①B②C）EC 16~19 C（①E②D）（①C②E）（①E②C③D④A）
第四节	一、1~5 DBDEE 6~10 BBBDC 11 B 二、1~4 DDED
第五节	一、1~5 DADDD 6~8 AEB 二、1~3 ABD

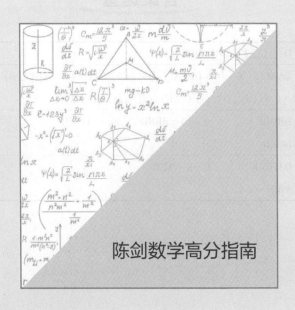

陈剑数学高分指南

附　录

首次　计划完成日期：＿＿＿＿＿年＿＿＿＿＿月＿＿＿＿＿日

　　　实际完成日期：＿＿＿＿＿年＿＿＿＿＿月＿＿＿＿＿日

再次　计划完成日期：＿＿＿＿＿年＿＿＿＿＿月＿＿＿＿＿日

　　　实际完成日期：＿＿＿＿＿年＿＿＿＿＿月＿＿＿＿＿日

附录 A 全真模拟过关检测题

说明： 请在 1 个小时内完成，若得分在 45 分以下，建议重新学习本书，若得分在 45 分以上，恭喜您，可以进入下一阶段的学习.

一、问题求解：第 1～15 小题，每小题 3 分，共 45 分.

1. 一项工程甲、乙、丙三人独做分别需要 20 天、30 天和 60 天，现在三人合作完成这项工作，在工作过程中，甲休息了 2 天，乙休息了 3 天，丙没有休息，最后把工作完成了. 完成这项工作一共用了(   )天.

   (A) 9 　　　(B) 10 　　　(C) 11 　　　(D) 12 　　　(E) 13

2. 运送一批货物，总运费为 4200 元，甲、乙两家运输公司同时运送需 8 小时完成，甲公司单独运送需 14 小时完成. 现由甲公司单独运送若干小时后，再由乙公司单独运送剩下的货物，这样共用 18 小时运完全部货物. 那么甲、乙两公司应分别获得(   )元.

   (A) 2100, 2100 　　　　　(B) 1800, 2400 　　　　　(C) 1600, 2600

   (D) 900, 3300 　　　　　(E) 600, 3600

3. 某单位利用业余时间举行了三次义务活动，总计有 112 人次参加，在参加义务活动的人中，参加 1 次、参加 2 次、参加 3 次的人数之比为 5:4:1，则该单位共有(   )人参加了义务活动.

   (A) 70 　　　(B) 80 　　　(C) 85 　　　(D) 90 　　　(E) 102

4. 汽车从甲地开往乙地，以 32 千米/小时的速度行驶，4 小时后，剩下的路比全程的一半少 8 千米，如果改用 56 千米/小时的速度行驶，再行驶(   )小时到乙地.

   (A) 1 　　　(B) 2 　　　(C) 3 　　　(D) 4 　　　(E) 5

5. 某学校举行一次数学讲座，听众中每 2 个人中有 1 个六年级学生，每 4 个人中有 1 个五年级学生，每 6 个人中有 1 个四年级学生，还有 5 位是老师. 则共有听众(   )人.

   (A) 48 　　　(B) 55 　　　(C) 60 　　　(D) 66 　　　(E) 70

6. 如图 1 所示，$AB = 10$ 是圆的直径，C 是 AB 弧的中点，ABD 是以 AB 为半径的扇形，则图中阴影部分的面积是(   ).

   (A) $25\left(\dfrac{\pi}{2}+1\right)$ 　　　　　(B) $25\left(\dfrac{\pi}{2}-1\right)$

   (C) $25\left(1+\dfrac{\pi}{4}\right)$ 　　　　　(D) $25\left(1-\dfrac{\pi}{4}\right)$

   (E) $25\left(1-\dfrac{\pi}{6}\right)$

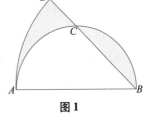

图 1

7. 设二次方程 $ax^2 + bx + c = 0\,(ac \neq 0)$ 的两根之和为 S_1，两根的平方和是 S_2，则 $\dfrac{a}{c}(S_2 - S_1^2)$ 的值是 (   ).

   (A) -2 　　　(B) -1 　　　(C) 0 　　　(D) 1 　　　(E) 2

8. 若非零实数满足 $a+b+c=0$，则 $\dfrac{1}{b^2+c^2-a^2}+\dfrac{1}{c^2+a^2-b^2}+\dfrac{1}{a^2+b^2-c^2}=($ $)$.

   (A) -2 　　　(B) -1 　　　(C) 0 　　　(D) 1 　　　(E) 2

9. 圆 C: $x^2+y^2-2x+4y-c=0$ 的圆心为 A，且与直线 $x+y-3=0$ 的两个交点为 P, Q,

$PA \perp QA$，则 c 为（　　）.

(A) 5　　　　(B) 6　　　　(C) 8　　　　(D) 10　　　　(E) 11

10. 已知方程 $x^2 - 2x - m = 0$ 没有实数根，其中 m 是实数，判定方程 $x^2 + 2mx + m(m+1) = 0$ 根的情况为（　　）.

(A) 有两个相等的实数根　　　　　　　　(B) 无实数根

(C) 有一正一负根，且正根绝对值大　　　(D) 有一正一负根，且负根绝对值大

(E) 有两个不相等的同号根

11. 圆柱形容器内有高度为 8 的水，投入三个相同的球（球半径与容器底面半径相同），水恰好淹没最上面的球，若投入一个这样的球，则水面此时的高度为（　　）.

(A) 12　　　(B) $\dfrac{38}{3}$　　　(C) $\dfrac{40}{3}$　　　(D) $\dfrac{46}{3}$　　　(E) 14

12. 等差数列 $\{a_n\}$ 的第 m 项 $a_m = \dfrac{1}{n}$，第 n 项 $a_n = \dfrac{1}{m}$（$m \neq n$），则 $a_1 + a_2 + \cdots + a_{mn} = $（　　）.

(A) $mn + 1$　　(B) $\dfrac{1}{2}(mn+1)$　　(C) $mn - 1$　　(D) $\dfrac{1}{2}(mn-1)$　　(E) $mn + 2$

13. 若 a，b 是函数 $f(x) = x^2 - px + q(p, q > 0)$ 的两个不同的零点，且 a，b，-2 这三个数可适当排列成等差数列，也可适当排列后成等比数列，则 $p + q = $（　　）.

(A) 6　　　　(B) 7　　　　(C) 8　　　　(D) 9　　　　(E) 10

14. 在某校篮球队的首轮选拔测试中，参加测试的 5 名同学的投篮命中率分别为 $\dfrac{3}{5}$、$\dfrac{1}{2}$、$\dfrac{2}{3}$、$\dfrac{3}{4}$、$\dfrac{1}{3}$，每人均有 10 次投篮机会，至少投中 6 次才能晋级下一轮测试，假设每人每次投篮相互独立，则晋级下一轮的人数为（　　）.

(A) 2 人　　(B) 3 人　　(C) 4 人　　(D) 5 人　　(E) 6 人

15. 甲、乙、丙三名同学选修课程，从 4 门课程中，甲选修 2 门，乙、丙各选修 3 门，要求甲与乙至少有一门课程相同，则不同的选修方案共有（　　）.

(A) 96 种　　(B) 48 种　　(C) 60 种　　(D) 24 种　　(E) 36 种

二、条件充分性判断：第 16～25 小题，每小题 3 分，共 30 分.

16. 已知 a，b，c，d 为非零实数，则可以确定 a，b，c，d 的方差.

(1) 已知 $a^2 + b^2 = 28 - c^2 - d^2$.

(2) 已知 $a + b = 4 - c - d$.

17. 已知圆 C：$x^2 + (y-2)^2 = 5$ 与直线 l：$mx - y + 1 = 0$ 有两个交点.

(1) $m = \sqrt{2}$.　　　　　　　　　　(2) $m = -\sqrt{5}$.

18. 将一根筷子置于底面直径为 15，体积为 450π 的圆柱形水杯中，设筷子露在杯子外面的长度为 h，则 h 的取值范围是 $[7, 16]$.

(1) 筷子长为 24.　　　　　　　　　　(2) 筷子长为 22.

19. 安排 3 名支教教师去 4 所学校任教，则至少有 30 种分配方法.

(1) 每校至多 2 人，不同的分配方案共有 N 种.

(2) 每校至多 1 人，不同的分配方案共有 N 种.

20. 某同学投篮的命中率为 p，若投中一球加 1 分，没有投中减 1 分，则这名同学连续投篮 4

次，得分大于 0 的概率为 $\dfrac{5}{16}$.

（1）$p = \dfrac{1}{2}$.　　　　　　　　（2）$p = \dfrac{1}{4}$.

21. 各项均为正整数的等差数列 $\{a_n\}$，则前 8 项和 $S_8 = 100$.

（1）$a_1 + a_2 + a_3 = 15$.　　　　（2）$a_1 a_2 a_3 = 80$.

22. 能确定 xy 的最大值.

（1）已知 $x + y = 2$.　　　　　　（2）已知 $x^2 + y^2 = 6$.

23. 甲、乙两队进行排球比赛，采用 3 局 2 胜制，则甲获胜的概率可达 0.8.

（1）甲每局获胜的概率为 0.6.　（2）甲每局获胜的概率为 0.7.

24. 能确定 $|x-1| + |x-2| + \cdots + |x-20|$ 是与 x 无关的常数.

（1）$9 < x < 10$.　　　　　　　　（2）$10 < x < 11$.

25. 对于任意定义在 $\mathbf{R}$ 上的函数 $f(x)$，若实数 x_0 满足 $f(x_0) = x_0$，则称 x_0 是函数 $f(x)$ 的一个不动点. 能确定二次函数 $f(x) = x^2 - ax + 1$ 没有不动点.

（1）$-1 < a < 1$.　　　　　　　　（2）$-2 < a < 0$.

参考答案

一、问题求解									
1. D	2. E	3. A	4. B	5. C	6. B	7. A	8. C	9. E	10. E
11. C	12. B	13. D	14. B	15. A					
二、条件充分性判断									
16. C	17. D	18. A	19. A	20. A	21. B	22. D	23. E	24. B	25. D

附录 B 2020—2022 年管理类联考数学真题

2020 年管理类联考数学真题

一、问题求解：第 1～15 小题，每小题 3 分，共 45 分. 下列每题给出的 A、B、C、D、E 五个选项中，只有一个选项是最符合题目要求的.

1. 某产品去年涨价 10%，今年涨价 20%，则该产品这两年涨价(   ).

   (A) 15%   (B) 16%   (C) 30%   (D) 32%   (E) 33%

2. 设集合 $A = \{x \mid |x-a| < 1, x \in \mathbf{R}\}$，$B = \{x \mid |x-b| < 2, x \in \mathbf{R}\}$，则 $A \subset B$ 的充分必要条件是(   ).

   (A) $|a-b| \leqslant 1$ (B) $|a-b| \geqslant 1$

   (C) $|a-b| < 1$ (D) $|a-b| > 1$

   (E) $|a-b| = 1$

3. 一项考试的总成绩由甲、乙、丙三部分组成：

   $$总成绩 = 甲成绩 \times 30\% + 乙成绩 \times 20\% + 丙成绩 \times 50\%.$$

   考试通过的标准是：每部分成绩 $\geqslant 50$ 分，且总成绩 $\geqslant 60$ 分. 已知某人甲成绩 70 分，乙成绩 75 分，且通过了这项考试，则此人丙成绩的分数至少是(   ).

   (A) 48   (B) 50   (C) 55   (D) 60   (E) 62

4. 从 1 至 10 这 10 个整数中任取 3 个数，恰有 1 个质数的概率是(   ).

   (A) $\dfrac{2}{3}$ (B) $\dfrac{1}{2}$ (C) $\dfrac{5}{12}$ (D) $\dfrac{2}{5}$ (E) $\dfrac{1}{120}$

5. 若等差数列 $\{a_n\}$ 满足 $a_1 = 8$，且 $a_2 + a_4 = a_1$，则 $\{a_n\}$ 前 n 项和的最大值为(   ).

   (A) 16   (B) 17   (C) 18   (D) 19   (E) 20

6. 设实数 x，y 满足 $|x-2| + |y-2| \leqslant 2$，则 $x^2 + y^2$ 的取值范围是(   ).

   (A) $[2, 18]$ (B) $[2, 20]$ (C) $[2, 36]$

   (D) $[4, 18]$ (E) $[4, 20]$

7. 已知实数 x 满足 $x^2 + \dfrac{1}{x^2} - 3x - \dfrac{3}{x} + 2 = 0$，则 $x^3 + \dfrac{1}{x^3} = ($).

   (A) 12   (B) 15   (C) 18   (D) 24   (E) 27

8. 某网店对单价为 55 元、75 元、80 元的三种商品进行促销，促销策略是每单满 200 元减 m 元. 如果每单减 m 元后实际售价均不低于原价的 8 折，那么 m 的最大值为(   ).

   (A) 40   (B) 41   (C) 43   (D) 44   (E) 48

9. 某人在同一观众群体中调查了对五部电影的看法，得到了如下数据：

电影	第一部	第二部	第三部	第四部	第五部
好评率	0.25	0.5	0.3	0.8	0.4
差评率	0.75	0.5	0.7	0.2	0.6

据此数据，观众意见分歧最大的前两部电影依次是(   ).

　　(A) 第一部, 第三部　　　　(B) 第二部, 第三部　　　　(C) 第二部, 第五部

　　(D) 第四部, 第一部　　　　(E) 第四部, 第二部

10. 如图 1, 在 $\triangle ABC$ 中, $\angle ABC = 30°$. 将线段 AB 绕点 B 旋转至 DB, 使 $\angle DBC = 60°$, 则 $\triangle DBC$ 与 $\triangle ABC$ 的面积之比为(　　).

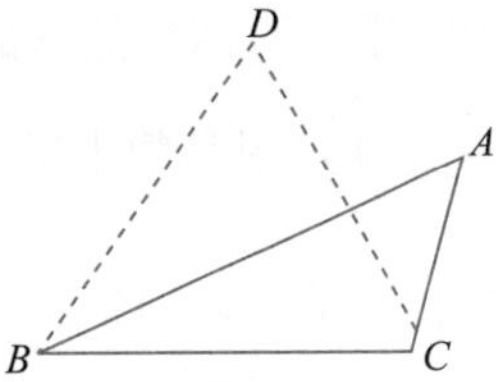

　　(A) 1　　　　　　(B) $\sqrt{2}$　　　　　　(C) 2

　　(D) $\dfrac{\sqrt{3}}{2}$　　　　　(E) $\sqrt{3}$

图 1

11. 已知数列 $\{a_n\}$ 满足 $a_1 = 1$, $a_2 = 2$, 且 $a_{n+2} = a_{n+1} - a_n (n = 1, 2, 3, \cdots)$, 则 $a_{100} = (　　)$.

　　(A) 1　　　(B) -1　　　(C) 2　　　(D) -2　　　(E) 0

12. 如图 2, 圆 O 的内接 $\triangle ABC$ 是等腰三角形, 底边 $BC = 6$, 顶角为 $\dfrac{\pi}{4}$, 则圆 O 的面积为(　　).

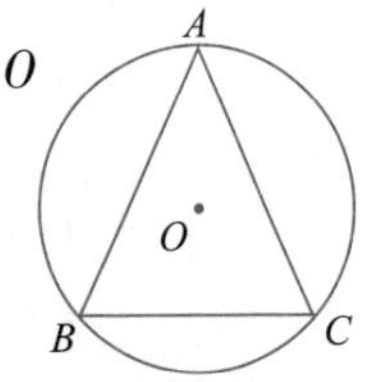

　　(A) 12π　　　(B) 16π　　　(C) 18π

　　(D) 32π　　　(E) 36π

图 2

13. 甲、乙两人从一条长为 1800 米道路的两端同时出发, 往返行走. 已知甲每分钟行走 100 米, 乙每分钟行走 80 米, 则两人第三次相遇时, 甲距其出发点(　　)米.

　　(A) 600　　　(B) 900　　　(C) 1000　　　(D) 1400　　　(E) 1600

14. 如图 3, 节点 A, B, C, D 两两相连. 从一个节点沿线段到另一个节点当作 1 步. 若机器人从节点 A 出发, 随机走了 3 步, 则机器人未到达过节点 C 的概率为(　　).

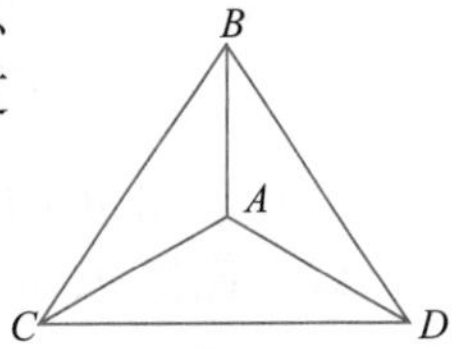

　　(A) $\dfrac{4}{9}$　　　(B) $\dfrac{11}{27}$　　　(C) $\dfrac{10}{27}$

　　(D) $\dfrac{19}{27}$　　　(E) $\dfrac{8}{27}$

图 3

15. 某科室有 4 名男职员、2 名女职员. 若将这 6 名职员分为 3 组, 每组 2 人, 且女职员不同组, 则不同的分组方式有(　　)种.

　　(A) 4　　　(B) 6　　　(C) 9　　　(D) 12　　　(E) 15

二、条件充分性判断: 第 16 ~ 25 小题, 每小题 3 分, 共 30 分. 要求判断每题给出的条件 (1) 和条件 (2) 能否充分支持题干所陈述的结论. A、B、C、D、E 五个选项为判断结果, 只有一个选项是最符合题目要求的.

　　(A) 条件 (1) 充分, 但条件 (2) 不充分.

　　(B) 条件 (2) 充分, 但条件 (1) 不充分.

　　(C) 条件 (1) 和条件 (2) 单独都不充分, 但条件 (1) 和条件 (2) 联合起来充分.

　　(D) 条件 (1) 充分, 条件 (2) 也充分.

　　(E) 条件 (1) 和条件 (2) 单独都不充分, 条件 (1) 和条件 (2) 联合起来也不充分.

16. 在 $\triangle ABC$ 中, $\angle B = 60°$. 则 $\dfrac{c}{a} > 2$.

　　(1) $\angle C < 90°$.　　　　　　(2) $\angle C > 90°$.

17. 圆 $x^2 + y^2 = 2x + 2y$ 上的点到直线 $ax + by + \sqrt{2} = 0$ 距离的最小值大于 1.

　　(1) $a^2 + b^2 = 1$.　　　　　　(2) $a > 0$, $b > 0$.

18. 设 a，b，c 为实数。则能确定 a，b，c 的最大值.
  （1）已知 a，b，c 的平均值. （2）已知 a，b，c 的最小值.

19. 甲、乙两种品牌的手机共 20 部，任选 2 部，恰有 1 部甲品牌的概率为 p。则 $p > \dfrac{1}{2}$.

  （1）甲品牌手机不少于 8 部.
  （2）乙品牌手机多于 7 部.

20. 某单位计划租 n 辆车出游。则能确定出游人数.
  （1）若租用 20 座的车辆，只有 1 辆车没坐满.
  （2）若租用 12 座的车辆，还缺 10 个座位.

21. 在长方体中，能确定长方体对角线的长度.
  （1）已知共顶点的三个面的面积.
  （2）已知共顶点的三个面的对角线长度.

22. 已知甲、乙、丙三人共捐款 3500 元。则能确定每人的捐款金额.
  （1）三人的捐款金额各不相同.
  （2）三人的捐款金额都是 500 的倍数.

23. 设函数 $f(x) = (ax - 1)(x - 4)$。则在 $x = 4$ 左侧附近有 $f(x) < 0$.

  （1）$a > \dfrac{1}{4}$.

  （2）$a < 4$.

24. 设 a，b 是正实数。则 $\dfrac{1}{a} + \dfrac{1}{b}$ 存在最小值.

  （1）已知 ab 的值.
  （2）已知 a，b 是方程 $x^2 - (a + b)x + 2 = 0$ 的不同实根.

25. 设 a，b，c，d 是正实数。则 $\sqrt{a} + \sqrt{d} \leq \sqrt{2(b+c)}$.
  （1）$a + d = b + c$.
  （2）$ad = bc$.

参考答案

一、问题求解									
1. D	2. A	3. B	4. B	5. E	6. B	7. C	8. B	9. C	10. E
11. B	12. C	13. D	14. E	15. D					
二、条件充分性判断									
16. B	17. C	18. E	19. C	20. E	21. D	22. E	23. A	24. A	25. A

2021 年管理类联考数学真题

一、问题求解：**第 1 ~ 15 小题，每小题 3 分，共 45 分. 下列每题给出的 A、B、C、D、E 五个选项中，只有一个选项是最符合题目要求的.**

1. 某便利店第一天售出 50 种商品，第二天售出 45 种商品，第三天售出 60 种商品. 前两天售出的商品有 25 种相同，后两天售出的商品有 30 种相同. 这三天售出的商品至少有（　　）种.
   (A) 70　　　　(B) 75　　　　(C) 80　　　　(D) 85　　　　(E) 100

2. 三位年轻人的年龄成等差数列，且最大与最小的两人年龄之差的 10 倍是另一人的年龄，则三人中年龄最大的是（　　）岁.
   (A) 19　　　　(B) 20　　　　(C) 21　　　　(D) 22　　　　(E) 23

3. $\dfrac{1}{1+\sqrt{2}}+\dfrac{1}{\sqrt{2}+\sqrt{3}}+\cdots+\dfrac{1}{\sqrt{99}+\sqrt{100}}=$（　　）.
   (A) 9　　　　(B) 10　　　　(C) 11　　　　(D) $3\sqrt{11}-1$　　　　(E) $3\sqrt{11}$

4. 设 p,q 是小于 10 的质数，则满足条件 $1<\dfrac{q}{p}<2$ 的 p,q 有（　　）组.
   (A) 2　　　　(B) 3　　　　(C) 4　　　　(D) 5　　　　(E) 6

5. 设二次函数 $f(x)=ax^2+bx+c$，且 $f(2)=f(0)$，则 $\dfrac{f(3)-f(2)}{f(2)-f(1)}=$（　　）.
   (A) 2　　　　(B) 3　　　　(C) 4　　　　(D) 5　　　　(E) 6

6. 如图 1，由 P 到 Q 的电路中有三个元件，分别标为 T_1，T_2，T_3. 电流能通过 T_1，T_2，T_3 的概率分别是 $0.9,0.9,0.99$. 假设电流能否通过三个元件是相互独立的，则电流能在 P，Q 之间通过的概率是（　　）.
   (A) 0.8019　　(B) 0.9989　　(C) 0.999
   (D) 0.9999　　(E) 0.99999

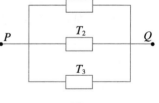

图1

7. 若球体的内接正方体的体积为 $8\ \text{m}^3$，则该球体的表面积为（　　）.
   (A) $4\pi\ \text{m}^2$　　(B) $6\pi\ \text{m}^2$　　(C) $8\pi\ \text{m}^2$　　(D) $12\pi\ \text{m}^2$　　(E) $24\pi\ \text{m}^2$

8. 甲、乙两组同学中，甲组有 3 名男同学、3 名女同学，乙组有 4 名男同学、2 名女同学. 从甲、乙两组中各选出 2 名同学，这 4 人中恰有 1 名女同学的选法有（　　）种.
   (A) 26　　　　(B) 54　　　　(C) 70　　　　(D) 78　　　　(E) 105

9. 如图 2，正六边形的边长为 1，分别以正六边形的顶点 O，P，Q 为圆心，以 1 为半径作圆弧，则阴影部分的面积为（　　）.
   (A) $\pi-\dfrac{3\sqrt{3}}{2}$　　(B) $\pi-\dfrac{3\sqrt{3}}{4}$　　(C) $\dfrac{\pi}{2}-\dfrac{3\sqrt{3}}{4}$

   (D) $\dfrac{\pi}{2}-\dfrac{3\sqrt{3}}{8}$　　(E) $2\pi-3\sqrt{3}$

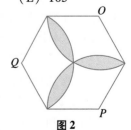

图2

10. 已知 $ABCD$ 是圆 $x^2 + y^2 = 25$ 的内接四边形. 若 A，C 是直线 $x = 3$ 与圆 $x^2 + y^2 = 25$ 的交点，则四边形 $ABCD$ 面积的最大值为（　　）.

　　(A) 20　　　　(B) 24　　　　(C) 40　　　　(D) 48　　　　(E) 80

11. 某商场利用抽奖的方式促销，100 个奖券中设有 3 个一等奖、7 个二等奖，则一等奖先于二等奖抽完的概率为（　　）.

　　(A) 0.3　　　(B) 0.5　　　(C) 0.6　　　(D) 0.7　　　(E) 0.73

12. 现有甲、乙两种浓度的酒精. 已知用 10 升甲酒精和 12 升乙酒精可以配成浓度为 70% 的酒精，用 20 升甲酒精和 8 升乙酒精可以配成浓度为 80% 的酒精，则甲酒精的浓度为（　　）.

　　(A) 72%　　　(B) 80%　　　(C) 84%　　　(D) 88%　　　(E) 91%

13. 函数 $f(x) = x^2 - 4x - 2|x - 2|$ 的最小值为（　　）.

　　(A) -4　　　(B) -5　　　(C) -6　　　(D) -7　　　(E) -8

14. 从装有 1 个红球、2 个白球、3 个黑球的袋中随机取出 3 个球，则这 3 个球的颜色至多有两种的概率为（　　）.

　　(A) 0.3　　　(B) 0.4　　　(C) 0.5　　　(D) 0.6　　　(E) 0.7

15. 甲、乙两人相距 330 千米，他们驾车同时出发，经过 2 小时相遇，甲继续行驶 2 小时 24 分钟后到达乙的出发地，则乙的车速为（　　）.

　　(A) 70 千米/小时　　　　　　(B) 75 千米/小时　　　　　　(C) 80 千米/小时

　　(D) 90 千米/小时　　　　　　(E) 96 千米/小时

二、条件充分性判断：第 16 ~ 25 小题，每小题 3 分，共 30 分. 要求判断每题给出的条件 (1) 和条件 (2) 能否充分支持题干所陈述的结论. A、B、C、D、E 五个选项为判断结果，只有一个选项是最符合题目要求的.

　　(A) 条件 (1) 充分，但条件 (2) 不充分.

　　(B) 条件 (2) 充分，但条件 (1) 不充分.

　　(C) 条件 (1) 和条件 (2) 单独都不充分，但条件 (1) 和条件 (2) 联合起来充分.

　　(D) 条件 (1) 充分，条件 (2) 也充分.

　　(E) 条件 (1) 和条件 (2) 单独都不充分，条件 (1) 和条件 (2) 联合起来也不充分.

16. 某班增加两名同学，则该班的平均身高增加了.

　　(1) 增加的两名同学的平均身高与原来男同学的平均身高相同.

　　(2) 原来男同学的平均身高大于女同学的平均身高.

17. 清理一块场地，则甲、乙、丙三人能在 2 天内完成.

　　(1) 甲、乙两人需要 3 天完成.

　　(2) 甲、丙两人需要 4 天完成.

18. 某单位进行投票表决，已知该单位的男、女员工人数之比为 $3:2$，则能确定至少有 50% 的女员工参加了投票.

　　(1) 投赞成票的人数超过总人数的 40%.

　　(2) 参加投票的女员工比男员工多.

19. 设 a，b 为实数，则能确定 $|a| + |b|$ 的值.

　　(1) 已知 $|a + b|$ 的值.

（2）已知 $|a-b|$ 的值.

20. 设 a 为实数，圆 C：$x^2+y^2=ax+ay$，则能确定圆 C 的方程.

    （1）直线 $x+y=1$ 与圆 C 相切.

    （2）直线 $x-y=1$ 与圆 C 相切.

21. 设 x，y 为实数，则能确定 $x \leqslant y$.

    （1）$x^2 \leqslant y-1$.

    （2）$x^2+(y-2)^2 \leqslant 2$.

22. 某人购买了果汁、牛奶和咖啡三种物品，已知果汁每瓶 12 元、牛奶每盒 15 元、咖啡每盒 35 元，则能确定所买各种物品的数量.

    （1）总花费为 104 元.

    （2）总花费为 215 元.

23. 某人开车去上班，有一段路因维修限速通行，则可以算出此人上班的距离.

    （1）路上比平时多用了半小时.

    （2）已知维修路段的通行速度.

24. 已知数列 $\{a_n\}$，则数列 $\{a_n\}$ 为等比数列.

    （1）$a_n a_{n+1}>0$.

    （2）$a_{n+1}^2-2a_n^2-a_{n+1}a_n=0$.

25. 给定两个直角三角形，则这两个直角三角形相似.

    （1）每个直角三角形的边长成等比数列.

    （2）每个直角三角形的边长成等差数列.

参考答案

一、问题求解									
1. B	2. C	3. A	4. B	5. B	6. D	7. D	8. D	9. A	10. C
11. D	12. E	13. B	14. E	15. D					
二、条件充分性判断									
16. C	17. E	18. C	19. C	20. A	21. D	22. A	23. E	24. C	25. D

2022 年管理类联考数学真题

2022 年管理类联考考试时间为 2021 年 12 月 25 日.

考生可在 2021 年 12 月 28 日后，扫描此二维码，获取 2022 年管理类联考数学真题及答案.